リチャード・ムラー
二階堂行彦＝訳

サイエンス入門 I

Physics and Technology for Future Presidents

Richard A. Muller

楽工社

はじめに

物理学は、いわば、ハイテクを知るための教養課程です。エネルギー問題、地球温暖化、テロ、テロ対策、保健衛生、インターネット、人工衛星、リモートセンシング、ICBM（大陸間弾道（だんどう）ミサイル）、ABM（弾道弾迎撃（げいげき）ミサイル）、DVD、ハイビジョンテレビ——経済問題や政治問題は、ハイテクとの結びつきがますます強くなっています。科学をよく理解していないと、判断の誤りを招きます。ところが、国や世界の指導者の多くは、物理学を勉強したことがなく、科学技術というものを理解していません。わたしが教えているカリフォルニア大学バークレー校でも、物理学は必修ではありません。本書は、そうした問題に取り組むためにつくられました。物理学は、ハイテクを理解するために必要な基礎知識です。物理学を理解すれば、あなたはもう二度と技術の進歩におびえる必要はなくなります。本書の目的は、学生の興味をかきたて、優秀な世界のリーダーとなるために必要な物理学とテクノロジーを教えることです。

科学は、世界のリーダーが学ぶには難しすぎるものなのでしょうか。いいえ、それはたんに教え方の問題です。フランク王国のカール大帝は、文字を読むことはできましたが、書くことはできませんでした。文字を書くことは、いまの物理学と同じように、世界の指導者にとってさえも難しすぎる技能だと思われていました。ところがいまでは、世界中のほとんどの人々が、読み書きができます。多くの子どもは、幼稚園に行く前に文字を習います。中国の識字率（リテラシー）は、（OECD によると）84パーセントです。科学的リテラシー（現代人に必要な科学的素養）においても、同じレベルを達成することは可能ですし、とくに世界のリーダーになる人には達成してもらわなければなりません。

本書は、政府や実業界のトップリーダーに対して科学的難問を提起してきたわたし自身の何十年にもわたる経験に基づいています。わたしが得た結論では、こうした人たちは、たいがいの物理学の教授よりも切れる頭を持っています。彼らは、数式に頼らなくても複雑な問題を容易に理解できます。本書は、たんなる素人向けのやさしい科学解説書ではありません。有能な世界のリーダーになるために必要な物理学を教える教科書です。

物理学は、数学抜きでも学べるものでしょうか。もちろんです！　数学は、計算のための道具です。ただし、物理学の本質ではありません。音楽理論を勉強しなくても、音楽は理解できますし、作曲もできます。同じように、マックスウェルの方程式を知らなくても、光がどういうものかは理解できます。本書の目的は、物知りのアマチュア物理学者をつくることではありません。将来世界のリーダーになる人に、意思決定を行うために必要な知識と理解力を身につけてもらうことです。計算が必要なら、いつなりと物理学の教授を雇えばよいのです。とはいえ、物理学を知っていれば、物理学者の言うことが正しいかどうかを、自分自身で判断するために役立ちます。ここで、わたしの講義を受講している学生から聞いた体験談をお話ししましょう。これを聞けば、わたしが学生たちに何を求めているかがわかってもらえると思います。

わたしのクラスの学生だったリズは、オフィスアワーに研究室にやってきて、数日前に起きたすばらしい体験を話してくれました。彼女の家では、ローレンス・リバモア国立研究所に勤務する物理学者をディナーに招待したそうです。この物理学者は、食事の間ずっと、自分が研究している制御熱核融合がどういうもので、それがアメリカの将来の電力需要にどう貢献するか、といったことについて話をしてくれました。リズの家族は、自身の偉大な仕事について語る偉大な人物に、感服しきっている様子でした。リズは、核融合については、両親よりもよく知っていました。わたしの講義ですでに学んでいたからです。

物理学者が話し終えたときには、家族はみなすっかり賞賛の念に打たれて、しばらく無言でした。やがて、その沈黙をリズが破りました。

「太陽光発電にも将来性はありますね」

すると、物理学者は声を立てて笑いました（相手を見下すようなつもりまではなかったのでしょうが、こうした態度は物理学者にはありがちです）。

「仮にカリフォルニア州だけに限っても、十分な電力を供給しようと思ったら、州全土を太陽電池で埋め尽くさなければなりませんよ」

リズは即座に言い返しました。

「いいえ、それは間違いです。１平方キロメートルの太陽光は、１ギガワットの電力に相当します。これは、原子力発電所とほぼ同じですよ」

物理学者はあっけにとられて、黙り込んでしまいました。リズによると、ずいぶん渋い顔をしていたようです。ようやく、彼はこう言いました。

「うーん、あなたの言った数字は、間違っていないようだ。もちろん、現在の太陽電池の効率は、たった15パーセントしかない……が、それは大きな問題ではない。うーん、わたしも自分の記憶に間違いがないか、確認しておかないといけないな」

これです！　わたしは、こういう能力を身につけてほしいのです。わたしが学生たちに求めているのは、積分ができることでも、神速の計算力でも、科学的方法や角運動量の保存則の深遠な意味についてまことしやかに語ることでもありません。リズは、おぼろげな記憶しかないくせに尊大な物言いをする物理学者を、ぴしゃりと黙らせました！　リズは、たんに事実を記憶していただけではありません。彼女はエネルギー問題に関して、専門家の肩書を持つ相手を向こうにまわして、確信をもって反論できるだけの知識を持っていたのです。リズがそうした重要な数値を覚えていたのは、彼女自身、とても興味をそそられ、重要だと感じたからです。しかも、ただ覚えていただけでなく、太陽光について考えをめぐらせたり、クラスメートと議論したりしました。そうした知識は、1年後には、彼女の一部となり、必要なときに活用できるようになったのです。

本書で扱うのは、水で薄めたような中身のとぼしい物理学ではありません。先進的物理学です。そして、いちばんおもしろく、いちばん重要なテーマ取り上げていきます。読者は、自分が学んでいることの価値を知って、おのずと学習意欲が高まることでしょう。本書では、数学が難しいからといってその手前で足を止めるのではなく、数学は飛ばして、読者にはもっとその先へ進んでもらいます。本書では、普通の物理学科の学生が、博士号取得後でなければ学ばないようなことも教えます。

普通の物理学専攻の学生は、本書で取り上げているような事柄については知りません。核兵器や光学、流体、バッテリー、レーザー、赤外線、紫外線、X線、ガンマ線、あるいはMRI（磁気共鳴（きょうめい）画像装置）やCAT（放射断層撮影法）やPET（放射断層撮影法）といったスキャン技術などについて、ほとんど何も知らないのです。ためしに、物理学科の学生に、核兵器がどうやって爆発するのか、聞いてみてください。高校のころにすでに学んだ以上のことは、答えられないでしょう。そのため、バークレー校では、物理学専攻の学生のために、こうした分野を扱う講義を開講しました。この講義で取り上げる内容は、学生たちにとっては、まったく目新しいものです。

この新しいアプローチに対する反応は、目覚しいものでした。当初は34人しかいなかった受講生が、ほとんど口コミだけで増えつづけ、５年後には500人を超えました。受講生のなかには、それまで物理学を毛嫌いし、（高校の授業を受けたあと）二度と履修（りしゅう）するつもりはなかった、と言う学生が数多くいます。しかし、そうした学生も、この講義を受けることによって、物理学がいかにおもしろいか、そして、現代の国際問題とどのように関係しているのかを知ることができます。わたしの仕事は、学生たちの知識への渇望（かつぼう）を満たし、学生たちが二度と物理学に対する苦手意識に押しつぶされることがないようにすることです。大学に学びにやってくる人たちにとって、いちばんの幸せは、自分の知識や能力が向上するのを感じることなのです。

学生たちは、この講義が簡単だから受講するのではありません。むしろ、逆です。本書に含まれている情報量は、かなりのものです。しかし、本書の各講義に満載されている情報は、明らかに重要なものばかりです。だからこそ、学生たちは履修するのです。彼らが求めているのは、娯楽ではなく、重要な情報を与えてくれて、それを有効に活用する能力を高めてくれるよい講義です。学生たちは、この講義を受講していることを誇らしく思っています。しかし、もっと重要なことは、物理学の楽しさを知って晴れがましい気持ちになることでしょう。

サイエンス入門
Ⅰ・Ⅱ巻の構成

［Ⅰ］

［Ⅱ］

第3講

重力と力と宇宙 121

第５講
連鎖反応と原子炉と原子爆弾 227

[本書を読む前に]

*本書は、2010年にプリンストン大学出版局から刊行された書籍、Physics and Technology for Future Presidents（直訳すると『未来の大統領のための物理と技術』）の邦訳版です。

*本書の内容は、著者が文科系学生を対象に行っている人気講義（学生の投票によって決まる「バークレー校のベスト講義」に選ばれた）をベースにしたものです。この講義を基にした書籍は英語圏で2冊出版されており、そのうちの1冊は『今この世界を生きているあなたのためのサイエンス I・II』（弊社刊）として既に邦訳が刊行されています。既刊『今この世界〜』は時事問題を軸として構成された簡略版であり、本書『サイエンス入門 I・II』はよりオーソドックスな教科書的スタイルで書かれた詳細版という違いがあります。

*本文中の「自由選択学習」および「脚注」は、著者も本文で書いていますが、難しいと感じたときにはざっと読み流すだけでかまいませんし、あるいは読み飛ばしてしまっても問題はありません。これらの中には物理専攻や数学専攻の学生のために補足的に記してあるものもありますので、もし理解できないところがあってもあまり気にせず、読み進めることをおすすめします。

＊本書は、類書に比べるとひじょうにわかりやすく書かれていますが、読んでいる途中でそれでも難しいと感じたら、前記の同著者の既刊『今この世界を生きているあなたのためのサイエンス Ⅰ・Ⅱ』を読んでみることをおすすめします。『今この世界〜』は時事問題を軸として書かれた簡略版なので、今日的な事例を交えて、本書以上にやさしく書かれています。

＊本文中、〔〕でくくった記述は訳注です。

＊WEB上で、本書の基になった講義を無料で見ることができます。もし興味と時間がおありなら、YouTubeへ行き「physics for future president」で検索してみてください。英語ですし、また本書の内容とそのまま同じものではありませんが、著者の講義の様子が見られます。

第1講

エネルギーと仕事率と爆発の物理

恐竜が栄えた白亜紀の終わりに、直径10マイル（16キロ）の小惑星（または彗星）が、秒速約20マイル（32キロ。最速の弾丸の10倍以上の速度）で、地球に向かってまっしぐらに飛んでいた。こうした巨大な天体が地球に接近したことは何度もあっただろうが、この小惑星はとうとう本当に地球にぶつかってしまった。この小惑星が地球にぶつかった衝撃はすさまじく、小惑星とその落下地点周辺の岩石は、その瞬間に摂氏100万度以上、すなわち太陽の表面温度の数百倍もの高温に達した。小惑星も、地球の岩石も、そして（海に落ちたとすれば）海水も、一瞬で蒸発した。この爆発で放出されたエネルギーは、TNT（トリニトロトルエン）火薬1億メガトン、100テラトン以上に相当した。これは、かつての米ソの核兵器備蓄を合計した威力の1万倍を上回る力である……。衝突から1分足らずのうちに、クレーターは直径60マイル（96キロ）、深さ20マイル（32キロ）に及び、さらに拡大した。衝突によって蒸発した高温の物質は、高度15マイル（24キロ）までの大気圏のほぼ全域に飛び散った。ほんの一瞬前まで白熱するプラズマだった物質は、急激に冷え、凝縮して塵（ちり）や岩となり、地球全体に広がった。

——リチャード・ムラー著“Nemesis”

（邦訳『恐竜はネメシスを見たか』）

エベレスト山ほどの大きさの小惑星が地球にぶつかった場合、大きな被害が出ることは、ほとんどの人が知っているでしょう。そうした天体（図1.1）が宇宙に存在することは、決して驚く

図1.1　シューメーカーレビー彗星が木星に衝突したときの写真。この爆発は、6500年前に隕石が地球に衝突したときの爆発と比べれば、はるかに小さい。（撮影者はピーター・マクレガー。天文学と天体物理学研究科のサイディング・スプリング山の2.3メートル望遠鏡を使って撮影した。著作権保持者オーストラリア国立大学の許可を得て掲載）

ようなことではありません。そうした危険については、『ディープ・インパクト』や『メテオ』、『アルマゲドン』などの多くの映画で取り上げられています。小惑星や彗星は、頻繁（ひんぱん）に地球に接近しています。数年ごとに、天体が地球に「わずか数百万マイル」にまで接近したという「ニアミス事件」の見出しが、新聞紙面に躍ります。この程度の距離なら、ニアミスではありません。地球の半径は約6400キロです。だから、たとえば、600万キロメートルだったら、地球の半径の1000倍ほどの距離までしか近づいていないことになります。

あなたの一生の間に小惑星が地球に衝突する確率はわずかですが、もし衝突したら、その結果は甚大であり、何百万、あるいは何十億という人が死ぬでしょう。そのため、アメリカ政府は、地球に衝突する可能性のある小惑星を見つける探査活動や、そうした天体を破壊したり軌道をそらしたりする方法の研究に、資金を提供しています。

しかし、小惑星が衝突すると、どうして爆発が起きるのでしょうか。小惑星は岩石であって、ダイナマイトではありません。しかも、どうしてこれほどの大爆発になるのでしょうか。いや、そもそも爆発とはどういうものなのでしょうか。

①爆発とエネルギー

「爆発」は、大量の貯蔵エネルギーが限定された空間内で瞬時に熱に変換されたときに起こります。これは、手榴弾も、核爆弾も、地球にぶつかった小惑星も同じです。この熱は、物質を蒸発させ、きわめて高温のガスに変えます。こうしたガスは膨大な圧力を生じさせ、周囲のすべてのものに大きな力を加えます。何物もこの圧力に耐えることはできず、ガスは急速に膨張して、近くにあるあらゆるものを吹き飛ばします。被害をもたらすのは、爆発で飛び散る破片です。このエネルギーの元の形が何であっても、関係ありません。小惑星のような運動エネルギーであっても、爆発性のトリニトロトルエン(TNT)〔火薬の主成分として用いられる〕のような物質の化学エネルギーであっても、同じです。エネルギーが急激に「熱」に変換され、ほとんどの場合、そこを中心として爆発が起きます。

さて、ここまでわたしは、「エネルギー」や「熱」などさまざまな言葉を、とくに説明もしないで使ってきました。こうした言葉は、物理学で使うときには、日常的に使っている意味とは異なるもっと厳密な意味があります。物理学は、幾何学のように演繹的に推論していくこともできますが、そうするとかなり難しくなります。そこで、まず初めは、直観的にわかりやすい定義から始めて、物理学について理解が進むにつれて、より正確な意味を説明していくことにしましょう。ではここで、知っておくと役に立つ初歩的な定義を説明しましょう。こうした用語の定義の正確な意味は、このあとの講義を読んでいけば、しだいにわかってくるでしょう。

「エネルギー」と「熱」の定義(覚える必要なし)

- **エネルギー**とは、仕事をする能力のこと(「仕事」とは、加えた力の大きさと力の向きに動かした距離の積として、数値で示すことができるもの)。エネルギーの代替定義:熱に変換可能なすべてのもの(1)。
- **熱**とは、物質の温度を上げるもの。熱は、温度計で測定される(のちほど説明するが、熱は実際には分子を振動させる微

(1) 宇宙は進化(時間変化)しているから、事実上すべてのエネルギーが熱に変換されると考えることもできる。この考えに触発されて、多くの哲学者や神学者が論文を書いている。これは、宇宙の「熱死」とも呼ばれている。というのは、熱エネルギーは別の形態のエネルギーに再変換できない場合があるからである。

視的なエネルギーである)。

こうした定義は、物理学の専門家とっては大きな意味を持ちますが、読者の方々にとっては難解でピンとこないかもしれません。こうした定義が実際に意味をなすのは、あなたがまだ正確には理解していないかもしれないほかの概念(仕事、力、運動エネルギー)とからみ合ってきたときです。こうした概念についても、このあとくわしく説明します。実際の話、定義だけでエネルギーという概念を理解するのはひじょうに困難です。これは、外国語を勉強するために、辞書に書いてある単語の意味を暗記するのと同じようなものです。だから、根気よくやってください。定義を理解するための実例をいろいろと挙げていきます。そこから、エネルギーがどういうものかだんだんわかってくるでしょう。この講は、じっくり読むよりも、さっと走り読みして、あとでまた読み返してみてください。物理学を学ぶにはくり返しが大切です。つまり、同じ事柄について何度もくり返し復習するのです。くり返すたびに、その事柄に対する理解が少しずつ深まっていきます。これは、外国語を学ぶときにも、最良の方法です。つまり、集中訓練です。だから、すぐに理解できないことがあっても、気にしないでください。とにかく、先へ読み進んでいってください。

物質のエネルギー量を比較する

問題:ダイナマイトやTNTのような爆発物には、たとえば同じ重量のチョコチップクッキーと比べて、どれほどのエネルギーがあるのでしょうか。答えを見る前に、自分なりに推理してみてください。

では、答えを言います。チョコチップクッキーのほうが大きなエネルギーを持っています。しかも、はるかに大きなエネルギーです。なんと、クッキーのエネルギーは、TNTの8倍です！　これを聞くと、ほとんどの人が驚きます。それには、多くの物理学の教授も含まれています。ためしに、物理学を専攻している友だちに聞いてみてください。

どうしてそうなるのでしょうか。TNTが放出するエネルギーの大きさは、よく知られているのではないでしょうか。このパラドックスは、すぐに解決します。このあと、驚くような話がいろいろ出てきます。

さまざまな物質の1グラム当たりのエネルギー量を比較してみましょう。**表1.1**は、それぞれのエネルギーの近似値を示したものです。単位は、キロカロリーとキロワット時と、ジュールを使います。1キロカロリーは約4200ジュール、1ワット時は3600ジュールです〔各単位の定義・換算・実生活上のイメージについてはP53の**表1.3**およびP57の**表1.4**を参照〕。ここでは、便宜的に近似値として1ワット時＝1キロカロリーとします（誤差16パーセントの精度）。

エネルギーの比較表に基づく検討

ここでちょっと、このエネルギーの表が何を意味するかを考えてみましょう。とくに、右端の列に注目してください。意外

表1.1 **グラム当たりのエネルギー**

品目	キロカロリー（またはワット時）	ジュール	TNTとの比較
弾丸（音速[秒速340メートル]で飛翔する場合）	0.01	40	0.015
バッテリー（自動車用）	0.03	125	0.05
バッテリー（コンピュータ用充電式）	0.1	400	0.15
フライホイール（秒速1キロメートルの場合）	0.125	500	0.2
アルカリ電池（懐中電灯用）	0.15	600	0.23
TNT（トリニトロトルエン）	0.65	2700	1
PETN（新型高性能爆薬）	1	4200	1.6
チョコチップクッキー	5	2万1000	8
石炭	6	2万7000	10
バター	7	2万9000	11
アルコール（エタノール）	6	2万7000	10
ガソリン	10	4万2000	15
天然ガス（メタンCH_4）	13	5万4000	20
水素（ガスまたは液体H_2）	26	11万	40
小惑星または隕石（秒速30キロ）	100	45万	165
ウラン235	2000万	820億	3000万

注：表中の数値の多くは端数を四捨五入してある。

な数字が並んでいませんか。チョコチップクッキーのエネルギーはなんと大きいのでしょうか。バッテリーのエネルギーは（ガソリンと比較して）なんと小さいのでしょう。また、弾丸やTNTと比べて、隕石（または小惑星）のエネルギーはなんと大きいのでしょう。ウラニウムのエネルギーは、（表中のどれと比較しても）実に膨大です。こうした事実は、将来のエネルギー問題において大きな意味を持つことになるでしょう。そのなかでも、とくに重要なものをいくつか取り上げて、説明していきましょう。

TNT（火薬の主成分）vs チョコチップクッキー――クッキーのほうが4～8倍エネルギー量が多い

TNTもチョコチップクッキーも、原子間の力という形でエネルギーを貯蔵しています。たとえていえば、圧縮バネに蓄えられているエネルギーのようなものです。原子（図1.2）については、このあとでくわしく説明します。こうしたエネルギーは「化学エネルギー」といいますが、そうした区別はあまり重要ではありません。TNTが爆発すると、この力がものすごい速度で原子をばらばらに弾き飛ばします。バネを解放して、一瞬で伸張させるようなものです。

表1.1でとくに意外なことのひとつは、チョコチップクッキーに、同じ重量のTNTの8倍ものエネルギーがあることです。どうして、こんなことになるのでしょうか。TNTの代わりにクッキーでビルを吹き飛ばすことができないのは、どうしてなのでしょう。両者の実際のエネルギー量を知らない人は、

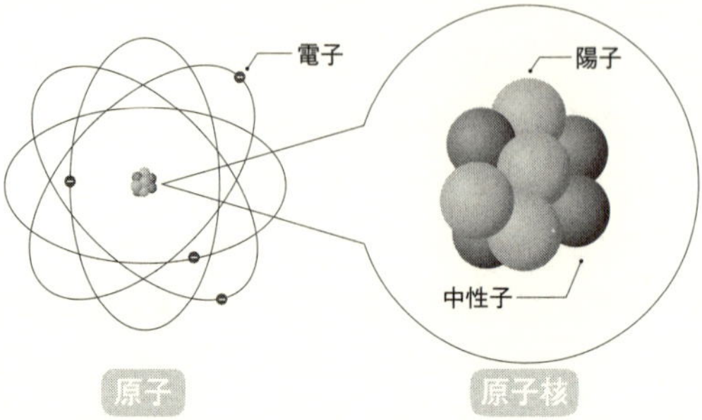

図 1.2　原子の図解。物質は分子からなり、分子は原子からなる。原子は、左図のように中心に原子核があり、そのまわりを電子がまわっている。原子核は右図のように陽子と中性子からなる（なお、図中の電子の動きはあくまでイメージであり、より正確には電子は「雲状」とされる）。

ほとんど全員が、TNT のほうがクッキーよりずっと大きなエネルギーを放出すると思い込んでいます。物理学を専攻するほとんどの学生も、例外ではありません。

TNT が強力な破壊力を発揮するのは、きわめて速い速度でそのエネルギーを放出する（エネルギーを熱に変換する）ことができるからです。この熱はひじょうに高温であるため、TNT は気体に変わって急激に膨張し、周囲にあるものをばらばらにして吹き飛ばしてしまうのです（「力」と「圧力」という重要な概念については、次の講義でもっとくわしく説明します）。TNT １グラムがそのすべてのエネルギーを放出するのにかかる標準的な時間は、およそ１００万分の１秒です。こうした急激なエネルギーの放出によって、強靭（きょうじん）な材質のものでも破壊することができるのです(2)。「仕事率」とは、エネルギーが放出される速度のことです。チョコチップクッキーはエネルギーが高く、TNT は仕事率が高いのです。仕事率については、のちほどこの講でもっとくわしく説明します。

チョコチップクッキーのエネルギーは、同じ重量の TNT に勝りますが、このエネルギーは、通常もっとゆっくりと、「代謝(たいしゃ)」という一連の化学過程を経て、放出されます。それには、食べたものが胃の中で酸と混ざり、腸の中では酵素(こうそ)と混ざる、といった消化と呼ばれる何段階もの化学変化が必要です。最終的に、消化された食べ物は、肺で赤血球に取り込まれた酸素と反応します。これに対して、TNT は、爆発するために必要なすべての分子が、その中にすべてそろっています。何も混ぜる必要はありません。そして、一部が爆発を始めれば、それが引き金となって残りもたちまち爆発します。

この説明には、ちょっとアンフェアなところもあります。チョコチップクッキーのエネルギーは1グラム当たり5キロカロリーと言いましたが、これには、クッキーと化合する空気の重さが入っていません。それに対して、TNT には爆発に必要なすべての化学成分が含まれています。しかし、クッキーは空気と化合しなければなりません。空気は「ただ」です（クッキーを買うときに空気もいっしょに買う必要はありません）が、チョコチップクッキーが持っているグラム当たりのエネルギーがこれほど大きくなるのは、ひとつには、空気の重さが計算に

（2）力を計算するには、TNT などの物質のエネルギーを、そのエネルギーが放出される（化学エネルギーから運動エネルギーに変換される）ときの距離で割ればよい。

入っていないからなのです。もし空気の重さも入れると、1グラム当たりのエネルギーは2.5キロカロリーまで下がります。それでもまだ、TNTの4倍近いエネルギーがあります。

電池 vs ガソリン——車のバッテリー（電池）には同重量のガソリンの340分の1のエネルギーしかない

表1.1に示すように、ガソリンには、クッキーやバター、アルコール、石炭と比べて、1グラム当たりきわめて大きなエネルギーが含まれています。だからこそ、ガソリンは燃料として価値が高いのです。この事実は、ガソリンに代わる自動車用燃料について考えるとき、重要になります。

ガソリンは、酸素と化合することによってエネルギーを放出（エネルギーを熱に変換）しますから、爆発させるためには空気とよく混ぜ合わせなければなりません。自動車では、燃料噴射器（フュエルインジェクター）や気化器（キャブレター）によってガソリンと空気との混合が行われます。この混合気体は、気筒（シリンダー）の中で爆発します。爆発によって放出されたエネルギーが円柱軸に沿ってピストンを動かし、車の車輪を駆動します。内燃機関とは、こうした内部の「爆発」を利用したものです。ガソリン・エンジンについては、次の講でもっとくわしく説明します。

ガソリンの1グラム当たりのエネルギーの高さが、ガソリンがこれほど広く使われている基本的な物理的理由です。もうひとつの理由は、燃えたあとの残留物がガス（ほとんどが二酸化炭素と水蒸気）だけなので、（石炭のように）取り除かなければならない燃えカスが残らないことです。

電池も、エネルギーを化学的な形で貯蔵しています。電池は、この化学エネルギーを使って、原子から電子を解き放ちます（これについては、第2講と第6講でもっとくわしく説明します)。電子は、金属線を伝ってエネルギーを別の場所に運びます。金属線は、電子を通す「パイプ」と考えてください。電気エネルギーの主なメリットは、電線を通して簡単に別の場所に運び、電気モーターの動きに変換できることです。

車のバッテリーのエネルギーは、同じ重量のガソリンのたった340分の1です！　高価なコンピュータ用電池でさえ、ガソリンの100分の1ぐらいしかありません。これが、ほとんどの自動車がエネルギー源としてバッテリーではなくガソリンを使っている物理的理由です。車のバッテリーは、エンジンをスタートさせるために使います。電気のほうが確実で速いからです。

電池式自動車——短所、長所、理論的可能性

標準的な自動車用バッテリーは、鉛酸(えんさん)蓄電池です。これは、鉛(なまり)と硫酸(りゅうさん)の化学反応を利用して電気を発生させるものです。**表1.1**を見ると、こうした電池にはガソリンの340分の1のエネルギーしかありません。しかし、電池の電気エネルギーはとても便利です。電気エネルギーは、85パーセントの効率で車輪を回転させるエネルギーに変換することができます。言い換えれば、電気モーターを動かすには、たった15パーセントしかエネルギーがむだにならないということです。ガソリンエンジンは、これよりかなり低い効率です。ガソリンのエネルギーはたった20パーセントしか車輪に伝わりません。残りの80パー

セントは、熱に変わってむだになります。こうした要素を考慮すると、ガソリンの優位は、340倍から80倍にまで落ちます。だから、自動車の燃料として、電池はガソリンの80分の1もあることになります。これくらいの数字なら、電池で動く自動車も実現可能です。標準的な自動車の燃料タンクには、約50キログラムのガソリンが入ります。ガソリン50キロに相当するエネルギーを電池でまかなうとすると、その80倍の重さの4000キログラムの鉛酸蓄電池を積まなければなりません。でも、もし航続走行距離が半分でよいのなら、たとえば、いままで500キロメートルだったのを250キロメートルでもよいというのなら、電池の重量も2000キロまで減らすことができます。もし通勤の距離が100キロくらいなら、鉛酸蓄電池の重量は800キロ程度でもかまいません。

電気自動車の将来性——カギは電池の性能とコスト

航続距離の問題は、1グラム当たりのエネルギー量がもっと大きい高性能な電池を使えば解決するかもしれません。大きな難問は、電池にかかる費用です。先に挙げた鉛酸蓄電池の場合、小売原価は電池1ポンド（0.454キログラム）当たり1ドル、つまり50ポンドなら50ドルになります。コンピュータ用の高性能な電池になると、小売価格は1ポンド約100ドルです。重さ800キロの電池なら、17万6000ドルです。電池の交換費用も考慮すると、鉛酸蓄電池のコストは1キロワット時当たり10セントになります。これがもしコンピュータ用電池だったら、1キロワット時当たり4ドルです。これは、実にガソリンの10倍です！　だから、電池の交換費用まで入れると、電気自動車は標準的なガソリン自動車よりも維持費が相当高くつくことになります。いま、電池の性能向上のための研究がさかんに進められています。だから、いずれは電池の原価も下がり、将来的にはもっと長持ちする電池が開発される可能性もあります。

ハイブリッド車

電池にはこうした限界がありますが、「ハイブリッド自動車」と呼ばれる魅力的なテクノロジーもあります。ハイブリッド車は、小さなガソリン・エンジンのエネルギーで電池に充電します。車は、この電池のエネルギーで走ります。これは、思いのほか大きな効果があります。ハイブリッドにすると、ガソリン・エンジンを、理想的な条件下で一定速度で動かすことができます。その結果、普通の車のエンジンよりも、２〜３倍効率が上がります。そのうえ、ハイブリッド・エンジンは、（下り坂でスピードが出すぎるような場合に）自動車の機械的動作の一部を化学エネルギーに変換して、充電式バッテリーに貯蔵することができます。これは、運動エネルギーを熱に変換するだけのブレーキの代わりになります。ハイブリッド・エンジンは、いまや人気急上昇で、数年後には自動車のもっとも一般的なタイプになるかもしれません。とくに、ガソリンの価格が2008年当時のような高値に戻ることがあれば、なおさらその傾向に拍車がかかるでしょう。ハイブリッド車なら、１リットル20キロ以上の燃費も可能です（これはわたし自身が愛車のトヨタ・プリウスで実験した結果です）。これは、ハイブリッドではない自動車の1リットル13キロの燃費と比べると、ずいぶんよいでしょう。

水素 vs ガソリン――水素を燃料電池で使用する場合を含めた検討

表1.1を見ると、水素には1グラム当たりガソリンの2.6倍の化学エネルギーがあります。そのうえ、唯一の廃棄物は水です。水素が空気中の酸素と化合してH_2Oになるのです。しかも、「燃料電池」という先進技術を使えば、高い効率で化学エネルギーを直接電気に変換することができます。

燃料電池には、普通の電池にはない際立ったメリットがあります。電池は、化学成分を使い切ってしまうと、別の場所でつくられた電気を充電するか、それとも電池そのものを捨ててしまうか、このどちらかしかありません。燃料電池の場合は、新たに燃料（水素と酸素）を補充するだけでよいのです。

水は電気分解すると、水素と酸素に分かれます。燃料電池は、その逆です。水素と酸素を電極のところで圧縮すると、化合して水になり、このとき2つの端子をつなぐ電線に電流が流れます。

水素経済の主な技術的問題は、水素の密度があまり高くないことです。液化した状態でも、水素の密度は1立方センチ(cc)当たりたった0.071グラムで、ガソリンの10分の1しかありません。**表1.1**を見ると、水素はグラム当たりガソリンの2.6倍のエネルギーがあります。こうした数字を合わせると、0.071×2.6=0.18となり、液体水素のエネルギーは、立法センチ当たりガソリンの0.18倍ということになります。つまり、ガソリンのわずか５分の１程度にしかなりません。とはいえ、多くの専門家の意見によると、水素はガソリンよりも効率よく使えるので、３分の１程度になるようです。次に示す概数を覚えておくと便利です。ほかの人たちと水素経済について論じるときに、役に立つでしょう。

覚えておこう：ガソリンと比較した場合、「液体水素」のエネルギーは、

１グラム当たりなら約３倍
１リットル当たりなら約３分の１になる。

液体水素は、温度が上がると1000倍の体積に膨張するので、貯蔵には危険が伴います。分厚いタンクに入れるのなら、高圧の水素ガスにしたほうがよいでしょう。ガスにすると、66気圧の圧力で、液体水素のほぼ半分の密度になります。しかし、密度が半分になるということは、水素を適度な容積で貯蔵することがますます難しくなってきます。

ガソリンと比べて、圧縮水素ガスの１リットル当たりのエネルギーは６分の１になる。

そのうえ、水素を入れるタンクは、水素そのものよりも10倍から20倍も重いものになります。これでは、重量が軽いというメリットも帳消しになってしまいます。

水素は、航空機用の燃料としてなら、役に立つかもしれません。大型飛行機の場合は、ガソリンよりもかさばるということよりも、軽量であることのほうが重要になるかもしれないからです。燃料電池という技術が初めて注目されたのは、宇宙空間で宇宙飛行士がエネルギー貯蔵方法として使ったときです（図1.3）。月へのミッションのときには、カプセル内のスペースを節約することよりも軽量であることのほうが重要でした。しかも、燃料電池を使ってできる水は、宇宙飛行士が利用することができますし、二酸化炭素のような排出しなければならない廃棄物も出ません。

液体水素の技術的問題は、摂氏マイナス253度で沸騰（ふっとう）することです。そのため、運搬するときには特殊な魔法瓶（デュワー瓶）に入れなければなりません。あるいは、化学的または物理的にほかの物質と結合させた状態でなら、常温で運ぶこともできますが、その場合は、1キロカロリー当たりの重量がかなり大きくなってしまいます。もっと実用的な代替案は、圧縮ガスにして運ぶことですが、そうすると、圧力タンクの重量が中身の水素を超えてしまいます。

ガソリン vs TNT

ほとんどの映画では、車が衝突すると、爆発します。現実にそんなことが起きるのでしょうか。あなたは、車の衝突事故を目撃したことがありますか。そのとき、爆発が起きましたか。結論から言えば、通常、車は衝突しても爆発したりはしません。映画の中で車が爆発するのは、映像的な迫力を出すために、

図1.3　NASAが開発した燃料電池。水素ガスを上の注入口から入れる。円形の開口部は、空気の取り組み口と二酸化炭素の排出口。背面の電線から電気が供給される。

TNTなどの爆発物が仕掛けてあるからです。ガソリンは（自動車の燃料噴射器や気化器でやるように）ちょうどいい比率で空気と混合しない限り、燃えるだけで、爆発したりはしません。

戦争という不愉快な話題から例を取るのは、わたしも気が進みませんが、重要なことなので聞いてください。2002年９月６日、アメリカはアフガニスタンのタリバン軍に対して燃料気化爆弾の投下を開始しました。名称から、ガソリンのような液体燃料を使った爆弾だと想像できるでしょう。これは、1万5000ポンド（6810キロ）の燃料を（爆弾のような）大きな容器に入れたもので、パラシュートをつけて飛行機からゆっくり投下します。この爆弾は、地面の近くまで降下すると、その中心部の少量（おそらく数キロ程度）の爆薬が爆発し、容器を破壊して、燃料を撒き散らし、空気と混合させます——ただし、まだ発火はしません。燃料が拡散して、十分に空気と混じり合うと、第2の爆発が起きて、燃料に点火します。この爆発は広い範囲に広がりますから、コンクリートの壁を突き抜けるような強烈な力は出しませんが、人間やそのほかの「やわらかい」目標を殺傷するのに十分なエネルギーを放出します。この爆弾がこれほどの威力を持つのは、このガソリンに似た1万5000ポンドの燃料に、TNT22万5000ポンド（約10万キログラム）に相当するエネルギーがあるからです。1万5000ポンドという数字を聞くだけでも恐ろしい気がしますが、実際には想像をはるかに上回るすさまじさです。この燃料気化爆弾の威力を遠くから目撃した兵士は、それ以後パラシュートが降りてくるのを見ただけでパニックを起こすようになりました。

ウラニウム vs TNT

表1.1でも突出しているのは、ウラン235と呼ばれるウラニウムの膨大なエネルギーです。ウラン235のエネルギー量は、TNTの3000万倍になります。これについては、第4講と第5講でくわしく説明します。ひとまずここでは、二、三の重要なことだけを覚えておいてください。このエネルギーは、ウランの原子核の内部に蓄えられている膨大な力によって生み出されます。ほとんどの物質の原子の場合、このエネルギーは容易に

は放出されませんが、ウラン235（天然ウランにわずか0.7パーセントしか含まれていない特殊なウラニウム）の場合は、「連鎖反応」（第5講参照）と呼ばれる過程を通して、このエネルギーを放出することができるのです。こうした膨大なエネルギーの放出が、原子力発電所や原子爆弾の基礎をなす原理なのです。プルトニウム（プルトニウム239と呼ばれる種類）も、こうした膨大なエネルギーを放出することができる原子です。

ガソリンと比べて、ウラン235は1グラム当たり200万倍のエネルギーを放出できます。チョコチップクッキーと比べると、約300万倍です。次に示すおおよその数値を覚えておくとよいでしょう。

燃料の重量が同じなら、核反応は、化学物質や食物の反応の約100万倍のエネルギーを放出する。

石炭――低コストだが汚染の問題あり

燃料のコストに関しても、驚くべき事実があります。自分の家の暖房のために、熱量（カロリー）を基準にしてエネルギーを買うとしましょう。燃料はどれがいちばん安いでしょうか。利便性などのほかの条件はすべて忘れて、燃料のコストだけを考えてみましょう。消費者という立場からは、コストの比較は簡単にはできません。価格はつねに変動していますから、ここ数年の平均価格を基準に見ていきましょう。石炭は1トン当たり約40ドル、ガソリンは1ガロン（3.8リットル）当たり約2.50ドル、天然ガス（メタン）は1000立方フィート（2万

8320リットル）当たり約3ドル、電気は1キロワット時当たり約10セントです。では、1ドル当たりいちばんカロリーが大きいのは、どれでしょうか。ちょっとわかりにくいですね。燃料によって計量の単位が違いますし、エネルギー量も違います。しかし、こうした数字をすべて総合すると、**表1.2**になります。この表には、電気に変換した場合のエネルギーのコストも示されています。化石燃料の場合、コストは3倍になります。

燃料によるコストの大きなばらつきに、注目してください。3番目の列のキロワット時当たりのコストだけを見てみましょう。電気で家を暖房した場合にかかる費用は、なんと石炭の25倍です！　ガソリンのコストは、天然ガスの2倍以上です。そのため、整備士のなかには、自分の車を改造して、ガソリンの代わりに圧縮天然ガスを使えるようにしている人もいるくらいです。

家の暖房のために、天然ガスを「電気に変換しないで」そのまま使った場合、電気の3分の1のコストですみます。1950年代の昔には、多くの人たちが「オール電気住宅」が理想的だと考えました。電気は、便利で、清潔で、安全だからです。しかし、そうした家も、ともかくエネルギーコストがずいぶん安いという理由で、いまでは石炭や天然ガスを使うように改造されています。

この表でもっとも突出しているのが、石炭の低価格です。1ドル当たりのエネルギー量を唯一の基準とするなら、石炭を使ってあらゆるエネルギー需要を満たせばよいでしょう。しかも、アメリカ、中国、ロシア、インドなどの膨大なエネルギー

表1.2 **エネルギーのコスト**

燃料	市場価格	キロワット時(1000キロカロリー)当たりのコスト	電気に変換した場合のコスト
石炭	トン当たり40ドル	0.4セント	1.2セント
天然ガス	3万リットル当たり3ドル	0.9セント	2.7セント
ガソリン	リットル当たり0.66ドル	7セント	21セント
電気	kWh 当たり0.1ドル	10セント	10セント
自動車用バッテリー	バッテリーの価格50ドル	21セント	21セント
コンピュータ用電池	電池の価格100ドル	4ドル	4ドル
単4電池	電池1個当たりの価格1.5ドル	1000ドル	1000ドル

を必要とする多くの国には、膨大な量の——数百年は十分に持つ——石炭が埋蔵されています。石油についてはあと数十年で枯渇(こかつ)するかもしれませんが、だからといって、安価な化石燃料が枯渇するわけではないのです。

では、なぜわたしたちは自動車の燃料に石炭を使わずに、石油を使うのでしょうか。物理学上の問題ではないので、わたしとしては推測するしかありません。しかし、その理由のひとつは、ガソリンがとても便利だということでしょう。ガソリンは液体ですから、ポンプを使ってタンクに給油できますし、そのガソリンをタンクからエンジンに送り込むこともできます。ガソリンは、昔はいまよりずっと安かったので、コストよりも利便性のほうが重要な問題だったのです。また、自動車の仕組みや燃料供給システムをガソリンに合わせて最適化してきたため、容易に切り替えることができないのです。ガソリンは、グラム当たりのエネルギー量は石炭よりも明らかに多いので、重量的には積載(せきさい)量は石炭より少なくてすみます（ただし、密度は低いので、タンクの容量は大きくなります)。また、石炭は燃えたあと灰が残るので、これを捨てなければなりません。

エネルギーのさまざまな形態——食物エネルギー、運動エネルギー、核エネルギー……

ここまでは、食物エネルギーや化学エネルギーについて説明してきましたが、ほかにもさまざまなエネルギーがあります。飛翔する弾丸や動いている小惑星の持つエネルギーは、「運動エネルギー」といいます。圧縮したバネに貯蔵されているエネルギーは、貯蔵エネルギー、または「位置エネルギー」といいます。「核エネルギー」とは、原子の核を構成している粒子(りゅうし)の間に貯蔵されている力であり、原子核が分裂するときに放出されます。「重力エネルギー」とは、高い場所にある物体が持つエネルギーです。この物体が落下するとき、このエネルギーは運動エネルギーに変換されます。第２講でも説明しますが、物体が持つ熱もエネルギーのひとつの形態です。こうしたエネルギーは、すべてキロカロリーやジュールで測ることができます。

多くの物理学の教科書は、化学エネルギーや核エネルギーや重力エネルギーを、異なる形態のエネルギーとして扱っています。その定義を１つのカテゴリーにまとめると、形状と位置——たとえば、バネが圧縮されているかどうか、化学物質の原子がどのように配列されているか——によって決まるあらゆる種類のエネルギーということができます。このように定義をひとつにまとめてしまうのは、方程式を簡略化するためです。こうした簡略化自体にとくに意味があるわけではありません。ここで理解しておいてほしいのは、名前がどうあれ、すべてのエネルギーはエネルギーだということです。

一般には、「エネルギー」という言葉は、さまざまな意味で使われています。しかし、物理学で使うときには、厳密な意味があります。エネルギーという言葉の正確な使い方を理解し、物理学者と同じように使うことができれば、便利です。「物理学は第２の言語」と考えましょう。より正確に定義を知っていれば、物理学について論じるときに役に立ちます。

同じように用語としての正確な意味からいうと、「仕事率」は、１秒間に使われるエネルギーと定義されます。この講の中で前述しましたが、仕事率とは、エネルギーが放出される速度のことです。方程式にすると、次のようになります。

仕事率＝エネルギー／時間

TNT の価値は、たとえ１グラム当たりのエネルギーがチョコチップクッキーよりも小さくても、仕事率が大きい（その限られたエネルギーを100万分の数秒で熱に変換することができきる）ことです。もちろん、エネルギーは尽きてしまいますから、あまり長い時間この仕事率を持続することはできません。

仕事率のもっとも一般的な単位は、ワットです。ワットは、1秒当たりでは1ジュールになります。

1ワット＝1ジュール／秒
1キロワット＝1000ジュール／秒

エネルギーは「保存」される

薬莢（やっきょう）の火薬の化学エネルギーが瞬時に熱エネルギーに変わると、発生したガスはひじょうに高温のため、急激に膨張して、弾丸を銃から押し出します。弾丸を押し出すとき、ガスは（冷えて）そのエネルギーの一部を失います。このエネルギーは弾丸の運動エネルギーに変わります。驚くべきことに、このエネルギーをすべて合計すると、エネルギーの総量は同じになります。化学エネルギーは熱エネルギーと運動エネルギーに変換されますが、銃を発射したあとのカロリー（またはジュール）の数値は、火薬に貯蔵されていたエネルギーとまったく同じです。これが、物理学でいう「エネルギーは保存される」という言葉の意味なのです。

エネルギーの保存は、科学史上もっとも価値のある発見のひとつです。これはひじょうに重要な事実ですから、「熱力学の第1法則」というりっぱな名前がつけられています。「熱力学」とは、熱を取り扱う学問ですが、これは次の講義でくわしく説明します。この第1法則は、失われたように見えるエネルギーのすべてが実際には失われていないことを示しています。通常、失われたように見えるエネルギーは、たんに熱エネルギーに変わっただけなのです。

弾丸が目標に当たって止まると、運動エネルギーの一部はその対象物に移動し（目標を破壊し）、残りは熱エネルギーに変換されます。（目標と弾丸は衝突すると互いに少し温度が上がります）。エネルギーの合計はつねに同じである、という事実は、「エネルギー保存」のもうひとつの実例です。これは、物理学のもっとも有用な法則(3)のひとつです。物理学や工学の分野で計算をするときには、とくに重要です。この原理を利用して、物理学者たちは、銃から撃ち出される弾丸の速度を計算することができます。そして、物体が落下するときの速度を計算することもできるのです。

しかし、エネルギーの保存が物理学上の法則なら、どうして世間ではこれほど省エネが叫ばれるのでしょうか。エネルギーは自動的に保存されるのではないのでしょうか。

ええ、たしかにエネルギーは自動的に保存されますが、すべての形態のエネルギーに同等な経済的価値があるわけではないのです。化学エネルギーを熱に変換するのは簡単ですが、その逆はひじょうに困難です。省エネとは、「有用なエネルギーを保存する」ということなのです。もっとも有用なエネルギーは、化学エネルギー（たとえばガソリン）と位置エネルギー（たと

(3) アインシュタインの相対性理論（第12講参照）によって質量もエネルギーに変換しうることが予言されたため、この法則は修正され、「質量とエネルギーの総量は保存される」となった。

えば、水力発電所のダムの水に貯蔵されているエネルギー）です。いちばん有用性が低いのは熱ですが、熱エネルギーの一部はより有用なエネルギーに変換することができます。

エネルギーを測定する際の方法と単位

エネルギーを測定するもっとも簡単な方法は、エネルギーを熱に変換して、水の温度が何度上がったかを見ることです。事実、カロリーのそもそもの定義は、この種の効果が基本になっています。つまり、1カロリーは1グラムの水の温度を摂氏1度上昇させるエネルギーです。1キロカロリーは約4200ジュールです。広く使われているもうひとつのエネルギーの単位はキロワット時(kWh)です。これは、電力会社から電気エネルギーを買うときの料金の単位にもなっています。キロワット時は、1時間に1000ワットを使った場合に出力されるエネルギーです。これは、1秒当たり1000ジュールのエネルギーを3600秒（1時間）使うということであり、360万ジュール＝860キロカロリーに相当します。1ワット時(Wh)がおよそ1キロカロリーだったことは覚えていますね。こうした数字の変換については、つまらないので、（わたしがとくに推奨する場合以外は）覚える必要はありません。表1.3にこの単位を換算したものをまとめました。

この表を覚える必要はありませんが、ときどき参照すれば、さまざまな事柄におけるエネルギー量を感覚的につかめるようになるでしょう。たとえば、もし国別のエネルギー使用量に興味を持ったときには、「クワド」についてよく知れば、これが

表1.3　**一般的なエネルギー単位**

エネルギー単位	定義と換算
カロリー	1gの水を1℃上昇させる熱量
キロカロリー	1kgの水を1℃上昇させる熱量 1キロカロリー＝4182ジュール≈4kj
ジュール	1/4182 キロカロリー ＝1kgを10cm 持ち上げるエネルギー
キロジュール	1000ジュール＝1/4キロカロリー
メガジュール	1000キロジュール＝10^6ジュール
キロワット時(kWh)	861キロカロリー≈1000キロカロリー＝3.6メガジュール
イギリス熱単位(BTU)	1BTU＝1055ジュール≈1kj＝1/4キロカロリー
クワド	10^{15}BTU≈10^{18}j アメリカの総エネルギー使用量≈年間100クワド 世界の使用量≈年間400クワド

注：記号≈は「～にほぼ等しい」の意。

有用な単位であることがわかるでしょう。アメリカのエネルギー消費量は、年間約100クワドです（クワドは実際には仕事率を測る尺度であることに注意)。

②仕事率

仕事率とは？——エネルギーが移動する速度のこと

すでに述べたように、「仕事率」とはエネルギーが移動する速度のことです。速度とは、何かが起きるとき、その「何か」を時間で割ったものです。たとえば、時速を表すキロ/時は、進む距離を1時間当たりで割ったもの（1時間に何キロの距離を進むかを示す速度の単位）です。このように、1グラムのTNTは、0.000001秒（100万分の1秒）に0.651キロカロリーを放出するので、仕事率は1秒当たり65万1000キロカロリーになります。

仕事率の単位——ワットと馬力

仕事率は1秒当たりのカロリーで測ることができますが、もっとずっと一般的に使われている単位は、ワット（1秒当たり1ジュール）と馬力です。馬力は、そもそもは、標準的な馬にできる仕事率と定義されたものです。つまり、1秒当たりに馬にできる仕事の量を表しています。現在、馬力という用語がもっともよく使われるのが、自動車のエンジンの仕事率を表す場合です。標準的な自動車は50～400馬力です。ジェームズ・ワットは、1700年代に、1馬力の大きさを、1秒当たり0.18キロカロリーと定めました。「ワット」は、電気の仕事率（電力）を測るためにもっとも一般的に用いられる単位です。

ジェームズ・ワットが実際に試したところ、馬は330ポンド（約150キログラム）のおもりを１分間に100フィート（約30メートル）垂直に持ち上げることができました。ワットは、この仕事の率を１馬力と定義しました。１馬力は、約746ワットに相当します。これは、およそ1000ワット、１キロワットと考えてもよいでしょう（そろそろ近似値の使い方になれてきましたか）。一般的に用いられる単位は次の通りです。

キロワット（1kW=1000ワット）
メガワット（1MW=100万ワット）
ギガワット（1GW=10億ワット=10^9ワット=1000メガワット）

メガは100万の意味で、略字はM、ギガは10億の意味で、略字はGです。たとえば、1000kW=1MW=0.001GWになります。１キロカロリー／秒は約４キロワットです。

１馬力が746ワットであることを知らなければならないのは、工学上の計算をするような場合だけです。だから、この正確な数値は覚えなくてもよいでしょう。実際に必要になったら、そのときに調べればよいのです。代わりに、ここでは次の近似方程式を覚えておいてください。

１馬力＝１キロワット

正確な数値を覚えようとして結局覚えられないよりも、この近似値を覚えておくほうが、ずっと役に立ちます。

仕事率は、ひじょうに重要ですから、いくつかの主要な数値を覚えておくとよいでしょう。こうした数値を、表1.4にまとめました。例を視覚的にイメージして、近似値を覚えてください。

仕事率の実例と、その比較

エネルギーは保存されますから、エネルギー産業は実際にはエネルギーをつくり出しているわけではなく、エネルギーをある形態から別の形態に変換したり、ある場所から別の場所に運んでいるだけです。ところが、これを一般的には「エネルギーを生産する」と言います。

仕事率が、どれほど密接に重要な問題とかかわっているかを知るために、いくつかの例を挙げてもっとくわしく説明しましょう。こうした数値は、太陽光発電などの重要な問題に影響してくるので、覚えておくとよいでしょう。

まず、発電所とあなたの家の電球との間に何が起きているのか、手短に説明しましょう。エネルギーの元々の形は、化学物質（石油やガスや石炭）か原子力（ウラニウム）でしょう。発電所では、エネルギーを熱に変換し、その熱で水を沸騰させ、高温高圧の蒸気をつくります。膨張する蒸気は、いくつものファンが連なる「タービン」の中を流れます。そして、このファンが「発電機」のクランクを回転させます。発電機の仕組みについては第6講でくわしく説明しますが、発電機とは、力学的な回転を電流——金属の中を流れる電子——に変えるものです。電気エネルギーの主な利点は、電線さえあれば、何千キ

表1.4　**電力の例**

電力	等価換算	例
1ワット	1秒当たり1ジュール	懐中電灯
100ワット		かなり明るい電球。座っている人間が発する熱
1馬力	≈1キロワット*(a)	標準的な馬(長時間持続可能)。人間が階段を駆け上がる仕事率。
1キロワット	≈1馬力*(b)	小さな家(暖房は除く)。1平方メートル当たりの太陽光の仕事率。
20馬力	≈20キロワット*(c)	小型自動車
1メガワット	100万(10^6)ワット	小さな町の電力
45メガワット		747 ジャンボジェット機。小規模な発電所
1ギガワット	10億ワット(10^9)ワット	大規模な（石炭、天然ガス、原子力）発電所
400ギガワット(0.4 テラワット)		アメリカの平均消費電力
2テラワット	約2 × 10^{12}ワット	世界の平均消費電力

(a) 正確には1馬力 =746ワット。
(b) 正確には1キロワット =1.3馬力。
(c) 正確には20馬力 =14.9キロワット。

ロと離れたあなたの家まで簡単に運ぶことができることです。

標準的な大型発電所は、約1ギガワット(GW)＝10億ワットです（**表1.4**参照)。この数字は、覚えておくと役に立ちます。この点は、原子力発電所でも、石油や石炭を燃料とする火力発電所でも同じです。それぞれの家やアパートで必要とされる電力が1キロワット（100ワットの電球を10個点灯させられる）だとすると、こうした発電所が1基あれば、100万戸の家に電力を供給することができます。これより規模の小さい発電所の場合は、40から100メガワットの電力を生産します。こうした発電所の多くは、小さな町が地元の需要をまかなうために建てたものです。100メガワットの電力があれば、約10万戸の（冷暖房に電力を使うとすればもっと少ない数の）家庭に電力を供給できます。カリフォルニアは大きな州ですから、気温の高い日には50ギガワットが必要になるので、約50基の大型発電所が必要な計算になります。

発電所では、燃料のエネルギーのすべてが電気に変わるわけではありません。それどころか、熱に変わるとき、エネルギーの3分の2がむだになります。というのは、蒸気は完全に冷えてしまうわけではなく、また熱の多くは、周囲の環境に逃げ出してしまうからです。この熱を周辺の建物の暖房に利用しているところもあります。こうした仕組みを「熱電併給（ねつでんへいきゅう）」と言います。

表1.4を見ると、懐中電灯（1ワット）から世界の総電力（2テラワット＝200万×100万ワット）までさまざまな標準的な電力がわかります。

太陽光と太陽エネルギー――理論的可能性と問題点

面積1平方メートルの太陽光は、どれくらいの仕事率になるでしょうか。太陽光のエネルギーは、1平方メートル当たり約1キロワットです。そして、太陽光のエネルギーのすべては光です。光が物体の表面に当たると、一部ははね返り（だから目で見ることができ）、一部は熱に変換され（表面の温度が上がり）ます。

環境保護主義者のなかには、長期的未来を考えれば最良のエネルギー源は太陽光だ、と信じている人が大勢います。太陽光は「持続可能」です。つまり、太陽光は、太陽が輝いている限りなくなりませんし、太陽はまだあと何十億年も寿命があります。太陽エネルギーは、シリコン太陽電池を使って電気に変換できます。この太陽電池は、太陽光を直接電気に変換する結晶です（これについては、第10講と第11講でもっとくわしく説明します）。太陽光から得られるエネルギーは、仕事率にすると、1平方メートル当たり約1キロワットです。つまり、1平方メートルを照らす太陽光エネルギーのすべてを電力生産に利用できれば、1キロワットの発電ができるわけです。しかし、安物の太陽電池では、1平方メートルのエネルギーの15パーセント、つまり150ワットしか電気に変換できません。残りは、熱に変換されるか、反射してしまいます。もっと高価な（人工衛星で使っているような）太陽電池なら、効率は40パーセントになり、1平方メートル当たり400ワット発電することができます。1平方キロメートルは100万平方メートルですから、1平方キロメートルの太陽光の仕事率は1ギガワットになります。太陽電池の変換効率が15パーセントなら、1平方キロ当たり150メガワットです。つまり、1ギガワットを発電するには、7平方キロメートルが必要です。これは、最新の大型原子力発電所で生産されるエネルギーとほぼ同じです。

太陽光発電に関連する重要な数値を以下にまとめました。

1平方メートル	**→**	**1キロワットの太陽光** **太陽電池を使った場合の発電量** **150〜400ワット**
1平方キロメートル	**→**	**1ギガワットの太陽光** **太陽電池を使った場合の発電量** **150〜400メガワット**

太陽光発電は実用的ではない、と言う人もいます。文化人と呼ばれる人たちのなかにさえ、カリフォルニアのような州でも十分な電力を供給するには州全体を太陽電池で埋め尽くさなければならない、と言う人がときおりいます。

本当にそうなのでしょうか。表1.4を見てください。標準的な原子力発電所の出力である1ギガワットの生産に必要なのは、7平方キロメートルです。ずいぶん広い面積のように思うかもしれませんが、実際にはそれほどでもありません。カリフォルニアの標準的な（日中主にエアコンの使用によって達する）最大電力使用量は、約50ギガワットです。50ギガワットの生産に必要な太陽電池の面積は、350平方キロメートルです。これは、カリフォルニア州の総面積の40万平方キロメートルの

1000分の１――１パーセントの10分の１――にもなりません。それに、太陽光発電所は、近隣の州に建設することもできます。たとえば、隣のネバダ州なら、降水量はもっと少なく、それほど電力を必要としません。

また、太陽エネルギーは日中しか利用できない、と言う人もいます。すると、夜間はどうすればいいのでしょうか。もちろん、電力需要がピークに達するのは、工場が操業し、エアコンを使う日中です。しかし、もしすべてを太陽電池に転換するとしたら、エネルギー貯蔵の技術が必要になります。多くの人たちは、電池や圧縮空気やフライホイール〔弾み車（はずみぐるま）ともいう。円盤の回転としてエネルギーを保存する部品〕がそうした役割を果たすだろうと考えています。

現時点では、太陽光発電は、それ以外の発電方法よりもコストがかかります。その主な理由は、太陽電池が高価なことと、あまり長持ちしないことです。太陽電池のコストと太陽電池を使う発電所の建設コストについて調べてみてください（わたしが建築請負業者に聞いたところでは、取付工事にはどんなものでも１平方フィート（30×30センチ）当たり10ドルかかるという話でした）。通常、発展途上国では、工事費は先進国より安くてすみますが、そうした国のほうが太陽光発電を実用化しやすいのでしょうか。

人力

体重65キロの人が高さ４メートルの階段を３秒で上るとすると、その人の筋肉が出す力は約１馬力になります。この仕事率で運動できるとしたら、その人は馬と同じくらいの力があることになるのでしょうか。いいえ。1馬力は、ほとんどの人が短時間なら出力可能な仕事率です。しかし、馬は1馬力を長い時間持続的に出すことができ、瞬間的になら何馬力も出すことができます。

普通の人が自転車に乗っていると仮定して、長時間にわたって持続的に出せる力は、7分の1＝0.14馬力です。世界クラスの自転車レースの選手（ツール・ド・フランスの出場者）なら、もっと大きな馬力を出すことができます。1時間以上にわたって0.67馬力を出すことができるうえ、20秒の全力疾走では1.5馬力を出すことができます。

ダイエット vs 運動

体重を減らすには、どれだけの仕事をしなければならないのでしょうか。これを計算するために必要な数値は、ほとんどがわかっています。前述したように、人間が持続的に出すことができるのは、7分の1馬力です。こうした一般の人々に関する測定値によると、人間の体の効率は約25パーセントです。つまり、7分の1の馬力分の仕事をするために7分の4馬力の比率で燃料を使う、ということです。言い換えれば、7分の1馬力の有効な仕事をするために使う馬力の合計は、発生する熱を含めて、その4倍になる、ということです。

体重を減らしたいのなら、これは好都合です。激しい運動を継続的に行って、7分の4馬力の比率で脂肪を燃焼させると仮定しましょう。1馬力は746ワットです（ここではより正確な数値のほうを使います)。つまり、激しい運動によって、あなたは、4/7×746=426ワット=426ジュール/秒を使います。1時間(3600秒)なら、426×3600ジュール=153万ジュール=367キロカロリーを使うことになります。

たとえば、コカコーラの場合、340グラムの缶に40グラムの砂糖が入っています。これは、約155キロカロリーの「食物エネルギー」に相当します。これだけのエネルギーは、約30分激しい運動を継続的に行えば、「燃やし尽くす」ことができます。激しい運動というのは、ジョギングなどではありません。ランニングや水泳などです。

激しい運動を30分やるか、ジョギングを1時間やってから、缶コーラを1本飲んだとしましょう。運動で「燃やした」カロリーをそっくりまたコーラで補充することになります。体重は(ごく一時的な水分の消耗を計算に入れなければ)増えもしなければ、減りもしないでしょう。1杯当たりの牛乳やフルーツジュースの多くは、もっと多くのカロリーを含んでいます。だから、コーラの代わりに「ヘルシー」な飲み物を飲めば体重が減らせる、とは思わないでください。牛乳やフルーツジュースは、ビタミンなどが豊富ですが、カロリーも高いのです。

標準的な体格の人が一定の体重を維持するためには、1日2000キロカロリーが必要です。脂肪には、1グラム当たり7キロカロリーのエネルギーが含まれています。もし1日500キロカロリー食べる量を減らすなら——つまり標準の2000キロカロリーの摂取量のうち4分の1を減らす——なら、自分の体脂肪を1日に約70グラム、1週間に500グラム減らすことができます。ずいぶん厳しいダイエットの割には、なかなか体重が落ちないと思うかもしれませんが、だからこそ多くの人がダイエットの途中で挫折してしまうのです。

食事を減らす代わりに、毎日１時間、週７日、７分の１馬力の運動をすれば、やはり１週間に500グラム体重を減らすことができます。これだけの運動量になるスポーツには、ラケットボールやスキー、ジョギング、早足のウォーキングなどがあります。水泳やダンスや草刈りなどは、１時間当たりこの約半分のカロリーを使います。だから、１週間で500グラム体重を減らすには、毎日１時間激しい運動をやるか、２時間比較的軽い運動をやるか、そうでなければ、食物の摂取量を500カロリー減らさなければなりません。あるいは、カロリーの摂取量を減らしながら、運動もやる、という方法もあります。

ただし、１時間運動をしたあと、自分へのごほうびとしてコーラを１本飲んだりしてはいけません。そんなことをすれば、消費したカロリーをそっくり取り戻してしまうことになります。

風力

風を生み出しているのは、地表を不均等に温める太陽光エネルギーです。場所によって太陽光による温度上昇にむらが生じるのは、光の吸収率の違いや、水蒸気の量の違いや雲量(うんりょう)の違いなど、さまざまな原因によります。風の強い土地では、1000年近くも前から風力を利用してきました。そもそも風車を使っていたのは、主に製粉工場でした。また、昔のオランダでは、堤防の内側に漏れ出した水をくみ出すためにも、風車を使っていました。風力タービンを使った試験的な風力発電施設は、1970年代にカリフォルニアのアルタモント・パスに建設され、いまも稼動しています。こうした風車は、いまでは「風力タービン」と呼ばれています。

現代の風力タービンは、大型化によって、はるかに効率よく風をエネルギーに変換できるようになりました。それはひとつには、高いところに吹く強い風を利用できるからです。そのため、風力タービンのなかには、自由の女神よりも高いものもあります。

風は、温度差によって生じますから、突き詰めれば、風力は太陽エネルギーが生み出したものといえます。これについては、次の講義の「熱流」のところでくわしく説明します。

商用電力を供給するための風力タービン群を、マサチューセッツ州の海岸沖の海上に建設する計画が立てられています。このウインドパークでは、170基の大型の風車を5マイル（8キロ）四方に配置し、海底ケーブルで陸に送電します。タービンは、ブレードの先端がいちばん高い位置にきたとき、海面から128メートルの（40階建てのビルと同じ）高さになります。それぞれの風車の間隔は、2分の1マイル（800メートル）ほどです。このウインドパークの最大出力は、0.42ギガワットになる予定です。

運動エネルギー――計算法と特徴

もう一度、表1.1に戻りましょう。標準的な隕石の運動エネルギーは、同じ質量のTNTの化学エネルギーの150倍になります。

化学エネルギーとは違い、運動エネルギーは単純な方程式で表すことができます。

運動エネルギー方程式

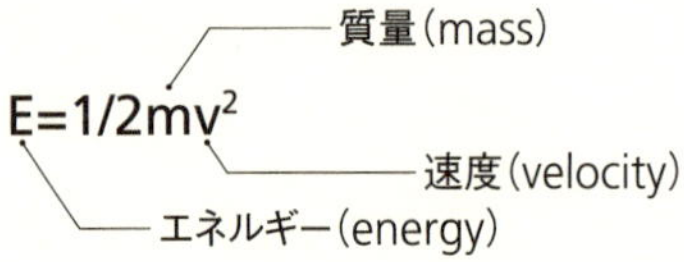

このE=1/2mv^{2}という方程式では、vはメートル/秒、mはキログラム、エネルギーはジュールを当てはめます。エネルギーをキロカロリーに換算する場合は、4200で割ってください。

それにしても、この運動エネルギー方程式は、あの有名なアインシュタインの特殊相対性理論の方程式E=mc^{2}と似ていませんか。アインシュタインの方程式のcは、真空中の光の速度、秒速3×10^{8}メートルです〔Eはエネルギー、mは質量で、この点は運動エネルギー方程式と同じ〕。この2つの式が似ているのは、偶然ではありません。このことは、第12講で相対性理論について学べば、わかります。アインシュタインの方程式によると、物体の質量に秘められたエネルギーは、物体が光速で進む場合の古典的運動エネルギーにほぼ等しいことになります。とりあえずいまここでは、アインシュタインの方程式が、知名度で劣る運動エネルギー式を覚える役に立つかもしれません。

運動エネルギー式をよく見ると、運動エネルギーが質量や速度とどのように関係してくるかがわかります。まず第一に、運動エネルギーは物体の質量に比例します。このことは、覚えておくととても便利です。方程式を使わなくても、感覚的に把握できるようになるはずです。たとえば、重量2トンのSUV（スポーツ用多目的車）には、同じ速さで走る1トンのフォルクスワーゲンの2倍の運動エネルギーがあります。

さらに、物体の運動エネルギーは、速度の2乗に比例します。これも、覚えておくと、とても便利です。もし車の速度を2倍にすれば、運動エネルギーは4倍になります。時速80キロで走っている車の運動エネルギーは、時速40キロで走っている同じ車の4倍です。速度が3倍になれば、運動エネルギーは9倍になります。

では、この運動エネルギー式に数字を当てはめてみましょう。ひじょうに高速の物体として、隕石を例にしましょう。質量はキログラムで、速度はメートル/秒で表します。1グラムの隕石が秒速30キロメートルで動いているとしましょう。まず第一に、こうした数値を変換しなければなりません。質量mは0.001キログラム、速度vは30キロメートル/秒＝3万メートル/秒です。これを方程式に当てはめると、次のようになります。

$$E=1/2mv^2$$
$$=1/2(0.001)(3\text{万})^2$$
$$=45\text{万ジュール}=450\text{キロジュール}=100\text{キロカロリー}$$

爆薬を使わず運動エネルギーで物体を破壊——スマートロックとブリリアントペブル

20年以上も前から、アメリカ軍は、爆薬を使わないで核ミサイルを破壊する方法を真剣に考えてきました。スマートロックとは、爆薬の代わりに、岩石(ロック)などの重い物質の塊を、ミサイルの経路上に置くだけの迎撃法です。これは、岩石にコンピュータを取り付けて「利口(スマート)」にして、ミサイルが岩を回避しようとしても、うまく回り込んでミサイルの行く手をふさぐ、というものです。

ただの岩がどうやって核弾頭を破壊するのでしょうか。弾頭は秒速約7キロメートル——v=7000メートル/秒——で飛んできます。ミサイルの側から見れば、岩のほうが秒速7000メートルで近づいてくることになります（このように視点を切り替えることを「古典的相対論」といいます)。ミサイルのほうから見た、岩の1グラム（0.001キログラム）当たりの相対的な運動エネルギーは、次の通りです。

$$E=1/2(0.001)(7000)^2=2万5000ジュール=6キロカロリー$$

このように、岩の（ミサイルから見た）運動エネルギーは6キロカロリーになります。これは、TNTを使った場合の9倍のエネルギーです。岩を爆薬で成型(せいけい)する必要はありません。運動エネルギーそのものでミサイルを破壊できます。もし仮にTNTを材料にして岩をつくったとしても、エネルギーはほんの少し増えるだけですから、効果もほんの少ししか増えません。

軍では、（化学エネルギーよりも）運動エネルギーによる物体の破壊方法に関心を抱いています。もっと小さな石にもっと高性能なコンピュータを取り付ける最新の発明は、「ブリリアント・ペブル」と呼ばれています（これはジョークではありません。インターネットで調べてみてください）。

ここで、おもしろい問題を出しましょう。同じ質量のTNTの化学エネルギーと同じ運動エネルギーを持つためには、その石はどれだけの速度でなければならないのでしょうか。**表1.1**によると、TNT 1グラム当たりのエネルギーは0.651キロカロリー＝2723ジュールです。$1/2mv^2$＝2723ジュールで計算します。mを1グラムの岩とすると、mは0.001キログラムになります。すると、以下のようになります。

$$v^2=544万6000$$
$$v=\sqrt{544万6000}$$
$$=2300m/秒$$
$$=2.3km/秒$$

これは音速の7倍に相当します。

恐竜を絶滅させた小惑星の運動エネルギーの計算

では、地球に衝突して恐竜を絶滅させたあの小惑星の運動エネルギーについて考えてみましょう。地球は30キロメートル/秒で太陽のまわりを回っています(4)から、衝突の速度もそれくらいと考えるのが妥当でしょう（正面衝突した場合はもっと大きくなりますし、小惑星が後ろから地球に追突した場合はもっと小さくなります)。

小惑星の直径が10キロメートルで、質量が約1.6×10^{12}(1.6テラトン)だったとします(5)。表1.1によると、小惑星のエネルギーは、同じくらいの量のTNTの165倍です。すると、$(165)\times(1.6\times10^{12})=2.6\times10^{14}$トン$=2.6\times10^{8}$メガトンのTNTに相当するエネルギーになります。標準的な核爆弾の威力をTNT当量で1メガトンとすると、小惑星の衝突で放出されたエネルギーは10^8(1億)個以上の核爆弾に匹敵します。これは冷戦時代の最盛期に米ソが保有した全核兵器の1万倍に相当します。

小惑星がぶつかった衝撃はすさまじいものでしたが、その時点で小惑星の動きは停止しました。エネルギーはすべて熱に変換され、その結果途方もない大爆発が起きました。しかし、これほどの規模の爆発となると、大気にきわめて深刻な影響を及ぼすことになりました(空気の半分は地表から約5キロの圏内にあります)。おそらく、大気中に巻き上げられた土砂の層が、何か月も地球全体を覆(おお)い、太陽の光をさえぎったでしょう。太陽の光が届かないため、植物の成長は止まり、その結果多くの動物が餓死したはずです。

---

(4) 地球と太陽の距離(range)は $r=150\times10^6$ キロメートル。地球の公転軌道(circumference)の総距離は $C=2\pi r$。1周するためにかかる時間は1年だから、3.16×10^7秒。こうした数値を総合すると、地球の速度は $v=C/t=30$km/秒になる。

(5) 半径は5km $=5\times10^5$cm だから、体積(volume)は $V=(4/3)\pi r^3=5.2\times10^{17}$立法センチになる。岩の密度は立法センチ当たり約3グラムだから、質量はおよそ $1/6\times10^{18}$グラム $=1.6\times10^{12}$トンになる。

このような天体の衝突によって、地球がその軌道からはずれてしまう可能性はないのでしょうか。小惑星の直径は10キロ程度だったと思われます。これは、地球の直径の約1000分の1です。すると、質量は地球の10億分の1になるはずです。地球にぶつかったこの小惑星は、たとえていえば、トラックにぶつかった蚊のようなものです。蚊がぶつかった衝撃によってトラックの速度が（少なくともそれほど大きく）変わることはありませんが、たしかにフロントガラスは汚れるでしょう。このたとえで言うと、フロントガラスは地球の大気に当たります（第3講で慣性について説明するときに、もっと厳密な計算をします）。

小惑星のエネルギーのほとんどは熱に変換され、その結果爆発が起きました。本講の冒頭の図1.1は、木星にもっと小さな（直径約1キロメートルの）彗星が衝突したときの写真です。これを、もう一度見てください。ちょっとしたスペクタクルではありませんか。でも、恐竜を絶滅させた小惑星の爆発は、この1000倍もの規模だったのです。

ともあれ、熱とは、本当のところいったい何なのでしょうか。温度とは？　膨大な熱によって爆発が起きるのは、どうしてでしょうか。これが、次の講義で取り組む問題です。

第 2 講

原子と熱

①熱に関する4つの疑問

6500万年前に小惑星が地球に衝突したとき、この小惑星は同じ重さの100倍ものTNT火薬に相当する運動エネルギーを持っていました。衝突の瞬間、事実上このエネルギーのすべてが熱に変わりました。（気化した）岩石の温度は数百万℃、すなわち太陽の表面温度の100倍以上になりました。

——なぜでしょう。どのようにして、運動エネルギーが熱に変わるのでしょうか。熱とは何でしょう。どうして熱によって爆発が起きるのでしょうか。

同じ部屋の中にあるものは、すべてが同じ温度になります。ところが、ガラス製のコップを手に持った場合と、プラスティック製のコップを持った場合では、ガラスのほうが冷たく感じます。多くの人たちは、知らず知らずのうちに、プラスティックは比較的「感触が暖かい」と認識しています。

——2つの物体は温度が同じはずなのに、一方を冷たいと感じるのはどうしてでしょうか。わたしたちは、何か間違った思い込みをしているのでしょうか。

多くの科学者が、地球の温暖化について心配しています。一部のモデルでは、このまま（化石燃料を燃やすことによって）二酸化炭素を大気中に放出しつづければ、地球の温度はすぐに摂氏2～3度上がってしまうだろうと予測されています。もしそうなったら、海水位は――たとえ氷が融けなくても――30センチ以上上昇するだろうと思われます。標高の低い島のなかには、水没してしまうところもあるでしょう。

――氷が融けなくても海水位が上がるのは、いったいなぜでしょうか。

燃料を燃やして家の中を暖房するのは、エネルギーのむだ遣(づか)いです。寒い屋外から屋内に熱を取り込めば、効率はずっとよくなります。

――寒い屋外から熱を取り込む？　ばかげた話だと思われるでしょう。すべてのエネルギーを熱に変えることは、燃料を100パーセントの効率で燃やすことにはならないのでしょうか。どうすれば、それ以上効率を上げることができるのでしょうか。

②原子と分子と熱の正体

両の手のひらを合わせて、15秒間ほど力をこめてごしごしとこすり合わせてみてください（誰も見ていないなら、先へ読み進む前にいますぐ試してみるといいでしょう）。手が熱くなったでしょう。皮膚の温度が上がったからです。手をこする運動エネルギーが熱に変わったのです。

実をいえば、熱とは運動エネルギーそのもの、すなわち分子

(1)の運動エネルギーなのです。手が熱くなったのは、手をこすり合わせる前よりも後のほうが手の分子の振動が速くなったからです。これが熱の正体です。熱とは、原子や分子のごく微細な高速の振動なのです。

よい機会ですから、ここで物質の構造について説明しておきましょう。すべての物質は原子からできていて、原子には、水素、酸素、炭素、鉄など、約92種類(2)があります。この92種類のすべての原子を表にしたものが、図2.1の周期表です。

周期表の原子にはそれぞれ、「原子番号」といわれる数字がついています。この数字は、原子が持つ陽子〔原子核を構成する粒子(りゅうし)。イメージはP34図1.2を参照〕の数を表しています。これはまた（通常は）原子が持つ電子の数も表しています。水素(H)の原子番号は1、ヘリウム(He)は2、炭素(C)は6、酸素(O)は8、ウラニウム(U)は92です。

分子とは、原子が結合してひとまとまりになったものです。水はH_2Oと書きますが、これは、水の分子が水素原子２個(H_2)と酸素原子１個(O)からできていることを表しています。ヘリウムの分子はただ１個の原子(He)からなり、水素ガスの分子は２個の水素原子(H_2)だけからできています。しかし、

---

(1) 分子とは、いくつかの原子が互いに結びついた集合体のこと。たとえば、酸素ガスO_2は、２個の酸素原子が結合して１個の酸素分子を形づくっている。
(2)「約」という言葉を使うのは、既知の元素のなかに、放射性崩壊を起こすことによって、自然界ではごくまれか、もしくは存在しないものも生じるからである。こうした元素の一例が、テクネティウム（原子番号43）とプルトニウム（原子番号94）である。安定元素だけなら、その数は91になる。放射性元素を入れると、100を超える。

周期＼族	1	2	3	4	5	6	7	8	9	10	11	12	13	14	15	16	17	18
1	1 H																	2 He
2	3 Li	4 Be											5 B	6 C	7 N	8 O	9 F	10 Ne
3	11 Na	12 Mg											13 Ai	14 Si	15 P	16 S	17 Cl	18 Ar
4	19 K	20 Ca	21 Sc	22 Ti	23 V	24 Cr	25 Mn	26 Fe	27 Co	28 Ni	29 Cu	30 Zn	31 Ga	32 Ge	33 As	34 Se	35 Br	36 Kr
5	37 Rb	38 Sr	39 Y	40 Zr	41 Nb	42 Mo	43 Tc	44 Ru	45 Rh	46 Pd	47 Ag	48 Cd	49 In	50 Sn	51 Sb	52 Te	53 I	54 Xe
6	55 Cs	56 Ba		72 Hf	73 Ta	74 W	75 Re	76 Os	77 Ir	78 Pt	79 Au	80 Hg	81 Tl	82 Pb	83 Bi	84 Po	85 At	86 Rn
7	87 Fr	88 Ra		104 Rf	105 Db	106 Sg	107 Bh	108 Hs	109 Mt	110 Ds	111 Rg	112 Uub	113 Uut	114 Uuq	115 Uup	116 Uuh	117 Uus	118 Uuo

ランタノイド	57 La	58 Ce	59 Pr	60 Nd	61 Pm	62 Sm	63 Eu	64 Gd	65 Tb	66 Dy	67 Ho	68 Er	69 Tm	70 Yb	71 Lu
アクチノイド	89 Ac	90 Th	91 Pa	92 U	93 Np	94 Pu	95 Am	96 Cm	97 Bk	98 Cf	99 Es	100 Fm	101 Md	102 No	103 Lr

図 2.1　周期表（覚える必要なし）

分子のなかにはひじょうに大きなものもあります。遺伝情報を運ぶDNAと呼ばれる分子は、何十億という原子からできています(3)。分子がばらばらになったり、くっついたりすることを、「化学反応」といいます。

あらゆる物質の分子は、絶えず振動しています。その振動が激しいほど、物質の温度は高くなります。両手をこすり合わせるということは、手を構成している分子の振動の速度を速めたということです。分子の振動は、どれくらいの速さなのでしょうか。この答えは、驚くべきものです。振動の標準的速度は音速、すなわち時速約1200キロメートル、秒速330メートルです。かなりの高速です。ところが、(少なくとも固体の)粒子(りゅうし)〔原子、分子などの総称〕は、大して速く移動できません。粒子は、隣同士ぶつかって、はね返るからです。粒子は、速度は速いのですが、円形のトラックを回る走者のように、その平均的な位置は変わらないのです。

原子は、普通の顕微鏡では観察できないほど小さなものです。この大きさは、約2×10^{-8}cm$=2\times10^{-4}$ミクロンです(4)。人間の通常の髪の毛の直径は25ミクロン程度ですから、その断面の直径には12万5000個の原子が並ぶことになります。直径8ミクロンの赤血球なら、4万個の原子が並びます。分子のなかには、顕微鏡で見ることができるほど大きなもの(DNAなど)

(3) こうした原子の結合の仕方はさまざまである。そうした異なる結合によって、遺伝情報をコード化する。DNA分子は、動物によって長さが異なる。
(4) ミクロン(μまたはμm)はマイクロメーターの別名。1ミクロンは、10^{-6}m$=10^{-4}$cm。

もありますが、分子の中の個々の原子は解像できません。

原子そのものは見えませんが、目に見えるくらいの小さな粒子に原子の振動が及ぼす影響は見ることができます。顕微鏡を使えば、ごく微細な（直径１ミクロンの）浮遊粉塵が振動しているのを見ることができます。この現象は、「ブラウン運動」(5)と呼ばれます。この振動は、空気の分子が粉塵にあらゆる方向からぶつかるために起きるものです。粉塵がある程度以下の大きさになると、空気の分子の衝突は、平均化されなくなります。

音速――分子の速度とほぼ同じ秒速330メートル

分子の速度と音の速度がほぼ等しいのは、偶然の一致でしょうか。いいえ――音は、空気の分子が互いにぶつかることによって空気中を伝わります。だから、音の速度は、分子運動の速度によって決まります。気体中を伝わる音は、気体の分子の速度を超える速度で移動することはできません(6)。

音の速度は、自分でも簡単に測定することができます。たとえば、誰かがゴルフボールや野球のボールを打ったり、薪を割

---

(5) この微粒子の振動については、イギリスの植物学者ロバート・ブラウンが水に浮かんだ花粉粒を観察したときが最初。当時の知見としては、この微細粒子に原子がぶつかっていることはわからなかったため、もっとも合理的な解釈として、ブラウンは、花粉粒が生きていると考えた。振動量と粒子の大きさとの関係などのくわしい理論づけは、1905年にアインシュタインによってなされた。このアインシュタインの研究成果を基礎にして、最終的にほとんどの科学者が原子論を信じるようになった。

(6) 固体の場合は、分子が効率よく接しているため、音は分子の振動速度よりも速く伝わる。固体の分子は、力を隣の分子に伝えるために動く必要はない。

るところを観察してみるといいでしょう。その場面を目で見るよりも、音のほうがあとから聞こえるでしょう。これは、光があなたのところまで届くのはひじょうに速く、それに対して、音が届くまでには多少時間がかかるからです。自分とその人との距離を目算して、音が届くまでにかかったおよその時間を計算してみてください。距離が330メートルなら、音が届くまでの時間差はおよそ1秒になるはずです（もしこれを野球の試合で試すなら、ホームベースからなるべく遠いところに座ったほうがいいでしょう）。速度とは、距離を時間で割ったものだからです。

わたしが子どものころ、雷をよく怖がったので、両親は、雷が落ちた場所がどれくらい遠いかを知る方法を教えてくれました。稲光（いなびかり）から5秒遅れて雷鳴（らいめい）が聞こえたら、雷が落ちたのは1マイル（1600メートル）離れた場所になるはずです。もし10秒の差があれば、2マイル離れた場所になります。当時のまだ幼かったわたしにとって、1マイルは想像できないほどはるか遠い距離であり、そう聞いてわたしはほっとしました。この法則が有効なのは、光の速度がとても速く、1マイルの距離を移動する時間がほんのわずかだからです。つまり、光はほとんど一瞬で届くのです。しかし、雷鳴は音ですから、音速（秒速330メートル＝時速1200キロメートル）という比較的遅い速度でしか移動できません。

音速を知っておくと、距離を測るときに役立つ場合があります。2003年に、わたしは氷河から巨大な氷の塊が水面に落下するのを、船の上から見ました。その音がわたしの耳に届くまでに12.5秒かかりました。そこから、氷河の先端までの距離が約4キロだということがわかりました。そのときまで、わたしは、氷河はもっとずっと近くにあると思っていました。氷河があまりにも巨大なため、錯覚していたのです。

光速——秒速3億メートルは速いか遅いか

光の速度はこれよりずっと速く、秒速3億(3×10^8)メートルです。これはものすごい速さですが、見方によってはずいぶん遅いとも言えます。最新のコンピュータが1回の演算にかかる時間は、10億分の1秒(ナノ秒=ns)です(もっと速いコンピュータもたくさんありますが、1ナノ秒が標準的であることを知っておいてください)。1ナノ秒の間に、光は30センチ程度しか進めません。だから、コンピュータは小さくなければならないのです。コンピュータは、演算のためにしばしば情報を取り出さなければなりませんが、もし情報のある場所があまりにも遠いと、情報を得るために何周期もむだにしてしまうことになります(7)。もしコンピュータの速度が3ギガヘルツなら、光は1周期で10センチ程度しか進めません。

覚えておこう:コンピュータの1周期(1ナノ秒)の間に光が進む距離は、約30センチである。

---

(7)映画『2001年:宇宙の旅』(1968年)には根本的な間違いがある。劇中に登場するコンピュータ“HAL”は、人間が歩いて入っていけるほど大きい。ちなみに、アルファベットの順番でいうと、Hの次はI、Aの次はB、Lの次はMである。つまり、次にくる文字を並べると、IBMになる。映画の原作者であるアーサー・C・クラークによると、たんなる偶然にすぎないとのことである。

熱が持つ膨大なエネルギー

この本を構成する分子の平均速度は音速と同じですが、分子はそれぞれがみなてんでにばらばらな方向に動いています。もし仮に、すべての分子を同じ方向に動かしたとしましょう。すると、本そのものが音速、つまり時速1200キロで飛んでいってしまうでしょう。それでも、本が持っているエネルギーの総量はまったく変わりません。

これは、普通の物体の熱に膨大なエネルギーが内在されていることを示す一例です。残念ながら、このエネルギーを取り出して有効利用したくても、できない場合が多々あります。この問題は、熱機関のところでくわしく説明します。振動の方向を変えてすべての分子がそろって動くようにする方法はありません。でも、その逆ならできます。6500万年前に小惑星が地球に衝突したとき、衝突の寸前まで、小惑星のすべての分子は秒速30キロで同じ方向に進んでいました。衝突のあと、すべての分子の動きがてんでばらばらに変わってしまったのです。

運動エネルギーが熱に変わるこの作用を、規則運動をランダム化する可干渉的(コヒーレント)なものと考えることもできます。分子のエネルギーが、整然とした「秩序正しい」(すべての分子が同じ方向に動く)ものから「無秩序な」ものに変わるのです。この「無秩序」は、物理学ではよく使われる言葉です。無秩序の量は、定量化することができます。その値を「エントロピー」といいます。物体を熱すると、そのエントロピー(分子運動の無秩序性)が増大します。エントロピーについては、この講の最後のところでくわしく説明します。

ラジオの雑音とテレビの砂の嵐——原因は中を飛び回る電子

ラジオが放送局の周波数と合っていないとき、ザーという雑音がします。そのノイズの原因は何でしょうか。古いテレビは、放送局からの電波が入ってこない時間には、砂の嵐を連想させる白い点が画面の上を飛び交います。この砂の嵐の正体は何でしょうか。

驚くべきことに、テレビの砂の嵐もラジオの雑音も原因は同じです。原因は、電子機器の中を飛び回っている電子なのです。電子は、熱に応じて絶えず動いていますから、ほかに信号が入ってこないときには、電子の動きが見える（聞こえる）ことになるのです。電子は、分子ではありませんが、やはり振動するエネルギーを持っています。

温度を下げれば、こうしたノイズは小さくなりますし、高感度な電子機器のなかには、こうした雑音や砂の嵐を抑えるために冷却しなければならないものも数多くあります。しかし、冷やしすぎれば、機能が停止してしまう可能性もあります。というのは、トランジスタ（第11講参照）のはたらきは、電子が室温である程度の運動エネルギーを持っていることが前提になっているからです。運動エネルギーがないと、電子は動けなくなり、電気が流れなくなってしまいます。トランジスタを冷やして運動エネルギーを奪うと、トランジスタは機能しなくなります。

さて、熱が分子（あるいは電子）の持つ運動エネルギーであることはわかりましたが、ここでもっとひねった質問をしましょう。では、温度とは、いったい何でしょうか。

③温度

温度とは？——運動エネルギーを測定したもの

温度は、熱と密接な関係があります。ここでしばらく、温度について考えてみましょう。外気温が摂氏38度もあると、ずいぶん熱く感じます。摂氏０度以下になると、水は凍ります。しかし、温度がどういうものであるかを正確に言い表すのは、ひじょうに困難です。温度は、温度計を見ればわかります。しかし、温度計は何を測っているのでしょうか。答えは、驚くほど簡単です。

温度とは、目に見えない運動エネルギーを測定したものである。

わたしがここで言う「見えない運動エネルギー」とは、速度は速い（音速だ）が、（動く範囲は）きわめて小さな微細な振動の、通常は観測されないエネルギーのことです。のちほど、温度から運動エネルギーを計算する方程式について説明します。

分子の平均的な運動エネルギーが大きくなれば、温度が上がります（「平均」という言葉を使うのは、ある瞬間には、分子によって比較的動きの速いものもあれば、遅いものもあるからです。ダンスフロアのダンサーを想像してください）。もし2

つの物体の温度が同じなら、それぞれの物体の分子が持つ振動の運動エネルギーの大きさは同じです。

この問題がいかに重要な意味を持つかを、実例を挙げて説明しましょう。ここに、鉄製の棒と、銅製の棒があると考えてください。この２本の棒は、同じ温度です。それぞれの棒の分子は、平均して同じ運動エネルギーを持っていることになります。すると、鉄の分子と銅の分子は、平均して、同じスピードで動いているのでしょうか。驚くべきことに、答えは「ノー」です。鉄の分子のほうが軽いので（図2.1参照）〔鉄は原子番号26、Fe。銅は原子番号29、Cu。原子番号が小さいほど、質量は軽くなる〕、平均すると、より速い速度で振動しています。

第１講で述べたように、運動エネルギー(kinetic enegry)は、$KE=1/2mv^2$で求めることができます（P65～参照）。銅と鉄では分子量mが異なります。だから、同じ運動エネルギーKEを持つには、重いほうの銅の分子の速度vは、鉄より小さくなくてはなりません。かつて、温度は熱よりも不可解なものとして受け止められていました。その理由を考えてみましょう。

覚えておこう：温度が同じなら、軽い分子は、重い分子よりも（平均して）速い速度で動く。

熱力学の第0法則――接するもの同士は同じ温度になろうとする

温度という概念が本当に役に立つようになったのは、互いに接する２つの物体は同じ温度になろうとする、という単純な事実が発見されたからです。そのおかげで、温度計で気温を測ることができるのです。つまり、温度計が空気と接することによって、空気と同じ温度になるからです。互いに接する物体が同じ温度になろうとすることを、「熱力学の第０法則」といいます(8)。

熱い鉄製の物体と冷たい銅製の物体を触れ合わせます。両者は触れ合っていますから、動きの速い鉄の分子が遅い銅の分子にぶつかることになります。鉄の分子はエネルギーを失い、銅の分子はエネルギーを得ます。鉄は温度が下がり、銅は温度が上がります。同じ温度になるまで、エネルギーの移動は続きます。熱の「流れ」は、実際には運動エネルギーの共有です。熱（運動エネルギー）は、熱い物質から冷たい物質に受け渡されます。この流れは、両方の物質が同じ温度になるまで、止まりません。

つまり、いろいろなものを同じ部屋にまとめて置いておけば、いずれはすべてが同じ温度になる、ということです。もちろん、そうしたもののひとつが、火のついた薪（たきぎ）のようなエネルギー源なら、そうはなりません。しかし、エネルギーが部屋から外に出たり、外から入ってきたりしなければ、すべての物体は最終的には同じ温度になります。

---

(8) 熱力学の「第１」法則は、第１講でも触れたように、エネルギーの保存に関するものである。第２法則と第３法則についてはこの講義で後述する。第０法則は、この３つの法則が定められたあとで追加されたものだが、明らかにこの法則こそ他の３つに優先されるべきものと考えられたため、０という番号がつけられた。

第0法則に従って宇宙に逃げた地球の水素

水素は、この宇宙でもっとも豊富に存在する元素です。太陽を構成する原子の90パーセントは、水素原子です。それなのに、地球の大気中には、事実上水素ガスは存在していません。どうしてでしょう。地球の水素は、どこへ行ってしまったのでしょうか。

その答えは、いたって簡単です。それは、熱力学の第0法則が教えてくれます。地球には、かつては大量の水素がありましたが、宇宙へ逃げてしまったのです。地球の大気中にあった水素は、窒素（ちっそ）や酸素と同じ温度だったはずです。したがって、水素分子は、平均して同じ運動エネルギーを持っていました。しかし、水素はもっとも軽い元素（原子量は酸素のたった16分の1）なので、速度は速くなければなりません。エネルギーは速度の2乗になるので、速度は4の倍数（4の2乗は16）でなければなりません。この水素の高い平均速度は、ロケットのように(9)地球からの脱出速度に達してしまうのです！　太陽や木星は、地球よりもずっと重力が強いので、水素を逃がしませんでした。脱出速度については、第3講でもっとくわしく説明します。地球が水素を失ったのは、重力が弱すぎたからです。

---

(9) 水素分子の平均速度は脱出速度には達しないが、水素分子の一部は平均よりかなり高い速度になり、そうした分子が地球から抜け出していった。窒素分子や酸素分子の一部も同じように抜け出していったが、そうした分子の平均速度は水素よりもかなり低いため、抜け出したのはごくわずかだった。

宇宙の「低温死」とは何か

恒星はひじょうな高温ですが、宇宙空間の分子はひじょうに低温です。いずれ、星が燃え尽きれば、最終的に宇宙のすべてのものは同じ温度になるかもしれません。あらゆるものを継続的に記録するなら、その温度がどれくらいになるか計算することができます。宇宙が膨張していること（第13講参照）を無視するなら、宇宙の平均温度は摂氏マイナス270度になります(10)。宇宙は膨張していますから、最終的にはさらに低い温度になるかもしれません。哲学者たちは、これを宇宙の「低温死」と名づけましたが、このことを考えて暗い気分になる人もいます。しかし、低温であるということは、必ずしも、生命にとっておもしろくないことなのでしょうか。物理学者のフリーマン・ダイソンが行った詳細な分析によると、宇宙の温度が相当低くなっても、生物は生きつづけ、系統的な思考はますます複雑化していく可能性もあります。それにはさらなる進化が必要かもしれませんが、それまでにはまだ何千億年も時間があるのです。

宇宙がそうなったときには、生物はどうなっているでしょうか。人類の子孫はどうなっているのでしょう。ある人たちの試算によると、極度の寒さになると、複雑で活動的な生物でありつづけるためには巨大化する必要があり、おそらくはいま存在

---

(10) 宇宙の大部分の素粒子は目に見えない。こうした素粒子は、極低温の光の粒子（宇宙マイクロ波背景放射）や同じように低温のニュートリノである。低温死は、こうした膨大な数の極低温素粒子を含む宇宙のあらゆるもののエネルギーが均等になったときに起きる。

する惑星と同じくらいか、それ以上の大きさにならなければならないようです。

温度スケール

摂氏と華氏

温度の概念が考え出されたのは、温度がどういうものかが理解されるよりもずっと前のことです。温度は、「温度計」と呼ばれる道具で測定されました。つねに測定値が一致する温度計をつくることができたのは、(第0法則からもわかるように)温度計をつくる材料がどのようなものであってもかまわないということが、多分に関係しています。そのため、温度という考えは、ひとつの標準的な尺度になりました。

一般的なものとして、2種類の温度スケールがあります。摂氏スケールと華氏スケールです。摂氏(centigrade)はCの略号で表され、華氏(fahrenheit)はFの略号で表されます。このスケールでは、水の氷点・融点を0℃および32°Fをとし、沸点・凝固点を100℃、212°Fとします。

摂氏と華氏は、次のルールを使って変換することができます。Tcは摂氏スケールで表される温度(temperature)であり、T_Fは華氏で表される温度です。すると、次のようになります。

摂氏温度(temperature in the centigrade scale)
華氏温度(temperature in the fahrenheit scale)

$$T_C=(T_F-32)(5/9)$$

$$T_F=(9/5)T_C+32$$

例題（この方程式を使って自分で計算してみてください）。

水の氷点：$T_F=32$ なら $T_C=0$

水の沸点：$T_C=100$ なら $T_F=212$

「室温」：$T_C=20$ なら $T_F=68$

絶対温度スケール（ケルビン温度スケール）

運動エネルギーがゼロになり、分子の運動が本当に止まってしまったら、どうなるのでしょうか。分子のすべての動きが止まった場合、その物質の温度は「絶対零度（れいど）」になります。絶対零度とは、摂氏なら－273℃、華氏なら－459°F(11)になります。

これを基にして、「絶対温度スケール」または「ケルビン温度スケール」と呼ばれる新しい温度スケールを定義することができます。物理学者にとって、ケルビン温度スケールは、方程式を簡略化できるので、ひじょうに便利です。たとえば、ケルビン温度を使うと、分子１個当たりの平均の運動エネルギーEは、次のようなひじょうに単純な方程式で求められます。

分子1個当たりの平均の運動エネルギー（enegry）

$$E=2\times10^{-23}T_K$$

ケルビン温度（temperature in the kelvin scale）

この T_K は、ケルビン温度スケールで表される温度です。方

(11) 華氏－459度を、『華氏459度』と混同しないこと。『華氏459度』はレイ・ブラッドベリのSF小説のタイトルで、本が燃える温度を意味している。

程式の中の定数2×10^{-23}は、ひじょうに小さな数字ですが、それは、たんに原子自体がひじょうに小さいからです。この数字は覚える必要はありません。粒子の運動エネルギーの数値が重要なのではありません。重要なのは、速度（ほぼ音速に等しい秒速330メートル）と、もし（ケルビン温度スケールで表される）温度が２倍になれば、運動エネルギーも２倍になるということです。

この方程式でもっとも注目すべき点は、物質の種類にかかわらず当てはまるということです。これもまた、第０法則によるものです。これは、驚くほど単純な物理法則だ、とわたしは思います。ここで、この法則について少し考えてみましょう。温度とは、要するに、目に見えない運動エネルギーにほかなりません。室温では、空気の原子の運動エネルギーは、この本を構成する原子の運動エネルギーと同じです。この事実を、科学者たちは何百年もの間理解することができませんでした。本当に難しいのは、このエネルギーを分子ごとに測定しなければならないということだけです。この方程式は、物理学者たちがときおり物理学の「美しさ」と呼んでいるものを垣間見せてくれます。これは、一般的な意味の美しさではなく、物理学を知らない人たちがそれと気づかずに見逃している単純さのことです。

ケルビン温度から273を引くだけで、摂氏に変換できます。

摂氏温度

$$T_C = T_K - 273$$

ケルビン温度

たとえば、$T_K=273$なら、$T_C=0$になります。つまり、273K＝0 Cです。

スペースシャトル「コロンビア」の悲劇の原因となった高熱

2003年2月1日、スペースシャトル「コロンビア」号は大気圏再突入の際、炎に包まれて空中分解し、搭乗していた7名の宇宙飛行士全員が死亡しました。

スペースシャトルが地球の大気の高密度のところに再突入するときには、必ず大量の熱が発生します。スペースシャトルは、膨大な運動エネルギーを持っていて、（着陸できるように）減速するためには、このエネルギーを取り除かなければならないからです。

1グラム当たりのエネルギーを計算するには、速度を知る必要があります。スペースシャトルが軌道上を飛行しているとき、地球の円周約4万キロメートルを1.5時間で移動していますから、シャトルの速度は、4万キロメートル/1.5＝時速2万7000キロメートル＝秒速7400メートル＝音速の22倍になります。空中分解を始めたとき、シャトルは音速の18.3倍まで減速していました。つまり、マッハ18.3です。なぜこれほど速い速度で飛ぶ必要があるのかは、第3講で説明します。

スペースシャトルの運動エネルギーがすべて熱に変換された場合、温度は次の式に応じて上昇します。

マッハの公式

$$T=300M^2$$

T：温度(temperature)
M：マッハ数(mach number)

このMはマッハ数です。これは、ほかのどんな教科書にも載っていない実用的な方程式です。M=18.3なら、T=10万Kになります。これは、太陽の表面温度の17倍の高温です。分解したシャトルの破片があれほど強烈な光を放っていたのは、このためです。大気との摩擦によってたいへんな高熱が生じたのです。

再突入の際に運動エネルギーが熱に変わるのを防ぐ方法はありません(12)。スペースシャトルの底部には、耐熱セラミック製のタイルが貼られています。再突入の間、このタイルは猛然と吹きつける空気にさらされ、温度は何千度にも上昇して白熱します。この熱は、空気との熱伝導と放射によって、放出されます。そして、スペースシャトルが着陸するころには、タイルはすっかり冷えているのです。

シャトルには、燃料はほとんど残っていませんし、爆発物は一切積んでいません。シャトルを破壊したのは、熱に変換された運動エネルギーだったのです。

---

(12) 降下速度を落とすための「逆推進ロケット」をシャトルに装備することも、原理上は可能である。しかし、そのためには、大きなロケットエンジンと打ち上げ時と同じくらい大量の燃料が必要になる。将来、技術の進歩によっていまよりはるかに小さなエンジンやごく少量で足りる燃料が開発されれば、逆推進ロケットによる減速も可能になるかもしれない。

自由選択学習：くわしい計算

マッハ数の方程式を解いてみましょう。手早く答えを出すコツをお教えします。常温（300K=27℃）のときシャトルを構成している分子は、ほぼ音速——つまりマッハ1——で動いています。軌道上を飛行中のシャトルの運動エネルギーがランダム化した——つまり、熱に変わった、としましょう。すると、分子は（スペースシャトルの飛行速度だった）マッハ18.3で振動することになります。そこで、軌道飛行のエネルギーが熱エネルギーに変わるので、分子の見えない運動の速度は18.3倍になります。

すると、見えない運動エネルギー——つまり、熱——はどうなるのでしょうか。運動エネルギーが $E=(1/2)mv^2$ であることを思い出してください。v（velocity＝速度）を18.3倍に増やせば、運動エネルギーは $(18.3)^2=335$ 倍に増えます。つまり、335倍に温度が上がり、300Kから335×300K=10万Kに上昇するのです。

言い換えれば、マッハ数M=18.3で動いていて、その運動エネルギーを熱に変えた場合、温度Tは $300M^2$ に上昇します。この方程式は、マッハ数がいくつでも当てはめることができますし、温度はケルビン温度で求められます。

熱膨張の実例——橋と歩道のひび割れとニューオリンズの堤防

固体の原子は温度が上がる（＝速度が上がる＝運動エネルギーが大きくなる）と、隣り合う原子を遠ざけようとします。

この効果は小さなものですが、重要です。ほとんどの固体は、温度が上がると、少し膨張します。標準的な数値を覚えておくとよいでしょう。摂氏１度温度が上がると、多くの物質は、1000分の１から１万分の１くらいの割合で膨張します。

小さな数字のようですが、ニューヨーク市のベラザノナローズブリッジになると、全長4260フィート（1298メートル）になります。気温が摂氏マイナス７度からプラス33度（ニューヨーク市の季節による標準的な温度変化）まで変わると、この橋の長さは約60センチ変わります(13)。

膨張とは、分子と分子の間隔が広くなることで、その結果、分子間の引力が弱まります。だから、熱い金属は、冷たい金属と比べて、強度が落ちます。9.11事件のとき世界貿易センタービルが崩壊したのも、ビルの金属の支柱が高温のために弱くなったせいです。

歩道をセメントで舗装するときは、通常等間隔に溝をつくり、一辺が５フィート（1.5メートル）の正方形になるようにします。摂氏１度温度が変わると、セメントの長さは100万分の35、すなわち150センチ×35×10^{-6}=0.0053センチ変わります。摂氏40度温度が変化すると、長さの違いは0.2センチになります。大したことはないように思うかもしれませんが、溝がないと、コンクリートは圧迫し合ってたわみ、ひび割れができます。セ

---

(13) 温度差を40℃と仮定して、計算してみよう。鉄の熱膨張は、1℃当たり100万分の12である。これに温度差の40をかけると、100万分の480になる。小さな数字のようだが、橋の全長は1298メートルだから、100万分の480をかけると、その変化は約60センチになる。

メントを舗装するときに小さな溝をつくっておけば、膨張のための余地となり、ひび割れを防ぐことができるのです。

コンクリートやセメントのブロックを隙間なくぎっしり組み合わせると、温度変化にさらされたとき、ひび割れが起きます。これは、設計上や工学上の重大な問題になります。たとえば、あなたが（多くの区域が海抜0以下の）ニューオリンズ市を洪水から守るための堤防をつくる仕事を引き受けたとしましょう。市全体を隙間のないコンクリートの堤防で囲むわけにはいきません。温度が変化したとき、ひび割れができてしまうからです。いくつものブロックを、間隔を開けて配置しなければなりません。そのため、隙間を滑り継ぎ手などの柔軟な素材のものでつながなければなりません。しかし、これはうまくやらないと、こうした連結部位が堤防の弱点になりかねません。

事実、その通りのことが起きました。図2.2は、ハリケーン・カトリーナによって決壊したニューオリンズの堤防の一部です。一見してわかるように、堤防は、長方形のブロックからできています。これは、膨張する余地を残すためのものです。決壊したのは、コンクリートの部分ではなく、エキスパンション・ジョイント（伸縮継手）の部分です。エキスパンション・ジョイントは熱で壊れたのではありません。熱膨張には耐えられるようにできています。しかし、このジョイントは鉄筋コンクリートほど強くありませんでした。そのため、洪水の圧力によって堤防に大きな力がかかったとき、もっとも弱いジョイントの部分が決壊したのです。

図 2.2　ハリケーン・カトリーナの襲来直後のニューオリンズの堤防。熱膨張を緩衝するエキスパンション・ジョイントの部分が破られている。これは熱ではなく、洪水の圧力によって破壊されたもの。こうしたジョイントは堤防のもっとも弱い部分になる。

地球温暖化と海水面上昇

多くの気候専門家は、化石燃料の燃焼によって大気中に放出される二酸化炭素が原因で地球の温度が上昇していると信じています。今後30年間に予想される気温の上昇は、1.5 ～ 5℃と見られています。ここでちょっと、5℃気温が上昇したらどうなるか、考えみましょう。

温暖化のもっとも驚異的な影響のひとつは、海面の上昇です。これは、氷の融解ではなく（それもたしかに影響しますが）、海水の膨張だけでも、起きます。水の体積の膨張は、1℃当たり 2×10^{-4} です。2.5℃上昇した場合の膨張は、$2.5\times2\times10^{-4}=5$

$\times 10^{-4}=0.0005$になります。平均大洋深度は約4000メートルです。海水が膨張すると、海面はこの0.0005——つまり、約2メートル上昇します。そうなると、世界の沿岸地域の多くの部分が水没します。それには、バングラデッシュのかなりの部分や、フロリダの人口密集地域も含まれます。

これは実に恐るべきことですから、綿密な計算が行われています。温度が上昇するのが主に海面近くの水であることや、海水の膨張にはばらつきがあるという事実を考慮して、さらにくわしい計算が行われています（水温が4℃以下の水は、温度が上がると収縮するのです）。深海の多くの部分の海水温はほぼ4℃近くです）。気候変動に関する政府間パネル（IPCC）の1996年の報告書では、氷河の融解に加えて、こうしたすべての事柄を考慮すると、海水面は15～95センチ上昇すると推定しています。

冷えれば何でも縮むのか？

いいえ。冷水（4℃以下で凍っていない水）は、もっと冷えると、膨張します。もっと冷えて氷になると、さらに膨張します。これは奇妙な作用ですが、水の分子が、まだ液体の状態にあるときからすでに結晶化しはじめるためにそうなるのです。

水のこの特有の性質がなければ、地球上の生命は生き延びることができなかったかもしれません。海や湖の水は、4℃以下になると、凍りはじめて膨張し、密度が下がったこの水はほかの水よりも上に浮き上がります。水が凍ると、さらに膨張しますから、氷は水面上に形成されます。この氷と冷水の層は、水面を覆(おお)ってその下の水を断熱し、それ以上温度が下がるのを防ぐのです。

もし冷たい水が温かい水よりも密度が高ければ、冬には、冷たい表面の水が底に沈み、温かい水は上に浮き上がって、冷たい空気にさらされて冷やされます。水が凍って収縮するとしたら、氷はさらに深く底に沈んでいくことになります。そうなると、最終的には海全体が氷点に達して、すべての海水が氷に変わり、海中に生息する生物はすべて死滅してしまったでしょう。

伝導――運動エネルギーの共有と移動

2つの物体が触れ合うと、この接触（両方の表面の分子が互いに衝突すること）によって、運動エネルギーを共有することになります。第0法則によると、温度が高い（分子1個当たりの運動エネルギーがより大きい）ほうの物体は、その運動エネルギーの一部を失い、温度が低いほうの物体は運動エネルギーの一部を得ることになります。最終的には、2つの物体は同じ温度になります。しかし、すぐにそうなるわけではありません。また、物質が違えば、そうなる速さも違います。つまり、物質によって「熱を伝導する」速度が違うのです。

この講義の冒頭の「大いなる疑問」に話を戻しましょう。プラスティックのコップとガラスのコップでは、両方とも室温であっても、触ったときの感触が違います。ガラスのコップのほうが冷たく感じます。でも、どうしてそんなことになるのでしょう。2つのコップは、両方とも同じ部屋に置いてあるのだから、温度は同じはずではないのでしょうか。

その通り。プラスティックのコップとガラスのコップは同じ温度です。しかし、プラスティックとガラスでは、伝導速度が違います。人間の体は、平均して約100ワットの熱を発生していますから、人間の指は室温より温かいのです。ガラスに触れると、指からガラスへ急速に熱が伝導しますから、わずかながら指の温度が下がります。指の神経が感じているのは、それです。ガラスの温度ではなく、指の皮膚の温度を感じているのです。プラスティックに触れたときには、ガラスほど急激には熱は伝導しませんから、指の皮膚はガラスのときほど冷えません。ガラスのほうがプラスティックより冷たいと思っていたのではありませんか。実際には、どちらも温度は同じなのです。ただ、ガラスのほうが、プラスティックよりも、人間の温かい皮膚から熱を奪う速度が速いということなのです。

固体、液体、気体、プラズマ

アリストテレスは、元素はたった4つ（空気と土と水と火）しかないと言いました。いまから思えば、ばかげた話のように思えます。もっとも、アリストテレスが本当に言いたかったことが、現代のわたしたちが物質の「状態」と呼んでいるものだったとすれば、話は別です。空気は気体の、土は固体の、水は液体の、火はプラズマの、もっともよく見られる代表例です。

温度が低いときは、物質の分子は振動が小さく、「固体」と呼ばれる固定した形態で密着し合っています。温度がもっと上がると、分子の運動が活発になり、やがて近くの分子との結びつきが弱まります。分子はまだ互いに密着していますが、互いに脇をすり抜けるようにして動けるようになります。そこまで行くと、いわゆる「液体」といわれる状態です。

固体から液体への変化でもっとも注目すべきことは、この変化がひじょうに急激に起きることです。水は、−1℃では固体ですが、+1℃では液体になります。固体から液体への変化を、「相（そう）」変化といいます。

この水にさらに熱を加えると、分子の振動は増大します。とはいえ、100℃までは、分子は互いの間をすり抜けるように自由に動けますが、まだ密着した状態です。100℃になると、振動はついに互いの引力を振り切るほどに強くなり、分子はばらばらになります。これが「沸騰」と呼ばれる現象で、ここで逃げ出した分子はこの時点で気体になります。

なかには、100℃以下でも、逃げ出すのに十分なエネルギーを持つ分子もあります。そうなるのは、それぞれの分子が持つエネルギーが、みな均等ではないからです。他の分子より速く振動している分子もあれば、他より遅い速度で振動している分子もあります。より速い分子は、外に逃げ出すことができます。そこまで速くなった分子は、水面から外へ抜け出し、振動速度の遅い冷たい分子は、置き去りにされます。これが「蒸発」です。これで、蒸発によって液体の温度が下がる理由がわかりましたね。より温度の高い分子が外に出て行くからです。

さらにもっと高い温度になると、分子同士の衝突が激しくなり、個々の原子に分裂するほど強くなります。この原子がさらに分裂して、電子がはじき出されると、この気体は「プラズマ」と呼ばれる状態になります。プラズマは、電子（=負の電（でん）

荷を持つ）によって構成されています。残った原子フラグメントは、正味の正電荷を持ち、「イオン」と呼ばれます〔補足：そもそも通常の状態においては、原子は「電気的に中性」である。これは、原子内には電子（＝負の電荷を持つ）と陽子（＝正の電荷を持つ）が同数存在し、そのため原子全体は電気的にはプラス・マイナス・ゼロだからである。この状態の原子から電子（負電荷）がはじき出されると、プラス・マイナスのバランスが崩れ、原子はプラス（正）の電荷を持つことになる。なお、イオンには「正イオン」と「負イオン」がある〕。プラズマは、電子（負電荷）と正の電荷のイオンの混合ですから、正味の電荷は持っていません。正電荷と負電荷については、第6講でくわしく説明します。

ここで、重要な事実を説明しておきましょう。固体が溶ける温度（たとえば氷なら0℃）と、液体（ここでは水）が凍る温度は、同じです。同じように、水は100℃で沸騰しますが、高温の水蒸気が冷えて100℃まで温度が下がると、水蒸気は凝結（液化）しはじめます。

固体と液体と気体はありきたりなものですが、プラズマについては、多くの人が異質なものと考えています。しかし、プラズマは、人々が思っているよりもありふれたものです。気体が高温になり、分子の衝突が激しくなって電子がはじき出されたものが、プラズマです。ろうそくの火は、プラズマです。蛍光灯の中のガスも、プラズマです。太陽の表面もプラズマです。稲妻も、大部分がプラズマです。

TNTの爆発――固体が瞬時に気体化し、膨張

TNT（トリニトロトルエン）が爆発するとどうなるのかを、もう一度見てみましょう。第1講の**表1.1**によると、放出される化学エネルギーは、TNT 1グラム当たり0.65キロカロリーです。TNTが爆発すると、その瞬間に1グラム当たり0.65キロカロリーのエネルギーが熱に変換されます。ここで新たに生じた熱エネルギーは、爆発前のグラム当たり0.004キロカロリーの熱エネルギーよりもかなり大きくなります(14)。言い換えれば、爆発後は内部運動エネルギーが167倍に増大するわけです。分子が分裂しないと仮定すると（実際には分裂するのでちょっとややこしくなりますが）、絶対温度は、瞬時にして、爆発前の温度300K〔=27℃〕の167倍になります。つまり、167×300K=5万Kです。摂氏に換算しても、5万−273ですから、（1000の位で四捨五入すれば）ほぼ5万度です。

もちろん、摂氏5万度は大変な高温で、太陽の表面温度（6000℃）と比べてもかなり高い温度です。5万℃の固体は存在しません。分子間の力は、互いをつなぎとめておけるほど強くありません。つまり、TNTは瞬時にしてひじょうな高温の気体、おそらくプラズマに変わります。

---

(14) 室温をT_K=300とする。分子1個当たりのエネルギーは、前出の方程式E= 2×10^{-23}Kで求められる。この式に数字を当てはめていくと、分子1個当たりの熱エネルギーは、$2\times10^{-23}K\times300 = 600\times10^{-23}$ジュール = 1.4×10^{-24}キロカロリーになる。TNTは分子1グラム当たりの分子の数が2.6×10^{21}である。すると、TNT 1グラムの熱エネルギーは、分子1個当たりのエネルギーに分子の数をかけたものになる。$E_{TNT}=(1.4\times10^{-24})(2.6\times10^{21}) = 0.004$キロカロリー/g。したがって、常温における熱エネルギーは、爆発時に放出される化学エネルギーと比べると、はるかに小さい。

この高温の気体は何をするのでしょうか。普通の室温でも、気体は通常、固体の1000倍の体積があります。固体が気体に変わっただけでも、1000倍に膨張するわけです。ところが、この気体は高温ですから、さらにもっと——167倍（爆発の前と後の温度の比率）に膨張します。この167倍というもうひとつの倍数については、次のセクションで説明します。ここでは、ともかくそういう数字になるということを把握してください。1000倍という倍数にさらに167をかけると、合計の膨張率は（ごくおおまかな概算で）16万7000倍になります。

TNTの爆発を簡単に言うと、次のようになります。固体の物質が、瞬時に高温の気体に変わります。この高温の気体は、16万7000倍の体積にまで一気に膨張します。この膨張する気体は、あらゆるものを押しのけます。近くにあるものはすべて、この気体の膨張のエネルギーを浴びて、ほぼ同じ速度で吹き飛ばされることになります。テロリストはよく、爆薬をパイプに詰めたり、爆薬に金属片（たとえば釘）を加えたりして、爆弾をつくります。金属片を高速で飛び散らせることによって、殺傷力を最大限に高めることができるからです(15)。

気体の温度と圧力の関係を表す「理想気体の法則」

前のセクションで、加熱した気体がさらに167倍に膨張したのは、なぜでしょうか。これがわかれば、固体と気体の違いを

---

(15) 軍でも、同じ原理を応用した「破片爆弾」や「破片性手榴弾」を開発している。

理解するためにも役立ちます。固体の場合、原子は振動しながら互いに衝突していますが、原子同士の相対的な位置関係は変わりません。固体は、温度が上がると、振動が大きくなって、膨張します。しかし、分子のエネルギーが十分に大きくなると、原子は定位置から外れてしまいます。高温になると、分子はもはや同じ場所にはとどまらず、もっとはるかに自由に動くようになります。分子は衝突し合って、容器の内側にぶつかってはね返ります。分子はこの衝突によって、容器を外側へ押し広げようとします。容器が広がらないようにするには、容器の外側から力を加えなければなりません。

気体の圧力は、面積1平方メートル当たりにはたらく力と定義されます。これは、次の式で計算します。

P = 定数×T_K

P：圧力(pressure)
T_K：ケルビン温度(temperature in the kelvin scale)

この方程式は、「理想気体の法則」の一部です。「理想」という言葉がつくのは、ほとんどの実際の気体の作用に、この方程式とは若干の誤差が生ずるからです。とはいえ、通常はほぼ等しい近似値になります(16)。

この法則の重要性は次の通りです。絶対温度（＝ケルビン温度）が倍になれば、気体の圧力も倍になります。もし絶対温度

---

(16) 物理学や化学の教科書の多くには、理想気体の法則は $P= nkT_K$ で表されている。n は単位体積当たりの分子の数、k はボルツマン定数である。これは、$PV = NkT$ と書き換えることもできる。この場合の N は分子の総数である。

を（前述したTNTの例のように）167倍に上げると、圧力も167倍に増大します。そのため、高温の気体はこれほど大きな圧力を持っているのです。

自動車のエアバッグの膨張の仕組み

自動車事故の際に乗っている人を守るために使われるエアバッグは、一瞬——自動車の電子機器が衝突を感知してから1000分の1秒間——でふくらみ、人の頭がフロントガラスに激突するのを防ぎます。エアバッグは、どうしてこんなにすばやくふくらませることができるのでしょうか。それは、もちろん、爆発の力を利用するからです。エアバッグの中には、50～200グラムのアジ化ナトリウムという爆薬が仕込まれています〔2000年以降、日本国内で販売された日本製の新車では、アジ化ナトリウムは使用されていない〕。この物質の分子は、ナトリウム原子1個と窒素原子3個からできています。化学式は、NaN_3です。アジ化ナトリウムは、電気パルスによって爆発すると、ナトリウム金属と窒素ガスに変わります。こうして放出された気体がエアバッグをふくらませるのです。

自動車——ボンネットの下で起きている爆発

ここまで、エネルギー（たとえば運動エネルギー）を熱に変換する話をしてきましたが、その逆はできないのでしょうか。熱には、膨大なエネルギーが秘められています。この熱を有効なエネルギーに変えることはできるのでしょうか。

できます。TNTが爆発して化学エネルギーが熱に変わると、この熱によって物質は高温の気体に変わり、膨張する高温の気体は岩をも砕(くだ)きます。これは有効な仕事といってよいでしょう。

この作用を制御して、自動車を走らせるようなもっと穏やかな仕事に利用することもできます。「気筒(きとう)」と呼ばれる室にガソリンと空気を注入して、爆発性混合物をつくります。(スパークプラグから出る)火花で点火すると、この混合気体は爆発して、高温の気体に変わります。この気体の高い圧力がピストンを動かし、そのピストンは車輪を回転させる一組の歯車を動かします。

自動車の内部のこの爆発は、通常は小さく抑えられていますから、エンジンがこわれることはありません。あなたの車はおそらく4～8気筒でしょう。この気筒が順に動いて、迅速に爆発をくり返し、ほぼ連続出力を可能にします。

熱機関とは?

熱を機械的動作に変えて動くすべてのエンジンを、熱機関といいます。自動車のエンジンは、熱機関です。機関車の蒸気エンジンもそうですし、ディーゼルもそうです。原子力潜水艦や原子力船(たとえば空母)も、熱機関で動いています。原子力を使って水を加熱して蒸気に変え、この蒸気をタービンに通してタービンを回転させます。この回転動作がプロペラに伝えられ、潜水艦(や船)を前進させます。原子力によって熱を生み出す仕組みについては、第5講でもっとくわしく説明します。

熱機関ではないエンジンとは、どんなエンジンでしょうか。ちょっと考えてみてください。どんなものが思い浮かびましたか。いくつかの例を脚注に挙げましたが、答えを見る前に、自分でも考えみてください(17)。

有効変換されるエネルギー、むだになるエネルギー

自動車のエンジンでは、ガソリンと空気の混合気体の化学エネルギーを熱に変え、発生した高温の気体の圧力によってピストンを動かします。しかし、エネルギーのすべてが、この有効な仕事に変換されるわけではありません。熱の一部は、伝導によって外の空気中に逃げ出し、「むだ」になります。標準的な自動車の場合、有効な駆動力に変換されるのは、化学エネルギーのおよそ10〜30パーセントにすぎません(18)。残りは——外に逃げ出す熱や取り除かなければならない熱として——むだになります。事実、ガソリンエンジンは大量のエネルギーを浪費するため、むだになる熱を除去するために専用の冷却装置を備え付けているほどです。それが、車体前部のラジエーターです。ラジエーターは、空気を吹き込んで水を冷やし、この冷水を使って（「オーバーヒート」しないように）エンジン

(17) 電気自動車（など）に使われる電気モーター、船の帆、風車、ぜんまい仕掛けの玩具、体の筋肉など。

(18) 平坦な道路を時速80キロで走る自動車の燃費がガソリン1リットル当たり13キロメートルだったとしよう。最大出力が150馬力だったとしても、この条件下では、およそ25馬力しか使っていないことになる。ガソリンの密度は1リットル当たり756グラムである。こうした数字を当てはめると、ガソリンの使用率は1時間1万グラムになる。1グラムあたりが10キロカロリーだから、使用されるガソリンのエネルギーは1秒当たり約30キロカロリー=123キロワットになる。ところが、エンジンが実際に出力するエネルギーは、標準で25馬力=18キロワットである。こうした仮定を基にすると、エネルギー効率は18/123=0.15=15パーセントになる。

の廃熱を取り去り、熱くなった水をまたラジエーターに戻して冷やします(19)。また、排気ガスにも、かなりの量の熱が残っています。

エネルギーをもっと効率よく使うこともできますが、驚くほど大きな制約があります。次の講義では、熱機関の性能の限界についても見て行くことにしましょう。

熱機関の効率の限界

ひとつ問題を出します。常温の水の熱エネルギーは、グラム当たり0.04キロカロリーです。わずかではありますが、電池の５倍のエネルギーになります。しかも、水は安価です。どうして、水の熱エネルギーを燃料として利用しないのでしょうか。

こうした熱のうちどれだけを有用なエネルギー（たとえば運動エネルギーや位置エネルギー）に変換できるかについては、その限界を定める基本的な定理があるのです。この定理は、熱学のもっとも大きな業績のひとつです。この定理を理解するには、熱を抽出（有効なエネルギーに変換）できるのは、熱が熱いところから冷たいところへ移動するときしかないということを認識しなければなりません。たとえば、ガソリンは燃えると、まわりの空気より熱くなり、その結果膨張して、ピストンを動かします。もしまわりの空気が爆発したガソリンとまったく同

(19) ラジエーターが機能停止した場合、エンジンが高温になり（「オーバーヒート」を起こし）、潤滑油が分解する。潤滑油がないと、金属製のピストンは金属製のシリンダーの中をスムーズに動けなくなり、摩擦を起こして、ついには固着して動かなくなる。

じ温度だったら、ガソリンの圧力はまわりの空気と変わりませんから、ピストンは動きません。熱機関は、その機能を果たすために、こうした温度差に依存しなければならないのです。

熱いときの温度（たとえば爆発したガソリンの温度）をT_{HOT}（ケルビン温度）、冷えたあとのガスの温度をT_{COLD}としましょう。このすばらしい定理から、エンジンの効率は、次の方程式で表されます。

効率は次の式の値以下になる。

$$1-(T_{COLD}/T_{HOT})$$

T_{COLD}：冷えたあとのガスの温度

T_{HOT}：熱いときのガスの温度

完全な効率が1（すなわち100%）です。たとえば、ガソリンが爆発したときの温度が1000Kで、気筒から排出されるまでの間に500Kまで下がるとすると、エンジンの効率は1−(500/1000)=0.5=50%以下になります。

これは、ひじょうに単純な法則であり、熱からエネルギーを取り出そうとする場合は、つねに当てはまります。この法則は、化学物質や光から直接エネルギーを取り出す電池や太陽電池の場合には、当てはまりません。ともあれ、熱機関を効率よく利用するには高温でなければならないことがわかるでしょう。

最初の問題に戻りましょう。常温の水から熱エネルギーを取り出さないのは、どうしてでしょうか。水の熱エネルギーで動く船を想像してみましょう。この船は海から水をくみ上げ、その水から取り出した熱エネルギーでスクリューを回して前進します。熱を取り出した後の水は氷に変わります。この氷は、船外に捨てることができます。なかなかうまい仕組みです。こうしたエンジンの効率を計算してみてください。船の温度は常温（300K）で、水の温度も同じだとすると、T_{COLD} と T_{HOT} は等しくなります。すると、効率は、1－(300/300)＝0以下になります。だから、効率はゼロです。

熱からわずかでも有効なエネルギーを取り出すためには、温度差が必要なのです。温度がより低いものを利用しないで、単一の物体から熱を取り出して有効なエネルギーに変えることはできません。この事実はひじょうに重要ですから、「熱力学の第２法則」というりっぱな名前がついています。

この効率の方程式を覚える必要はありません。しかし、高い効率を求めるには、大きな温度差（たとえば爆発したガソリンの高温ガスと冷たい外気）が必要であることは知っておいたほうがよいでしょう。温度差が小さければ、あまり大きなエネルギーを熱から取り出すことはできません。

冷蔵庫と熱ポンプ（エアコン）

熱機関は温度差、つまり（エネルギーを供給する）熱いものと（熱を移動させる）冷たいものを必要とします。自動車のエンジンは、ガソリンを燃やす（爆発させる）ことによって温度差を生み出します。高温のガスが膨張するとき、有効な仕事（車の車輪の駆動）をします。このプロセスを、逆に行うことも可能です。つまり、機械的な動きを利用して、温度差を生み出すのです。こうした仕事をする装置が、「冷蔵庫」や「熱ポンプ」です。

一般的な冷蔵庫は、機械力を使って室内の圧力を下げます。圧力(pressure)が下がると、理想気体の法則の方程式P＝定数×Tにしたがって、気体の温度(temperature)も下がります。冷えた気体は、氷を凍らせたり、あるいは室内を冷やすために利用できます。これが、冷蔵庫やエアコンの仕組みです。

圧力を減らす機械的な力は、室内の気圧を上げるようにピストンを動かします。この動作によって、空気が若干暖められます。だから、冷蔵庫では、一方が冷やされるだけでなく、もう一方が熱せられることになります。エネルギーは保存されますから、冷蔵庫から取り去られた熱はすべて、どこか別の場所、通常は室内の周囲の空気に、移動しなければなりません。だから、冷蔵庫は、置いてある部屋を暖めることになります。エアコンは、室内を冷やして、余分な熱を屋外に放出します。そのため、エアコンは、窓のように外に面するところに設置しなければなりません。エアコンは、(通常は電気モーターの)機械的な動きによって、(暖かい)室内から(寒い)屋外に、ポンプのように熱を送り出す装置と考えることもできます。

この逆も可能です。冬場は、エアコンの設定を逆にすれば、寒い屋外から暖かい室内に熱エネルギーを送り込むことができます。これは、寒い屋外の空気から熱エネルギーの一部を取り出して――その結果屋外はもっと寒くなるが――室内を暖かくするために送り込むということになります。こうした仕組みから、エアコンは別名「ヒートポンプ」とも呼ばれます。

ここでひとつ問題です。答えを聞いたら、きっと驚きます。

いまここに、1ガロン（3.8リットル）の燃料があるとします。家の中を暖房するには、どうするのがいちばんよいでしょうか。燃料を燃やして、その熱を利用することもできます。でも、もっとずっといい方法があるのです。この燃料で熱機関を動かし、その機械的な動きを利用してヒートポンプを動かすのです。ヒートポンプは、寒い屋外から熱を取り出して、室内に送り込みます。ヒートポンプによる方法は、たんに燃料を燃やして放出される熱を利用する場合に比べて、通常3倍から6倍の熱を生み出すことができます。燃料を燃やした場合に対するこの倍数を、性能係数（coefficient of performance）、略してCOPと呼びます。もちろん、熱機関の効率も100パーセントではありませんから、エネルギーの一部はやはり熱に変わります。この熱も、ヒートポンプがつくる熱とともに暖房に利用されます。

つまり、＜熱機関＋ヒートポンプ＞方式を動かすために燃料を使わずに、燃料（ガスや石炭や薪）そのものを燃やして家の中を暖める場合、燃料をむだ使いしていることになるのでしょうか。意外なことに、答えは「イエス」です。しかし、＜熱機関＋ヒートポンプ＞方式は、仕組みが複雑で、コストがかかります。通常、外がよほど寒くない限り、ヒートポンプは使いません。寒さがひどくない場合は、高価な＜熱機関＋ヒートポンプ＞方式を買うよりも、燃料をもっと多く買うほうが費用がかからないからです。しかし、化石燃料が枯渇しつつあり、価格も上がっていますから、将来は＜熱機関＋ヒートポンプ＞方式の暖房がいまよりずっと広く使われるようになるかもしれません。

さて、ここまで理解したところで、今回の講義の冒頭にあげた4番目の「大いなる疑問」を参照してみてください。

熱力学の4つの法則（まとめ）

以下が、熱力学の法則のすべてです。

第0法則：互いに接する物体は同じ温度になる。

第1法則：エネルギーは保存される（熱を含むあらゆる形のエネルギーを考慮した場合）。

第2法則：熱エネルギーを取り出すには、温度差が必要である。

第3法則：何物も絶対零度（れいど）（0K＝−273℃）に達することはできない。

第2法則は、互いに接するすべての物体は「熱平衡（ねつへいこう）」に向かう（同じ温度になろうとする）という解釈もできます。第2法則から導き出される帰結としてよく知られているのが、熱が移動すれば、宇宙の「無秩序」の総量はつねに増大する、というものです。第3法則は、なんとなくわかるでしょう。物体から熱を取り除くには、それよりも温度が低いものがほかになければなりませんから、温度が絶対零度に近い物体からそれ以上熱を取り去るのは困難なのです。

この法則の番号を覚える必要はありません。もっとはるかに重要なことは、事実そのもの（互いに接する物体は同じ温度になる、エネルギーは保存される、といったこと）を知ることです。

熱の移動の3つの形態——伝導、対流、放射

熱エネルギーがある場所から別の場所に移動するには、「伝導」「対流」「放射」の3つの形態があります。

・**伝導**：エネルギーは接触することによって移動します。これについては、ガラスのコップとプラスティックのコップに触れた場合の感触の違いについて述べたときに、すでに説明しました。直接触れることによって、温度の高い分子から温度のより低い分子にエネルギーが移動します。（熱の）良導体(りょうどうたい)とは、分子から分子へ熱が移動する速度が速い物質です。金属は一般に良導体で、ガラスも同じです。プラスティックは不良導体です。断熱材として使うなら、不良導体がよいでしょう。また、一点を熱すれば、その熱が全体に行きわたるようなフライパンがほしいのなら、フライパンの材質は（アルミや銅のような）良導体にするのがよいでしょう。

・**対流**：エネルギーは、物質（通常は気体や液体）の移動に伴って移動します。高温の物質が、低温の物体がある場所まで移動すれば、通常は接触（つまり伝導）によってエネルギーが移動します。たとえば、電気ヒーターは、室内の周囲の空気を（伝導によって）温めます。温められた空気は部屋中に（対流によって）行きわたり、その空気に触れたものも（伝導）によって温められます。ファンは対流を促進します。また、暖かい空気は上へ上昇しますから（第3講参照）、その結果、自然に室内の空気循環が起きます。これを「自然対流」といいます。対流式オーブンとは、暖かい空気を循環させて食べ物を加熱す

るオーブンです。

・**放射**：エネルギーは、何もない空間の中でも、光（不可視光線を含む）によって運ばれます。日向に立てば、あなたの体は太陽からの放射によって暖められます。赤外線加熱ランプの前に立てば、目に見えない赤外線放射によって体が温められます（こうした不可視光線については、第９講でくわしく説明します）。電子レンジは、放射を利用して加熱調理します。マイクロ波〔短波や超短波よりももっと波長の短い電波〕が食物の内部に浸透するので、食品によっては、外側が加熱されるのと同じ速さで中のほうも加熱されます。

「放射」という言葉は、空間を移動する事実上すべてのエネルギーに対して使われます。こうしたエネルギーには、核放射線や可視光線や紫外線（日焼けの原因）やマイクロ波などがあります。

自由選択学習：エントロピーと無秩序

前述したように、「無秩序」という概念は「エントロピー」という数値に定量化できますし、熱が移動すれば宇宙の正味のエントロピーは増大します。この問題は、哲学者たちから大きな関心が寄せられているテーマなので、ここでもう少しくわしく説明することにしましょう。

熱流によって変化したエントロピーは、簡単に計算できます。熱が物体に移動した場合、そのエントロピーの増大を数値で表すと、Q/T になります。この Q は（通常はジュールで測った）熱量（quantity of heat）であり、T は温度（temperature）です。

物体から熱が逃げた場合には、その物体のエントロピーはQ/T だけ減少することになります。

熱が、高温(温度 T_H)の物体から低温(温度 T_C)の物体に移動する場合、エントロピーの変化の総量は、次の通りです。

低温

$$\text{エントロピーの変化の総量} = Q/T_C - Q/T_H$$

高温

熱量(quantity of heat)

最初の項のほうが2番目の項よりもつねに大きな数値に（T_C は T_H より小さいので）なりますから、エントロピーの総量は増大します。これが、宇宙のエントロピーは増大しつづける、という事実の深遠な意味です。宇宙は、どんどん無秩序になっていくのです。

無秩序は、熱流以外の原因によっても増大することがあります。たとえば、風船を破裂させた場合、中にあった気体の原子は小さな空間から解放され、大気中に拡散します。この種の無秩序も、エントロピーとみなすことができます。

重要なことは、ある物体のエントロピーは増えたり減ったりするが、宇宙のエントロピーの総量はつねに増えつづけている、ということを理解することです。わたしが本書を書いた目的は、あなたの脳のエントロピーを減少させることです。要するに、あなたに勉強をして賢くなってほしい、ということです。あなたが勉強すると、あなたの脳は熱を発生し、周囲の世界のエントロピーを増大させます。宇宙全体の正味のエントロピーは上昇しますが、わたしとしては、あなた個人のエントロピーは減少させたいのです。

物体の温度が下がると、その物体のエントロピーは減りますが、周囲の温度の上昇がそれを埋め合わせるよりも大きなものになるので、宇宙のエントロピーの総量は増えることになります。地球のエントロピーは、時間の経過とともに減少します。これは太陽も同じです。太陽は可視光線を放出しています。地球は赤外線を放出しています（第9講参照）。その結果、宇宙のエントロピーの総量は（光のエントロピーも含めるなら）増大することになるのです。

一部の哲学者（および一部の物理学者）が言うには、宇宙のエントロピーの増大は、時間の方向を決定するもの——すなわち、過去の記憶はあるが未来の記憶はないことの理由——と考えることもできるようです（どうでもいいことと思うかもしれませんが、実は深遠な問題なのです）。しかし、わたしたちが時間を感じることができるのは、エントロピーの局所的な減少がある——すなわち、わたしたちが物事を学ぶ——からだ、と主張することもできるのです。

こうした発想は、いろいろ思い巡らせてみると、興味が尽きません。この問題自体をテーマにした一般向けの本も、何冊か出ています。熱力学の第2法則と第3法則は、次のように言い換えることもできます。

第２法則：宇宙のエントロピーは増大する傾向にある。

第３法則：物体のエントロピーは温度が０Kになるとゼロになる。

なぜこの言い換えが前述の定義と同じ意味になるのかが理解できれば、熱力学への理解がいっそう深まるでしょう。

第3講

重力と力と宇宙

軌道(きどう)に乗って地球のまわりを回るというのは、夢のような高揚感に満ちた体験です——あなたは絶えず落下しつづけていますが、地面には少しも近づきません。

①重力に関する4つの謎

宇宙飛行士が地球を回る軌道上にいるとき、宇宙飛行士の頭部は「無重量」状態です。宇宙飛行士がくしゃみをします。すると、頭がのけぞります……

……これでは、地球の表面に座っているときとまったく変わりません。

——どうしたのでしょうか。宇宙飛行士は「無重量」ではないのでしょうか。

高度160キロメートルまで行くと、そこはもう宇宙との境目です。地球の大気の99.999パーセント以上があなたの足の下にあることになるのですから。この高度では、重力が地球の表面よりも小さくなります。その強さは、地球の表面と比較して、たったの

……95パーセントです。

——これでは、大して違いません。地球の表面とほぼ同じ強さです。では、どうして宇宙飛行士はその重力を「感じない」のでしょうか。

2004年、高度100キロメートルにロケットを打ち上げた初の民間企業が、Xプライズ〔民間最初の有人弾道宇宙飛行を競うコンテスト〕の賞金1000万ドルを獲得しました。これが、民間企業の宇宙開発のさきがけになると考えた人もいました。しかし、軌道に乗るには、これよりもっと大きな力が必要になります。それはどれくらいでしょうか。

……約30倍です。

――すると、Xプライズの受賞者がやったことは、軌道飛行とはまったく違うのでしょうか。

もし太陽が突然ブラックホールになったとして、それでも質量（現在の太陽の質量は地球の約30万倍）が変わらなかったとしたら、地球の軌道は……

……変わらないでしょう。

――でも、ブラックホールは近くにあるものをすべて吸い込んでしまうのではなかったのでしょうか？　いいえ。

こうした事実を聞くと、ほとんどの人は驚きます。それは、無重量や軌道飛行、重力の作用などのいくつもの重要な概念を誤解しているためです。

②重力の基礎知識

質量を持つ２つの物体が互いに引きつけ合う力を「重力」といいます。小さな物体同士の間にはたらく重力は、あまりにも弱いため、おそらくあなたはこれまでまったく気づかなかったでしょう。しかし、地球の質量は大きいので、あなたの体に大きな重力を作用させます。この力を、わたしたちは「体重」と呼んでいます。

あなたの体重が68キロくらいとして、１メートルくらいの間隔を開けて同じくらいの体重の別の人が座っていたとすると、あなたとその人との間には、ノミの体重くらいの重力がはたらいています。

月に行けば、あなたの体重は軽くなります。月は、地球ほど大きな力をあなたの体に及ぼさないからです。あなたの体重が地球で68キロだとすると、月では11キロくらいになります。

木星の表面に行けば、体重は180キロになり、太陽に行けば2トンになります。体重は変わりますが、いずれの場合もあなたの体の質量は変わっていません。質量とは物質の量であり、体重は重力である、と考えてください。

重力は、質量に比例し、距離の２乗に反比例します。つまり、質量が２倍になれば、重力も２倍になり、距離が3倍になれば、９分の１になります。この法則は、次のように表すことができます。

重力(force)

重力定数(gravitational constant)

引っ張る物体の質量(mass)

$$F=G\times(Mm/r^2)$$

距離(range)

引っ張られる物体の質量(mass)

Mは引っ張るほうの物体の質量で、mは引っ張られるほうの物体の質量です。rは2つの物体の距離です。Gは単位を合わせるための定数です。この方程式は覚える必要はありません。本書には、覚えなくてもよい方程式もしばしば出てきますが、それは方程式の使い方を見てほしいからです(この方程式は今回の講義の中でまだあと何度か使います)。とはいえ、文中で示す計算については、自分でやってみて結果的に計算ができなかったとしても、気にしないでください。

地球のような大きな物体の場合、質量の一部はとても近く(すぐ足の下)にあり、別の一部ははるか遠く(地球の反対側)にある、ということもあります。球体の場合、中心までの距離さえわかれば、正しい答えが得られます。もしあなたが地球の表面に立っているとすると、rの正確な値は地球の半径、つまり約6000キロになります。もしあなたが衛星軌道上にいるなら、地球の中心までの距離は高度(地表からの距離)プラス地球の半径になります。こうした計算は自分でやる必要はありませんが、計算の一部でも理解したいという読者のために、説明しておきます。今回の講義の中では、たとえばブラックホールなどの説明もしますが、同じように考えてください。

地表から離れるほど、r の値は大きくなり、重力は小さくなります。地球の表面から6000キロメートル上空まで行くと、地球の中心までの距離は２倍になり、重力は４分の１になります。

ではここで、この事実に基づいて、今回の講義の冒頭に挙げた重力の謎に関する疑問点のひとつを説明しましょう。高度160キロまで行くと、重力は弱くなります。どれくらい弱くなるのでしょうか。重力方程式の中で変わるのは、$1/r^2$ の値だけです。以下に、２つの距離に関する値を挙げましょう。

地球の表面：$r=6000km.1/r^2=1/3600$万

人工衛星：$r=6160km.1/r^2=1/3794$万5600

地表の重力が軌道上よりも大きいのは、分母が小さいからです。この２つの数字を比べてみましょう。重力の比率を計算します。電卓を使えば簡単です。

比率＝3600万/3794万5600=0.95=95%

たしかに重力の強さは違いますが、それほど大した差はありません。宇宙空間では、体重が地上の95パーセントになります。減るのはたった５パーセントです。

おや？　ちょっと待ってください！　宇宙では「無重量」になるのではなかったのでしょうか。どうして、重さが95パーセントに変わるという結論になろうとしているのでしょうか。わたしたちは無重量がどういうものかを考えなければなりません。本題はいよいよこれからです。

③引っ張り合う重力——ニュートンの第3法則

これを聞くと、あなたは驚くかもしれません。あなたの体重が68キロだとすると、地球は68キロの力であなたを引っ張っていることになりますが、同時にあなたも68キロの力で地球を引っ張っているのです。これは、ニュートンの第3法則の一例です。この法則によると、物体があなたに力を作用させているとき、あなたも同じ力をその物体に対して作用させていることになります。わたしの個人的な見解としては、この法則はきわめて基本的な内容なので、こちらを第1法則にしたほうがよかったのではないかと思います（ニュートンの第1法則は、運動する物体は外からの力を受けない限り運動を続ける、というものです。ニュートンの第2法則 F＝ ma はこのすぐあとに説明します）。

しかし、あなたの小さな体が、どうやってそれほど大きな力を地球に対して作用させることができるのでしょうか。それは、たとえ体が小さくても、あなたの体の質量は、地球のあらゆる部分に同時に力を及ぼしているからです。こうした力をすべて総合した結果が、68キログラムなのです。だから、地球があなたを下へ引っ張っているのとまったく同じ強さで、あなたも地球を上に引っ張っているのです。

これは、次のように考えてください。もしあなたが誰かと手を合わせて押したとすると、その人はあなたの力を感じます。でも、あなたも同じ力を感じます。あなたがほかの誰かを押したなら、相手からも押し返されます。重力の場合にも、同じ作用が生じます。地球があなたを引っ張るということは、あなたも地球を引っ張っているということなのです。

④「無重量」とはどんな状態か

軌道飛行する宇宙飛行士は永久落下状態にある

地球の表面から160キロ上空の軌道上を飛ぶ宇宙カプセルに乗っている宇宙飛行士を想像してください。地球上で68キロだった宇宙飛行士の体重は、先ほど説明したように、この高度では95パーセント――つまり、約65キロになり、3キロほど軽くなります。

しかし、周回軌道を回る宇宙飛行士は無重量なのではないのでしょうか。記録映像などを見ると、宇宙船の中の飛行士は宙に浮いています。飛行士たちの体重が地球の表面にいるときとほとんど変わらないのだとしたら、いったいどうしてこんなことができるのでしょうか。

このパラドックスの答えを理解するには、「無重量」がどういうものかを考えてみなければなりません。あなたがエレベータに乗っているとき、そのケーブルが突然ブツンと切れてしまったとしましょう。あなたとエレベータはいっしょに落下します。地面に激突するまでの数秒間、あなたは無重量を感じます。あなたの体はエレベータの中でふわりと浮き上がります。足には何の力も感じませんし、肩にも頭の重さはかかりません。体の各部分がみな同じ速度で落下しているからです。このほんの数秒間、あなたは宇宙飛行士と同じ「無重量」を体験できるのです。その間もずっと、地球はあなたを高速度で引っ張っています。体重はあるのに、無重量を感じるのです。エレベータとともに落下しているあなたをエレベータの中から録画したら、見た目はあたかも体重がなくなったかのように、浮いているように見えるでしょう。

では、今度は、ただ落下するのではなく、あなたが乗ったエレベータが大砲から発射され、地面に達するまでに160キロの距離を飛行する、と想像してみましょう。この飛行中、あなたはやはり無重量状態を感じることになります。なぜなら、あなたはエレベータといっしょに動いているからです。あなたとエレベータは、同じ弧（放物線）を描いて飛んでいます。体の各部分もみな同じ弧を描いて飛んでいますから、体には何の重みも感じません。このとき、外から観察すれば、あなたは落下しているのです。

宇宙飛行士は、実際に宇宙に出る前に、同じような弧を描いて降下する飛行機の中で、無重量になれるための訓練をします。

さて今度は、とても高い（地上200キロメートルの）塔のてっぺんに、大型の大砲が砲身を水平にして設置されていると想像しましょう。この大砲で、あなたが乗ったエレベータを発射することにします。この発射速度が低い（たとえば秒速１～２キロメートルの）場合、あなたとエレベータは、図3.1の経路Aのように、地球に向かって曲線を描いて飛び、地表に墜落します。しかし、秒速8キロメートルというもっと速い速度で発射した場合には、経路Bのようなコースをとって飛ぶことになります。あなたは地球に向かって曲線を描いて飛びますが、地球も同じように丸いため、地表に達することはありません。あなたは曲線を描いて落下を続けますが、地球には絶対にぶつからないのです。これが軌道に乗る、ということなのです。

奇妙な言い方に感じるかもしれませんが、地球の周回軌道上にいる宇宙飛行士は永久落下状態にあると考えていいでしょう。だから、飛行士は無重量を感じるのです。

月の運行も、これと同じものと考えてかまいません。月は重力によって地球に引っ張られていますが、横方向にも高速で動いています。月は地球に向かって落下を続けていますが、決して地球にぶつかることはないのです。

衛星と軌道

衛星が地表からわずか数百キロ程度の高度で円軌道を保つためには、秒速8キロメートルの速度が必要です（実際の速度は高度によって多少違います）。これを地球低軌道（LEO＝Low Earth Orbit）といい、衛星は地球を1.5時間で1周します。いわゆる偵察衛星は、望遠鏡の解像度の問題から、この低軌道を飛んでいます。

覚えておこう：LEO（低軌道）上の衛星は、秒速8キロで飛び、地球を90分、つまり1.5時間で1周する。

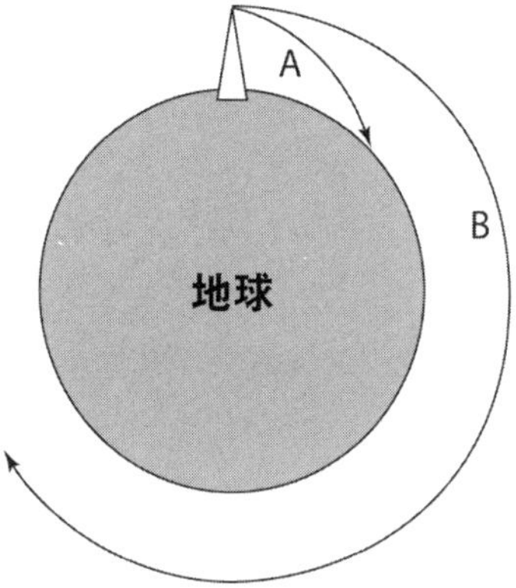

図 3.1　塔から射出された人工衛星。B は秒速 8 キロで打ち出された衛星の軌道。A はそれ以下の速度で打ち出された衛星の軌道。

秒速 8 キロ以上の速度になると、衛星は円軌道をはずれて外の宇宙に向かって飛んでいきます。秒速約11キロになれば、月の軌道やさらにもっとその先へ行くことができます。この速度を「脱出速度」といいます。脱出速度という概念については、この講義でのちほど改めて説明します。

見方を変えて、人工衛星について考えてみましょう。しばしの間、重力のことは忘れてください。ひもの端に石を結びつけて、これを自分の頭の上でぐるぐる回していると想像してください。ひもは、石が飛んでいってしまわないように引き止めつつ、同時に石が円運動を続けるための力を加えています。もしひもが切れれば、石はまっすぐ飛んでいきます。重力は、このひもと同じ作用を人工衛星に対して及ぼしています。

もし仮に、電気のスイッチを切るように地球の重力を突然消すことができるとしたら、ひもが切れた石と同じように、月は円軌道を離脱して、直線方向に飛んでいってしまうでしょう。このことは、いま地球のまわりを回っているすべての衛星にも当てはまります。もし太陽の重力が消えたら、地球も、元の公転速度と同じ秒速約30キロで、宇宙の彼方に飛んでいってしまうでしょう。

気象衛星やテレビ衛星は、ひじょうに特殊な軌道を飛んでいます。こうした衛星は静止衛星(GEO＝Geostationary Earth Orbit)です。つまり、地球の上空の同じ場所につねに位置しているのです。ですから、同じ気象衛星で、嵐や熱波の発達などを継続的に観察することができます。また、あなたの家のテレビが放送衛星からの電波を受信しているなら、アンテナの方向を調整する必要はまったくありません。衛星は、いつもあなたの家の上空の同じ方向にあるからです。

どうしてこんなことが可能なのでしょう。衛星は、墜落しないためには、つねに地球の周回軌道上を回っていなければならないはずです。答えは明快です。3万5000キロもの高高度になると、重力が弱くなり、衛星はもっと長い軌道を比較的低い速度で24時間かけて回ることになります。地球も同じ周期で自転していますから、衛星は、赤道上空の軌道を飛んでいれば、つねに同じ場所に位置することになるわけです。

地球低軌道と静止軌道の中間が、地球中高度軌道(MEO＝Medium Earth Orbit)です。MEOは、地球から2万キロほどの高度で、衛星は12時間で地球を1周します。この軌道を飛ぶ

表3.1　**衛星の種類**

GEO（静止軌道）衛星	約3万5000キロの高度を秒速約3.6キロで回る。24時間で地球を1周し、地上からは同じ位置にあるように見える。
MEO（中高度軌道）衛星	高度約1400～3万5000キロの場所を秒速数キロで回る。高度約2万キロの軌道上を秒速約4キロで回っているGPSの場合、12時間程度で地球を1周する。
LEO（低軌道）衛星	高度350～1400キロの場所を秒速約8キロで回る。高度350キロの場所にある場合、約1時間30分で地球を1周する。

代表的な衛星が、GPS衛星です。GPS受信機があれば、地球上の自分の位置を2、3メートル以内の誤差で正確に知ることができます（表3.1）。

GPS受信機は、軌道上に24～32基あるGPS衛星のうちのいくつかからの信号を受信します。そして、それぞれの衛星からの信号が受信機に届くまでにかかった時間を測定して、それぞれの衛星との距離を割り出します。3つ以上の衛星からの距離がわかれば、地球上のどこにいるかを正確に計算することができます（図3.2）。

無重量環境での「宇宙の工場」の実現性

宇宙開発が始まったとき、多くの人たちが、無重量環境には大きなメリットがあると考えました。衛星上では、物が自重（じじゅう）でたわむということはありません。無重量環境でなら、地上でつくるよりも品質（真球度（しんきゅうど））の高いボールベアリングを製造し

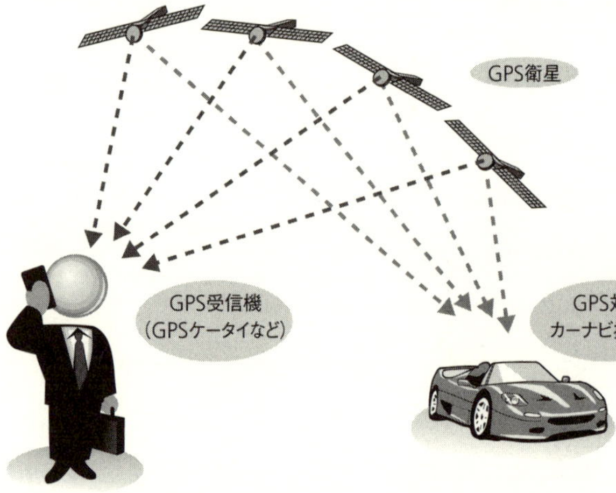

図 3.2　GPS の仕組み。衛星からの信号には発信時刻や衛星の位置などの情報が含まれている。発信時刻と受信時刻の差で、衛星からの距離が割り出せる。

たり、（コンピュータなどの電子機器を使って）より完全性の高い完全結晶を成長させることが可能になるかもしれません。

こうした期待は、まだ大部分が実現していません。衛星上でそうした作業を行うためにかかる余分なコストが、まだそれに見合うものではないからです。どんなものでも、軌道上まで打ち上げるには、1キログラム当たり約1万ドルの費用がかかります。近い将来、営利会社は、この価格をキログラム当たり1000ドルまで引き下げたいとしています。宇宙に行くだけでこれほどのコストがかかるようでは、採算のとれる工場を宇宙空間に建設するのは、困難です。原理上、宇宙に行くこと自体にむやみにコストがかかる理由はまったくありません。のちほど説明しますが、必要なエネルギーはグラム当たりたったの15キロカロリーなのです。いつの日か、宇宙への旅が飛行機に乗るくらい安価なものになれば、軌道上の工場というアイデアももっと現実味を帯びてくるかもしれません。

⑤宇宙への脱出

地球軌道からの離脱には秒速11キロが必要

地球から完全に離脱したい場合には、どうすればよいでしょうか。軌道に乗るだけでは十分ではありません。月や火星、あるいは遠くの恒星まで行きたいのなら、たんに軌道に乗るだけの場合よりも、もっと多くのエネルギーが必要になります。では、どれだけ多くのエネルギーが必要なのでしょうか。その答えは驚くほど簡単です。ちょうど2倍です。軌道速度の1.414倍の速度になれば、それだけの運動エネルギーを得ることができます（エネルギーは速度の2乗に比例する。$1.414^2 = 2$）。軌道速度は秒速8キロですから、脱出速度は$8 \times 1.414 =$ 秒速11キロになります。こうした数値は近似値ですが、覚えておくとよいでしょう。

軌道速度：8キロ／秒（地球低軌道の場合）
脱出速度：11キロ／秒

軌道速度と同じように、脱出速度も物体の質量には左右されません。

この速度で動く物体には、どれほどのエネルギーがあるのでしょうか。これは、運動エネルギー式 $E= 1/2mv^2$ で計算することができます（第１講 P65～参照）。すると、おもしろい答えが出ます。１グラム当たりの運動エネルギーは約14キロカロリーです (1)。これは、ガソリン１グラム当たりのエネルギーよりも、40パーセント多いだけです。だから、原理上、宇宙に１グラム送り出すために必要な燃料は、ガソリン1.4グラムでよいわけです。ただし、これは、ガソリンそのものは加速しなくてもよい（たとえば、巨大な大砲の発射薬として使う）と仮定した場合です。のちほどロケットの話をするときに説明しますが、ロケットは燃料の大部分を加速し、そのために燃料のエネルギーの97パーセントをむだにしているのです。

物を落下させる力――g（ジー）

重力の大きさは、物体の質量に比例します。物体が重いほど、その物体にはたらく重力も大きくなります。では、どうしてすべての物体が同じ速度で落下するのでしょうか。

物体は、重くなるほど、それだけ作用する重力が大きくなる代わりに、加速するために「必要な」力もそれだけ大きくなるからです。小さな質量の物体を動かすよりも、大きな質量を動かすほうが、大きな力が必要になります。この原理は、正確に

(1) この式を使うには、まずすべてをkgとm/sに変換する。質量１グラムは0.001kg。脱出速度は1万1000m/s。$E=1/2(.001)(1万1000)^2$=6万ジュール=14.5キロカロリー。

は「ニュートンの第２法則」と呼ばれます。物体の加速度は次の式で求めます。

$$a=F/m$$

- F：重力(force)
- m：質量(mass)
- a：加速度(acceleration)

この法則は、通常は$F=ma$と書きます。上の式は、これをaの値だけを求めるために書き換えたものです。重力Fは、質量mに比例します。だから、物体の質量が２倍になれば、力も2倍になります。だから、加速度は同じです！　それどころか、質量を３倍にしようと、４倍にしようと、加速度はやはり同じです。すべての物体は、同じように加速するのです。

地球の表面上で万物にはたらくこの加速度を、「重力加速度(gravitational acceleration)」といい、g（ジー）という記号で表します。１gは、この実際の数値でいうと、１秒ごとに秒速10メートルの加速になります。

つまり、もしあなたが高いところから落ちた場合、毎秒秒速10メートルずつ加速します。つまり、１秒後には秒速10メートルに、２秒後には秒速20メートルに、３秒後には秒速30メートルに加速します。

では、物体の落下距離はどれくらいになるのでしょうか。これは、$H=1/2gt^2$という方程式で求めます。この式は覚える必要はありませんが、次のセクションでまた使います。

「Xプライズ」の例の検討

今回の講義の冒頭で述べたように、2004年に高度100キロメートルにロケットを打ち上げた初の民間企業が、Xプライズの賞金1000万ドルを獲得しました。ここで、おもしろい問題を出しましょう。高度100キロにロケットを打ち上げるために必要な速度はどれくらいでしょうか。

この問題を解くよい方法を教えましょう。100キロまで打ち上げるために必要な速度は、物体が100キロ落下することによって得る速度とまったく同じです。次の自由選択学習で、この計算をします。答えは、秒速1.4キロメートルです。

自由選択学習：100キロメートル落下したときの速度の計算

100キロメートル落下したときの速度は、どれくらいになるでしょうか。前のセクションで示した方程式$H=1/2gt^2$を使います〔Hは高度(height)、gは重力加速度、tは時間(time)〕。tを求めるために、$t=sqrt(2H/g)$に書き換えます〔sqrtはsquare root（平方根）の略〕。$H=100km=10万m$、$g=10m/秒$とすると、$t=sqrt(2\times10万/10)=sqrt(2万)=141$秒となります。落下する物体は、毎秒秒速10メートル加速しますから、$10\times141=1410$メートル/秒になります。(空気摩擦は無視します)。

この秒速1.41キロという速度を、軌道に乗るために必要な秒速8キロと比較してください。8/1.41=5.7ですから、軌道に乗るためには、Xプライズを獲得した速度の5.7倍の速度が必要なのです。

軌道に乗るために必要なエネルギーは、高度100キロまで上がる場合と比べてどれだけ大きいのでしょうか。エネルギーは速度の2乗に比例するということを思い出してください。速度が5.7倍ということは、エネルギーは$5.7^2=32$倍になります。Xプライズを獲得したロケットのエネルギーは、軌道に乗るために必要なエネルギーのたった32分の1にすぎなかったのです。もし大砲で打ち上げるのなら、必要な燃料は32倍です。ロケットで打ち上げる場合には、32倍以上の燃料が必要になるでしょう。というのは、ロケットは、積んだ燃料の重量も計算に入れなければならないからです。これについては、のちほどこの講義でロケットを取り上げるときに、説明します。結論から言うと、要するに、軌道に乗るためには、とても大きくて高価なロケットが必要なのです。スペースシャトルがあんなに大きいのは、政治家や官僚がばかなわけでも、浪費好きなわけでもありません。物理的な必然性によるものなのです。

宇宙に行くために、ロケットを使うよりも安上がりな方法も考えられています。それについても、この講義でのちほど取り上げます。

⑥空気抵抗と燃料効率

走行中の自動車は、前面に空気抵抗を受けるため、スピードが落ちます。同じ速度を維持するには、損失したエネルギーを埋め合わせなければなりません。つまり、この空気抵抗という力を克服するには、それだけ多くのガソリンを使わなければならない、ということです。これは重要なことなので、覚えておいてください。秒速30メートルで走行しているとき、車の前面にかかる空気抵抗は230キログラムにもなるのです。

空気抵抗によって車の速度が落ちるのを防ぐには、エンジンは同じ強さの逆向きの力を加えなければなりません。そのためには、大量のガソリンが必要になります。高速走行では、この空気抵抗を克服するために50パーセント以上のガソリンが使われます。そのため、車の設計者は、苦心の末に「流線型」の自動車をデザインしました。車の前面が（1920年代の古い車のようにまっすぐではなく）斜めに傾いていれば、空気抵抗は減ります。前面が斜めになっていれば、ぶつかった空気の分子は、反対方向にまっすぐはね返るのではなく、斜めの方向に弾かれます。そうすれば、空気抵抗を５分の１ほど減らすことができます。空気抵抗を減らすことができれば、かなりのガソリン代を節約できます。

走る速度を落とすことでも、ガソリン代を節約できます。速度を２分の１にすれば、空気抵抗は４分の１になります。つまり、空気抵抗を克服するために費やすガソリン代を４分の１に減らすことができるのです。同じ量の空気をかき分けて進むとしても、スピードを落として走れば、自動車が空気に対してかける力は弱くなりますから、燃費は上がります。

「g（ジー）の法則」——必要な加速力の算出法

「g（ジー）」を加速度の単位とするのは、実にもっともな理由があってのことです。gを使えば、重要な物理学の問題を暗算で解くことができるからです。仮に、わたしがあなたの体を10ｇで水平方向に加速させるとしましょう。それにはどれだけの力が必要でしょうか。答えは簡単です。あなたの体重の10倍です！　宇宙飛行士を3g（スペースシャトルの最大加速度）で加速する場合、飛行士の体重の３倍の加速力が必要です。わたしはこれを「ｇの法則」と呼んでいます。

物体を加速させるための力＝g(ジー)の数値×重さ

ｇの値は、加速度(acceleration)を１秒当たりに増える秒速として計算して、これを10で割るだけで、求めることができます（本によっては9.8というもっと正確な数値を使っているものもあります)。だから、たとえば、加速度 a= 毎秒秒速20メートルなら、２ｇになります。これが２ｇの加速度です。物体を、毎秒秒速20メートルで（つまり、１秒後には秒速20メートル、２秒後には秒速40メートルといった具合に）加速するには、その物体の重さの２倍に相当する力が必要になります。

このｇの法則は、実際には、ニュートンの第２法則を書き換えたものにすぎません。前述したように、この法則は、F＝maで表されます。このFは、ニュートンという単位（約リンゴ１個分の重さ）で表した力(force)で、ｍはキログラムで表した質量(mass)、ａは毎秒秒速何メートル速度を増すかを表した加速度です。ただ、この方程式は、ニュートンという単位を使い慣れていないと、あまり役に立ちません。わたしが書き換えたｇの法則なら、あなたの好きな単位を使うことができます。

選択課題：このgの法則がF=maと同じだということがわかりますか。

衛星や宇宙飛行士を大砲で撃ち上げられるか？

衛星が地球の周回軌道に乗るためには、秒速8キロの速度が必要です。大砲を使ってこの速度まで衛星を加速する、という方法は考えられないのでしょうか。大砲で砲弾を撃ち出すようにして、衛星と宇宙飛行士を宇宙まで「撃ち上げる」ことはできないのでしょうか。

答えを言いましょう。大砲を使ってもできるかもしれませんが、宇宙飛行士は加速のために必要な力によって死んでしまうでしょう。砲身がひじょうに長い、全長1キロメートルほどの大砲があると仮定しましょう。宇宙飛行士を宇宙まで射出（しゃしゅつ）するために必要な加速度を計算すると、a=3200g——すなわち、重力加速度の3200倍になります(2)。

これは大変なgです。gの法則を思い出してください。3200gであなたの体を加速するために必要な力は、あなたの体重の3200倍です。だから、もしあなたの体重が68キロだったら、あなたにかかる力は3200×68=21万7600キロ=218トンになるのです。これでは、あなたの体の骨は確実に押しつぶされてし

(2) 自由選択学習：距離(distance) D=1km=1000m、速度 v=8km/s=8000m/s。距離と加速度(a)と速度の関係を式で表すと、$v^2=2aD$ になる（本書ではこの方程式は取り上げなかったが、ほかの物理学書には載っているものもある）。vとDに数値を当てはめてaを求めると、a=3200m/s毎秒になる。これをgに変換するためにg=10で割ると、a=3万2000/10=3200gになる。

まいます。

加速度は最大３ｇまでと仮定しましょう。大砲であなたを秒速８キロまで加速するには、砲身の長さはどれくらい必要なのでしょうか。実に、1000キロメートルです！　あまりにも途方もない数字で、まったくお話になりません。

もちろん、これだけの距離を加速しつづけることは、不可能ではありません。現に、スペースシャトルがやっています。スペースシャトルは発射離陸後３ｇで加速を続け、1000キロメートルもの距離を飛んで、軌道速度に達します。だから、スペースシャトルは、砲身のないとても長い大砲の中で加速しているのと、同じようなものです。実際には、スペースシャトルは軌道速度に達するまでに1000キロ以上を飛びます。というのは、３ｇというのはあくまでも最大加速度であって、飛行中のほとんどは、それ以下の加速度だからです。

飛行機の離陸時の加速度の算出

民間航空機の離陸速度は、時速260キロくらいです。長さ１キロメートルの滑走路でこの速度に達するには、どれくらいの加速度が必要でしょうか。自分がこれから離陸する飛行機の座席に座っていると想像してください。数秒後には（飛行機とともに）滑走路の反対の端まで移動して、時速260キロで前進しています。あなたの体を加速させるためにシートからあなたの背中にかかる力は、どれくらいの大きさになるのでしょう。

脚注の⑶に示した通り、飛行機は毎秒秒速2.6メートルで加速する必要があります。この数字を10で割ってｇに変換すると、加速度は2.6/10=0.26gになります。すると、あなたをこの速度まで加速させるために飛行機があなたを押す力は、あなたの体重の0.26倍、ほぼ4分の1になります。もしあなたの体重が68キロだったら、あなたが背中に感じる力は約18キロになります。今度飛行機に乗って離陸するときに、このことを思い出してください。たしかにそれくらいの力がかかっていると感じるでしょうか。

円周加速度

物理学では、速度を、大きさと方向を持つものと定義します。あなたの速度が変われば、それを「加速」と呼びます。では、あなたの方向だけを変えて、1秒当たりに進む実際のメートル数は変わらないとしたら、どうでしょうか。これもやはり加速です。なぜなら、わたしたちがこれまで使ってきた方程式の多くが、やはり当てはまるからです。

この種の加速度でもっとも重要な例が、円運動に変わるケース(4)です。あなたのスピードの大きさ（速度＝velocity）をvとし、これは変わらず（1秒当たりに進むメートル数は同じで)、円の半径(radius)をRとした場合、その円周加速度は次

(3) まず時速を秒速に変換する。飛行機の最終速度は、時速260キロ＝秒速約72メートル。前の(2)の脚注で使ったのと同じ方程式$v^2 = 2aD$を使うと、$a=v^2/(2D)$になる。v=72、D=1000を当てはめると、$a=72^2/2000=2.6$で、毎秒秒速2.6メートルになる。

(4) 速度は、物理学ではベクトルと定義される。もし時間t_1の速度がv_1で、時間t_2の速度がv_2だとすると、加速度ベクトルは$(v_2-v_1)(t_2-t_1)$と定義される。速度の方向だけが変わる場合でも、差分ベクトル(v_2-v_1)はゼロではない。円運動の大きさは本文中の方程式で求められる。

の式で表されます。

$$a=v^2/R$$

速度（velocity）
半径（radius）
円周加速度（acceleration）

この種の加速度は、急激な方向転換をしようとする戦闘機のパイロットにとってはひじょうに重要です。たとえば、時速1600キロで飛んでいるとき、半径 $R=2km$ の円を描くように方向転換したら、パイロットの体にかかる加速度は10gになります。これくらいの大きさのgに、戦闘機のパイロットや宇宙飛行士だったら耐えられます。計算は脚注(5)に書きましたので、よければ参考にしてください。問題は、10gもの力が加わると、人間の血圧では脳への血液の供給を維持できず、パイロットが気を失ってしまう、ということです。映画などで、パイロットが回転する巨大な円筒の中に入れられ、気絶しないでどこまでの加速度に耐えられるか、テストされているシーンを見たことはありませんか。

円周加速度が生む高gは、核兵器をつくるウランの成分を分離するためにも利用されています。こうした装置を、「遠心分離機」といいます。ウランのより重い成分はより大きな力を受

---

(5) 選択計算課題：戦闘機のパイロットにかかる加速度を計算する。速度を $v=446m/s$ とし、Rを2000メートルとする。こうした数値を当てはめると、$a=(446)^2/2000=100m/s^2$ になる。これを10で割ってgに換算すると、$a=100/10=10g$ になる。

けるので、回転する円筒の外側へより強く引っ張られ、分離されます。

ＳＦにおける宇宙の重力

『2001年宇宙の旅』（1968年）のようなSF映画では、巨大な衛星が登場します。この回転の力によって「人工重力」が生じ、宇宙飛行士は回転の外向きの内壁を床として歩くこともできます。これは、理にかなっています。宇宙飛行士は、（回転の中心の逆方向にはたらく）見かけ上は重力と区別のつかない力を足に感じることになります。脚注の(6)にその計算方法を書きましたが、半径200メートルの衛星の外縁部分が秒速44メートルで回転していなければなりません。つまり、40秒ごとに1回転することになります。これは、映画の『2001年』の衛星の回転速度と合っています。

多くのSF映画では、宇宙船が回転していなくても、その中ではまるで地球と同じように乗組員たちが歩き回っています。あれはおかしくありませんか。あの重力はどこからくるのでしょうか。

そうしたSF映画のシーンも、宇宙船の航行速度が一定ではないと仮定するなら、つじつまが合います。もし宇宙船のエンジンが、１秒ごとに秒速10メートル＝１ｇの加速度で宇宙船を

---

(6) 選択計算課題：衛星の半径をRとし、外縁部の回転速度をvとすると、宇宙飛行士の足にかかる力は$F=ma$になる。円周加速度の公式$a=v^2/R$を使うと、$F=mv^2R$になる。これを宇宙飛行士の体重と等しくするためには、$F=mg$とする。vの値を求めるには、$v=sqrt(gR)$で計算する。半径R=200メートルの衛星の場合は、外縁部分の速度は$v=sqrt(10\times200)=31m/s$になるはずである。

加速させているなら、中の乗組員にも同じように加速するために力を加えていることになります。質量mの人が感じる力はF=maです。ただし、宇宙船のエンジンは$a \approx g$ですから〔≈は「ほぼ同じ」の意味〕、宇宙飛行士にかかる力はF=mgになります。これは、この人の地球上の体重とまったく同じです。もしこの人が宇宙船の後ろの壁（宇宙船の進行方向と反対側の壁）に足をつけているなら、地球上に立っているのと同じように感じるでしょう。いやむしろ、彼には地球の重力とどう違うのかさえわからないでしょう。加速度は「バーチャル」な重力の役目を果たします。もし宇宙船が横向きに1gで加速しているなら、側壁に立つこともできます。

ここでおもしろい数字を紹介しましょう。宇宙船が1gの等加速度で1年間飛びつづけたら、どれだけの距離を進むことになるでしょうか。脚注の(7)に計算を書いておきましたが、答えは、5×10^{15}メートル、すなわち約半光年です。地球から（太陽以外の）もっとも近い恒星までの距離は、約4光年です。

ブラックホール——強力な重力を持つ

大きな惑星になると、脱出速度〔重力の影響から脱出するのに必要な速度〕も高くなります。木星の脱出速度は、秒速61

(7) 選択課題：加速度gで飛びつづける場合に進む距離は、距離方程式$D=1/2gt^2$で求められる。g =10とする。tは秒で表す。1年の秒数を計算するには、1年=365日=365×24時間=365×24×60分=365×24×60×60秒=3.16×10^7秒。この値を当てはめると、最終的には$D=(1/2)\times10\times(3.16\times10^7)^2=5\times10^{15}$メートルになる。1光年は、光速（$3\times10^8$メートル/秒）掛ける1年の秒数（$3.16\times10^7$秒）。答えは、$9.5\times10^{15}$メートルになる。

キロメートルです。太陽は、秒速9617キロです。脱出速度が光速、すなわち3×10^5キロメートル$=3\times10^8$メートルを超えるような天体は、果たして存在するのでしょうか。驚くべきことに、答えはイエスです。こうした天体を「ブラックホール」といいます。この名前の由来は、光さえも脱出できないので、真っ暗なその姿を絶対に見ることができないことです。第12講で説明しますが、普通の（わたしたちが知っている物質でできた）物体はいかなるものも光の速度を超えることはできません。つまり、何物もブラックホールからは脱出できないのです。

その目に見えないブラックホールの存在を、どうやって知ることができるのでしょうか。それは、たとえブラックホールそのものは目に見えなくても、その強力な重力の影響は見ることができるからです。たとえその姿がまったく見えなくても、ブラックホールの重力はひじょうに強いため、そこに大きな質量が存在することがわかり、それがブラックホールにちがいないと推測できるのです。

ブラックホールになるためには、２つの条件のうちのどちらか１つを満たす必要があります。ひとつは、膨大な質量を持つこと。もうひとつは、質量はそれほど大きくなくてもひじょうに小さな半径の中に凝縮されていること、です。存在が確認されているブラックホールは、すでにいくつもあります。ブラックホール自体は見えない（表面から光が出てこられない）としても、強力な重力が作用しているため、そこにあることがわかるのです。すでに知られているブラックホールは、みな恒星かそれ以上の質量を持っています。しかし、地球の全質量をゴルフボール以下の大きさにまで圧縮することができる（原理的には可能）なら、地球はブラックホールになります。圧縮しても質量は変わりませんが、半径がそこまで小さくなると、その表面にはたらく重力は途方もない大きさになります。

太陽の質量はもっと大きいので、そこまで小さく圧縮する必要はありません。半径3キロ程度の球体にまで圧縮すれば、太陽はブラックホールになります。

すでに述べたように、質量mの物体（たとえばあなた）に対して、質量M（たとえば太陽）の球形の物体からはたらく重力は、$F=GMm/r^2$ です（この方程式は覚える必要はありません）。物体（太陽）の大きさが式に入っていないことに注意してください。つまり、太陽が圧縮されてブラックホールになったとしても、質量Mは変わらないので、地球までの距離にはたらく重力も変わりません。

もちろん、太陽は、ブラックホールになったら、半径がたったの3キロ程度になってしまいます。ブラックホールになった太陽の表面の重力は、現在の太陽の表面の重力よりもはるかに大きくなります。なぜなら、r（半径）がはるかに小さくなるからです。これこそ、ブラックホールの重力が強いといわれるゆえんなのです。ブラックホールはひじょうに小さいので、すべての質量のすぐそばまで接近できるのです。

すでに発見されているブラックホールは、恒星の内部が自重（じじゅう）でひじょうに小さな半径まで崩壊したことによってできたものと、信じられています。白鳥座X1という天体は、そうした崩壊によってできたブラックホールだと考えられます。もし時間があったら、白鳥座X1についてインターネットで調べてみてください。

いまでは多くの人たちが、無数の星が集まった銀河の中心に巨大なブラックホールが存在すると信じています。こうしたブラックホールは、銀河が誕生したときにできたのだろうと考えられていますが、どうしてそうなったかについては、くわしいことはほとんどわかっていません。

それよりもっと驚くべき話があります。この宇宙そのものがブラックホールかもしれない、というのです。宇宙がブラックホールになった場合の半径は約150億光年で、これは観測可能な宇宙の大きさとほぼ一致します。つまり、宇宙はブラックホール方程式を満たしているようにも思えるのです。

⑦「運動量」とは何か

強力なライフルを撃ったとしましょう。ライフルは弾丸に大きな力を加えて、前方に撃ち出します。しかし、弾丸もライフルに対して後ろ向きの力を加えます。これが「反動」です。ライフルは瞬時に後方に動くので、その強烈な勢いのために肩を痛める危険性もあります。また、地面にしっかり立っていないと、後ろにひっくり返るかもしれません。

前述したニュートンの第3法則――何かを押せば、逆に押し返される――を思い出してください。つまりニュートンは、「すべての作用には、大きさが等しい逆向きの反作用が生じる」と言っているのです。古い用語でいえば、「作用と反作用」です。あなたが（弾丸のような）物体を押せば、弾丸は同じ力でまったく同じ長さの時間だけあなたを押し返します。もちろん、弾丸は、ライフルより軽いので、加速はずっと大きくなります。ここでも、a=F/m が成り立ちます。ライフルと弾丸にかかる力(F)は同じですが、弾丸のほうが軽いため、加速度(a)は大きくなるのです。

ライフルが弾丸を押すのと同じ時間だけ弾丸がライフルを押すという事実に基づいて、「運動量の保存」というきわめて重要な方程式を導くことができます(8)。ライフル(rifle＝R)と弾丸(bullet＝B)の間には、次の方程式が成り立ちます。

弾丸の質量(mass of the bullet)
弾丸の速度(velocity of the bullet)

$$m_B v_B = m_R v_R$$

ライフルの反動速度(velocity of the rifle)
ライフルの質量(mass of the rifle)

ライフルの反動の方程式は単純です。弾丸の質量かける速度と、ライフルの質量かける反動速度は、同じです。もちろん、速度の方向は反対です。こうした方向を、一方の速度の前にマ

---

(8) 自由選択学習：静止している物体が短い時間 t の間に力 F を受けた場合、その速度は v=at=(F/m)t 増加する。これは mv=Ft と書くこともできる。２つの物体があって、それぞれの力の大きさが等しく、方向が反対であり、時間の長さがまったく同じ場合、２つの物体の Ft は大きさが等しく、方向が反対になる。つまり、２つの物体の mv の量も大きさが等しく、方向が逆になる。だから、ある物体の mv は、もうひとつの物体の mv と完全に等しいことによって釣り合いがとれる。mv の総合的な変化は、どちらにとっても同じである。

イナス記号をつけて表すこともありますが、ここではわざわざそんなことはしません。ライフルはあなたの肩のところで止まりますから、あなたにも反動が加わります。ただし、あなたの質量はもっと大きいので、反動はさらに小さくなります。

mvの積（質量×速度）は「運動量」という量になります。すでに述べたように、運動量保存は物理学上もっとも有用な法則のひとつです。ライフルを撃つ前は、弾丸もライフルも静止しています。どちらにも運動量はありません。ライフルを撃つと、弾丸とライフルはまったく同じ運動量で逆方向に動きますから、プラス・マイナスを相殺した運動量はやはりゼロになります。

こういう言い方もできます。あなたがライフルを撃つと、弾丸は運動量を得ます。あなたとあなたが持っているライフルは、大きさは等しく、向きが逆の運動量を得ます。あなたが地面の上にしっかりと踏ん張っているなら、その運動量による反動を受けるのは地球です。地球の質量はひじょうに大きいので、その反動速度はごくわずかですから、測定は困難です。

力が作用する前に物体が動いていた場合は、運動量保存の法則を当てはめると、運動量の「変化」の大きさは等しく、方向は反対ということになります。これを、地球に衝突して恐竜を絶滅させた隕石に当てはめてみましょう。計算を簡単にするために、衝突の前の隕石（彗星＝comet）の質量をm_c、速度をv_s＝秒速30キロ（太陽のまわりを回っている天体の標準的速度）としましょう。地球は静止していると仮定します。衝突後の相殺された運動量は同じです。地球(earth)の（隕石も含む）質量はm_Eとなり、速度はv_Eになります。すると、次のように書くことができます。

隕石（彗星）の質量（mass of the comet）
隕石（彗星）の速度（velocity of the comet）

$$m_C v_C = m_E v_E$$

地球の速度（velocity of the earth）
地球の質量（mass of the earth）

v_Eを求めるには、次の式を使います。

地球の速度
隕石の質量

$$v_E = m_C v_C / m_E$$

地球の質量
隕石の速度

隕石の質量は約10^{19}キログラムです(9)。そのほかもすべてわかっていますから、この方程式に当てはめていくと、地球の反動の速度v_Eが求められます。

地球の（反動の）速度

$$v_E = (10^{19})(3万)/(6 \times 10^{24})$$
$$= 0.05\text{m/秒}$$
$$= 5\text{cm/秒}$$

---

(9) 半径R_C=100km=10^5メートルの隕石の体積は、（球体の場合）$V_C = 4/3\,\pi R_C^3 = 4.2 \times 10^{15}$立法メートル($m^3$)である。隕石の大部分が岩と氷でできていると仮定すると、密度はおそらく約2500kg/m^3だから、質量は$2500 \times 4.2 \times 10^{15} = 10^{19}$kgになる

この反動は、少なくとも地球の元の速度30km/秒と比較すると、大したことはありません。だから、地球の進行の速度と方向はほとんど影響を受けませんでした。たしかに軌道は変わりましたが、わずか100万分の2程度にすぎません。

もしトラックに蚊がぶつかったら、トラックはどれほどの反動を受けるでしょうか。大したことはありません。蚊の衝突がトラックの速度を秒速わずか1ミクロン遅くすることを、以下の計算で示します。

自由選択学習：トラックに蚊がぶつかったら

蚊がぶつかったら、トラックがどれだけの反動を受けるかをざっと計算してみましょう。トラックの側から見た場合の蚊の質量を $m=2.6mg=2.6\times10^{-5}kg$ とし、速度を27m/s（メートル/秒）とします。トラックの重量は5トン＝5000kgとします。方程式は同じものを使いますが、この場合は2.6ミリグラムの蚊を隕石に見立てます。

（反動の）速度　質量　速度

$$v(\text{トラック})=m(\text{蚊})\times v(\text{蚊})/m(\text{トラック})$$
$$=2.6\times10^{-5}\times27/5000\,m/s$$
$$=1.4\times10^{-7}\,m/s$$
$$=0.14\text{マイクロメートル/秒}$$

運動量の保存則は、物理学上ひじょうに重要な法則のひとつですが、多くのアクション映画では無視されています。たとえば、『マトリックス』(1999) の主人公が悪役を殴ったとき、その悪役が部屋の反対側まで飛んで行くとしたら、主人公も（質量の大きいものの上で踏ん張っていない限り）後ろ向きに飛んで行くはずです。同じように、小さな弾丸は、人間に命中したときずいぶん大きな速度を加えることができるらしく、撃たれた人は後ろへはね飛ばされます(10)。実際には、運動量を持つ弾丸は、当たったものに穴をうがち、反対側に突き抜けます。

⑧ロケットの原理

想像して見てください。あなたはいま、ライフルを下に向けて弾丸を立て続けに発射し、その反動で自分の体を押し上げて、宇宙へ飛び出そうとしています。ばかばかしいと思いませんか。でも、これがまさにロケットの原理なのです。

ロケットは、燃焼する燃料を下に向かって噴き出して飛びます。仮に燃料(fuel)の質量を m_F とし、燃料が下向きに噴き出す速度を v_F とすると、ロケット（質量 m_R）が得る上向きの速度 v_R は、先ほどライフルと弾丸の計算で使ったのと同じよう

(10) この映画のファンとして、わたしは自分なりの解釈をしている。台本によれば、「現実」はあくまでもマトリックスと呼ばれるコンピュータプログラムが生み出すものである。だから、マトリックスをつくったプログラマーが運動量保存則を組み込むのをうっかり忘れてしまったのだろうと考えることもできる（あるいは、たぶん、ネオとその仲間たちが、プログラムの中身を物理法則に反するものにつくり変えたのかもしれない）。

な方程式で求められます。

ロケットの速度（velocity of the rocket）
燃料の噴出速度（velocity of fuel）

$$v_R = v_F m_F / m_R$$

ロケットの質量（mass of the rocket）
燃料の質量（mass of fuel）

この式を、ライフルの方程式や隕石が地球に衝突したときの計算をした方程式と比べてみてください。

ロケットの重量は、毎秒放出される燃料よりもはるかに大きい（つまり m_F/m_R はごくごく小さい）ので、ロケットが得る速度は燃料の速度よりずっと小さくなります。結論から言うと、速度を得る方法として、ロケットはひじょうに非効率的です。わたしたちが宇宙に行くためにロケットを使うのは、宇宙には、放出する燃料のほかには、押すものが何もないからです。これは、次のように考えることもできます。ロケットが非効率的なのは、エネルギーの多くが、ロケットの運動エネルギーというよりも、放出される燃料の運動エネルギーと熱エネルギーに変わっているからです。

前出の方程式を使えば、少量の燃料を燃やして放出することによる速度の「変化」も計算できます。ロケットに与えられる速度の合計を求めるには、そうした放出されるさまざまなものを合計しなければなりません。その一方で、ロケットの（未使用の燃料を含む）重量は、燃料を使っていくにしたがって、変わっていきます。したがって、通常ロケットは大量の燃料を積まなければなりません。使用する燃料の質量は、通常軌道まで打ち上げるペイロード〔乗員・計器等の総重量。搭載量〕の25～50倍になります。

風船と宇宙飛行士のくしゃみの力学

風船をふくらませたあと、風船の口から手を放すと、風船は吹き出す空気に押されて、シューと音を立てながら部屋中を飛び回ります。これは、ロケットが飛ぶ仕組みとよく似ています。風船の口を放す前は、風船と空気の全運動量はゼロです。口を開いて空気を出すと、風船は、中の圧縮された空気に押されて、また同時にその空気を押し返すことによって、すばやく飛び回ります。風船は空気を押し返し、空気のほうも風船を押します。放出される空気は1方向に吹き出し、また中に空気の残った風船はその逆方向に動くので、両者の運動量は相殺されます。

くしゃみをすると、瞬時に吹き出す空気によって、同じように、頭が後ろに押されます。では、今回の講義の冒頭で出した問題です。宇宙飛行士の頭はどれくらい後ろにのけぞるでしょうか。わたしが以前新聞で読んだ記事に、宇宙では頭部も無重量になるので、くしゃみをすると、頭が後ろにのけぞるスピードは危険なほどになる、と書いてありました。もちろん、そんなことはありません。この記事を書いた記者は、重さと質量とを混同しています。宇宙飛行士の頭には、重さはありませんが、質量は地球上にいるときと寸分も変わりません。くしゃみの力は、$F=ma$ で求められる値の分だけ、頭を後ろに加速させます。ただし、質量 m は地球にいるときと同じですから、加速度 a は少しも大きくはなりません。

「スカイフック計画」などの実現性

スペースシャトルについて考えてみましょう。１グラムのペイロードを軌道上に打ち上げるには、余分に28グラムの重量（燃料＋コンテナ＋ロケット）が必要になります。ロケットを脱出速度にまで加速すると、効率はもっと悪くなります(11)。とはいえ、ひとまずこの数値を基準にして、物体を同じ高度まで押し上げるために必要なエネルギーと比較してください。宇宙まで届くエレベータ付の塔を建設したと想像してみてください。エレベータを使って塔のてっぺんまで引き上げるとしたら、１グラム当たりどれだけのエネルギーが必要でしょうか。前のセクションの「宇宙への脱出」で述べたように、１グラムの物質を重力を振り切って宇宙へ打ち出すために必要なエネルギーは、15キロカロリーです。これは、ガソリン1.5グラム分（空気は含まない）のエネルギーです。つまり、ロケットを使う場合、エレベータを使う場合の28/1.5=19倍の燃料が必要になるわけです。

多くの人が、ロケットの燃料のむだ遣いを解消するために知恵を絞ってきました。宇宙まで届く塔はおそらく不可能でしょうが、地球同期衛星からケーブルを吊(つ)り下げてペイロードを引き上げるという方法なら、可能かもしれません。これはかつて、「スカイフック計画」と呼ばれたアイデアです。最近になってひじょうに強靭(きょうじん)なカーボン・ナノチューブが発見されたことに

---

(11) ロケットは、使用済みの燃料を噴き出すよりもずっと速い速度で飛ばなければならないため、この燃料は上向きの高い速度を持つことになる。その運動エネルギーはむだになる。

よって、このアイデアがまた見直されています。アーサー・C・クラークは、このアイデアを使って1977年に『楽園の泉』というSF小説を書いています。

もっと実現性の高いアイデアが、飛行機で宇宙まで「飛ぶ」という方法です。飛行機は、燃料の一部として大気中の酸素を使います（だからロケットのように使う酸素をすべて積んでいく必要はありません）。また、大気中の空気を押すことができますから、ロケットのように自らの排気ガスを押し返す必要はありません。ただしこれは、原理的には可能ですが、秒速8～12キロメートルの飛行機をつくる技術はまだ存在しません。飛行機については、このあとくわしく説明します。

物体を宇宙に打ち出す方法としては、まだ開発中ですが、レールガンという手段もあります。レールガンとは、電磁力を使って飛翔体（ひしょうたい）を押し出し、高い飛翔体速度を実現する長大な装置です。しかし、レールガンには限界もあります。今回の講義の「大砲で撃ち上げる」でも述べましたが、加速度とgが途方もなく大きくなるのを防ぐには、砲身を極端に長くしなければなりません。訓練を受けた戦闘機のパイロットでも、耐えられるのはわずか10gまでですし、しかもほんの数秒しか耐えられません。

イオン・ロケットの可能性

ロケットの効率が悪いのは、代表的な化学燃料にはその原子に秒速2～3キロの速度を与える程度のエネルギーしかないためです。ロケットのこの限界は、「イオン」を使うことによって克服できるかもしれません。イオンとは、電荷を持つ原子のことです。インターネットで調べれば、イオンについていろいろなことがわかるでしょう。レールガンと同じように、イオンは電気力によって高い速度を得ますから、通常のロケット燃料のように秒速2〜3キロという制限はありません。たとえば、10万ボルトまで加速された陽子は、秒速4400キロの速度を持ちます。これは、イオン・ロケットが、化学燃料を使うロケットよりもはるかに効率がいいものになる潜在的可能性を示していますが、いまのところ、地球からロケットを打ち上げられるほど放出するイオンの質量を大きくする方法は、見つかっていません。長時間の低推力が必要とされる場合は、イオン・ロケットの有用性はますます高まります。NASAが小惑星ベスタとセレスに向けて2007年9月27日に打ち上げた探査機ドーンには、イオン推進が使われています。

⑨飛行機とヘリコプターの原理

飛行機は、空気を下向きに押すことによって飛びます。飛行機は、地球の重力によって絶えず下向きの速度を加えられています。同じ高度を保つには、この速度に打ち勝つために下向きに空気を押す必要があります。

翼が空気を下向きに押していることは、回転翼航空機、つまりヘリコプターを見ればいちばんわかりやすいでしょう（ヘリコプターのパイロットは普通の飛行機を「固定翼機（こていよくき）」と呼びます）。事実、ヘリコプターのローターは翼に似た形状にデザインされていますし、回転することによってローターは空気を下へ送ります。ローターが空気を下向きに押し、その力でヘリコプターは上向きに押されます。回転中のヘリコプターのローターの下に立つと、下向きの強い風が吹きつけてきます。

飛行機もロケットも、重力に打ち勝つための速度 v_R が必要です。重力があらゆる物体に1秒当たりに加える落下速度は、次の通りです。

重力(gravity)

$$v=gt\approx 10\text{m/秒}$$

時間(time)

落下速度(velocity)

落下速度は、上向きの加速度によって相殺されなければなりません。これを、飛行機は空気を下向きに押すことによって行います。空気の密度は、通常飛行機の1000分の1程度（1立方メートル当たり1.25キログラム）なので、翼は、大量（同じくらいの質量）の空気を下向きに送らなければなりません。

大型の飛行機が通ったあとには、こうした下向きの気流が生じ、しばしば乱流運動が起きています。この下向きの気流では大量の空気が流れているので、ほかの飛行機がこの気流に巻き込まれたりすると、たいへん危険です。

熱気球とヘリウム風船の場合

人類が空を「飛んだ」のは、1781年に熱気球でパリの上空を飛んだのが、最初でした。熱気球とは、熱せられた空気は膨張して、同じ質量の冷たい空気に比べて体積が大きくなる、という事実を応用したものです。言い方を変えれば、熱い空気の密度（体積当たりの質量）は、冷たい空気の密度よりも低い、ということです。

液体や気体の中では、密度の低いものが浮こうとします。木が水に浮くのはそのためです（これは木の密度が1g/cm³より低い場合で、中には水に沈む木もあります）。より重い流体（りゅうたい）は「沈んで」、密度の低い物体の下へ流れ込み、その物体を押し上げます。ボートが水に浮くのは、その平均の密度（船体プラス内側の何もない空間）が水よりも低いからです。だから、中に水がいっぱいに入ると、ボートは沈みます。

気球に熱い空気を入れれば、まわりの空気の密度が気球の密度と等しくになる高度まで上昇します（もちろん、中の空気の質量だけでなく、気球の質量や積載（せきさい）するあらゆるものの重量も計算に入れなければなりません）。

熱い空気よりもっとよいのが、水素やヘリウムのような軽いガスです。空気の重量は（海抜ゼロで）約1.25kg/m³です。同じ体積の水素の重量は約14分の１の0.089kg＝89gです(12)。容量が１立方メートルの風船に水素を詰めれば、風船は浮きます。1m³の空気の重さと1m³の水素の重さを計算してみましょう。風船の浮力（上向きの力）は、この２つの重さの差とまったく同じです。数字を当てはめると、１立方メートルの風船の

(12) 窒素（ちっそ）の原子量（中性子＋陽子の数）は14で、水素の原子量は１。どちらの気体も１平方メートル当たりの原子の数は同じである。14という数は、窒素の原子核のほうがそれだけ大きいことを示している。

浮力は、1.25−0.089＝1.16kgになります。つまり、（風船の質量も含めて）１キログラム以下のものを吊り下げても、風船はまだ浮き上がるということです。

ヘリウムガスは、水素ガスほど軽くはありませんから、ヘリウムを入れた場合の浮力はまったく同じというわけにはいきません。計算してみましょう。ヘリウムガスの重量は、立方メートル当たり約0.178kgですから、ヘリウム風船の浮力は1.25−0.178=1.07kgになります。ヘリウムの密度は水素の2倍ですが、浮力はあまり変わりません。

熱気球の場合、浮力はさらに落ちます。気球の中の空気の温度が摂氏300度、絶対温度で600Kだとします。これは常温〔300K〕の２倍の温度ですから、密度は半分になります。１平方メートル当たりの浮力は、1.25−1.25/2=0.62kg/m^{3}になります。水素やヘリウムの浮力と比べると、ずいぶん落ちることがわかるでしょう。

「水に浮く」原理との比較

水に浮くのも、原理は同じです。海水（塩水）は淡水よりも密度が高いため、人の体は海水のほうが浮きやすいのです。どんな水泳の名人でも、この浮力（体の密度は平均すると水よりも低いこと）を利用することによって泳ぐことができるのです。もし水の中に気泡がいっぱいできたりすると、平均密度が人の体よりも低くなります。そうなると、人の体は水に沈みます。実際に、乱流のために水に空気が混じり、その結果水中に気泡が生じて、水の事故が起きたケースもあります。

海底火山の噴火によって、海中に泡が生じることもあります。そうした海域では、大型船でも沈没することがあります。

潜水艦は、バラストタンクを使って注水や排水を行い、潜行深度を調節します。注水すると、タンク内の空気がより重い水に置き換えられて、潜水艦の平均密度が高くなり、潜水艦はさらに深く潜ります。潜行を止める唯一の方法は、タンクからの排水です。圧縮空気をバラストタンクに注入して、中の水を押し出せば、潜水艦の平均密度は下がります。

高度による気圧変化の影響の算出

気圧とは、要するに、上からのしかかる空気の重さです。液体や気体の中では、圧力は均等です。だから海抜ゼロ地点では、気圧は、上からも、下からも、横からも、同じ強さではたらきます。高度が高くなるにつれて、上からのしかかる空気は減りますから、気圧は下がります。高度が5500メートルになると、気圧は、海抜ゼロ地点の半分になります。さらに5500メートル上って、高度1万1000メートルまで行くと、気圧はさらに2分の1になり、海抜ゼロ地点の4分の1になります。これは、ジェット機の標準的飛行高度です。高度が5500メートル高くなるごとに、気圧（および空気の密度）は2分の1ずつ下がっていきます。空気の密度が4分の1になったら、人間は生きていられません。そのために、飛行機の中は与圧されているのです。このくらいの気圧でも、純粋な（濃度20パーセントではない）酸素を呼吸すれば、生存が可能です。旅客機の客室の気圧が下がったときに、緊急用酸素マスクが座席のところに落ちてくるのは、そのためです。

気圧の低下の計算方法を説明しましょう。まず、高度を5500メートルで割ってください。その数が、気圧を2で割る回数です。たとえば、あなたの乗った飛行機が1万1000メートルの高度を飛んでいるとしましょう。これを5500で割ると2だから、2で2回割ればよいことになります。したがって、この高度の気圧は、1/2×1/2=1/4です。つまり、海抜ゼロ地点の4分の1の気圧（および空気の密度）ということになります。

では、海抜200キロメートルの「地球低軌道」衛星の場合はどうでしょうか。高度が5500メートル高くなるたびに気圧が半分になるという法則を使うと、高度÷5500=200/5.5≈36になります。2で36回割ると、次のようになります。

気圧（air pressure）

$$P=(1/2)^{36}=1.45\times10^{-11}=0.00000000001$$

海抜ゼロ地点の10兆分の1の気圧です(13)。人工衛星は、空気抵抗によって速度が落ちないようにするために、これくらいの低い気圧でなければなりません。地球低軌道の標準的高度が、200キロメートルです。

(13) この方程式は、暗に、高度が高くなるにつれて気温が下がりつづけることを前提にしている。しかし、対流圏界面より上まで行くと、気温は上がるので、実際には正確ではない。

⑩対流とは？——雷雨とヒーターを例に

地面の近くの空気が暖められると、密度が下がって、熱気球と同じように上昇します。こうした空気は、気球のような入れ物があるわけではありませんから、上昇するにつれて膨張します。その結果、おもしろいことに、「対流圏界面〔対流圏（高度0～11km）と成層圏（高度11～50km）の境界領域〕」に達するまでは、つねに周囲の空気より密度が低い状態のままになります。この対流圏界面では、オゾンが太陽光を吸収して、周囲の空気を暖めています。ここまで上ってきた暖かい空気は、対流圏界面まで達すると、もう周囲の空気よりも低い密度ではなくなるので、それ以上は上昇しません。

夏場、雷雨が発達しているときは、対流圏界面を目で見分けることもできます。この高度では、雷雨は上昇をやめて、水平に広がりはじめます。対流圏界面はひじょうに重要な大気層です。ここにあるオゾン層は、ガンの原因となる紫外線からわたしたちを守ってくれています。

対流とは、暖かい空気が膨張して上昇する作用のことです。部屋の床の近くにヒーターを置くと、暖められた空気はほかの空気を押しのけて、上昇します。その結果、空気の循環が起きます。これは、部屋を暖めるにはひじょうに効率のよい方法です。空気中の熱伝導よりもずっと速く暖めることができます。とはいえ、いちばん暖かい空気がいつも部屋のいちばん上のほうにあることになります。寒い日に、ヒーターを床の近くに置いた部屋で、脚立の上に立つと、天井近くの空気のほうがずっと暖かいことがわかります。

ハリケーンと高潮（たかしお）

ハリケーンは、熱帯の海域がかなりの高温になり、海面上の空気が暖められることによって生じます。始まりは雷雨に似ていますが、暖かい水の膨大なエネルギーによって、すさまじい勢力に発達します。ハリケーンの季節の活発さを予測する際に鍵となるのが、衛星のデータから作成する海面温度マップです。カリブ海、とくにアメリカ南海岸近くの海水温がかなり高いと、大きな嵐が発生する可能性が高まります。

暖かい空気が上昇すると、空気の密度が低くなって、海面を上から圧迫する空気の重さが減少します。これは、気圧（1平方メートル当たりの重量）が下がるのと同じです。その結果、ハリケーンの中心の海面が上昇します。この上昇を、「高潮（たかしお）」といいます。高潮は、しばしば、ハリケーンの強風以上に大きな被害をもたらします。水位が上昇するため、海岸沿いの家屋は浸水する危険にさらされます。満潮時に起きると、高潮の水位はさらに高くなります。そのうえ、もしハリケーンの風が海岸方向に吹いているとしたら、海水をさらに高く押し上げます。ノースカロライナ州沖のバリア諸島やフロリダキーズには、島ごとそっくり高潮をかぶる可能性のある地域が数多くあります。

ハリケーンの風は、暖かい空気が急激に上昇するのが原因で発生します。ハリケーンの風が円運動を起こすのは、こうした風が自転する地球の上で生じるからです。

船を陸の上まで押し上げるのは、高潮です。自動車をひっくり返すのも、高潮です。風だけではこうはなりません。ハリケーンで荒れ狂う大波の衝撃は、どんな強いビルでも破壊してしまいます。水には、空気の1000倍の密度があるのです。

⑪「角運動量」と「トルク」

普通の運動量（質量かける速度）とは別に、物理学者やエンジニアから見てきわめて利用度の高い運動量があります。これは、「角運動量」という名で計算されるものです。角運動量は、普通の運動量と似ていますが、その運動が円形である――つまり、回転している――ことがこのうえない価値を持っているのです。回転する物体は回転しつづけようとする性質がある、と考えてください。これは、回転する物体がつねに回転角を変えることから、「角運動量」と呼ばれます。

質量Mの物体が、半径Rの円を描いて、速度vで回転している場合、角運動量Lは次のようになります。

$$L=MvR$$

- L ―― 角運動量
- M ―― 質量(mass)
- R ―― 円の半径(radius)
- v ―― 速度(velocity)

角運動量の利用度がひじょうに高いのは、普通の運動量と同じように、外力が加わらない限り運動量が「保存される」――つまり、値が変わらない――からです。あなたは、スケート靴をはいて氷の上でスピンしたことはありますか。スケート靴は、とくに必要ありません。とにかく氷上の一点に立って、両腕を広げて回転するだけでけっこうです。もしやったことがないのなら、ぜひいますぐ試してください。スピンしながら、腕をすばやく縮めてください。たいていの人は驚きますが、スピンしながら腕を縮めると、回転速度が急激に上がります。このことは、角運動量の方程式から予想されることです。もし角運動量Lが腕を縮める前も後も変わらないとすると、腕の質量Mは変わりませんから、v×Rも同じでなければなりません。もしRが小さくなるとすると、vが大きくならなければなりません。

風呂の水を抜くとき、小さな排水口に流れ込んでいく水が渦を巻いて回転する理由も、角運動量保存則で説明することができます。排水口の栓を抜く前に、バスタブの中の水がほんの少しも回転していない、ということはまずありえません。このわずかにしか動いていない水も、排水口までの距離（方程式のR）が小さくなると、方程式のvはひじょうに大きくなります。同じような作用が、ハリケーンや竜巻でも起こります。中心部（上昇気流のために気圧が低くなっている）に吸い込まれる空気は、しだいに回転する速度を速めていきます。こうした嵐の風速が大きくなるのは、そのためです。ハリケーンの風がそもそも回転しているのは、地球の自転によるものです。これが、角運動量の効果によって増幅されるのです。だから、北半球と南半球では、実際にハリケーンの回転の方向が違います。動く物体に地球から回転が加わるこの作用を、「コリオリの効果」といいます。

風呂や流しの水を排水するときに、北半球と南半球で水の流れる方向が違う、という話がありますが、これは嘘です。こうした水の流れの方向を決めるのは、バスタブに水を入れたときや人が風呂から出たときに生じる水の動きが名残となって残っているかすかな回転の力です。というのは、コリオリの効果はそうしたその場の成り行きで生じる回転の力と比べると、はるかに小さいからです。

角運動量保存則から、ネコが背中から落とされても足から着地する身のこなしを説明することもできます（これは自分で試さないでください！　わたしもやったことはありません。ただ映画で見ただけですから……)。ネコが足を円を描くように回転させると、角運動量をゼロにするために、体が反対方向に動きます。こうして、ネコは足が体の下にくるようにするのです。宇宙飛行士も、宇宙空間ではこれと同じ要領で体の向きを変えます。腕を円を描くように回して、体を反対方向にひねるのです。これは、アイススケートで試すこともできます。

角運動量保存則は、ほかにもいろいろなところで役立っています。車輪が回転していると自転車が転倒しにくいのも、角運動量保存則の作用です。これには都合の悪い点もあります。運動エネルギーが回転する車輪（「フライホイール」）に保存されている場合、角運動量のために、車輪が回転する方向を変えるのが難しくなります。このため、バスなどの車両が走行中にフライホイールを使ってエネルギー貯蔵する際に、問題が生じます。多くの場合、この問題は、2つのフライホイールを逆方向に回転させることによって解消されます。こうすれば、エネルギーは貯蔵されますが、角運動量の合計はゼロになります。

角運動量は、外からうまく力を加えれば、変えることができます。これは、ある距離を置いて、斜めにはたらく力です。「トルク」は、力の接線成分と中心までの距離（回転半径）の積と定義されます。たとえば、自転車の車輪を回転させるとき、リムに対して放射状に力を加えてもうまくいきません。力は、接線方向に加えなければなりません。これが、トルクです。トルクと角運動量の関係については、角運動量の変化率は数値的にトルクに等しい、という法則が成り立ちます。

エンジニアや物理学者にとって、角運動量の方程式は、知っていれば計算が簡単になりますから、とても役に立ちます。しかし、エンジニアや物理学者になるつもりのない人は、とくにマスターする必要はありません。

第4講

原子核と放射能

①放射能

放射能（放射活性）とは、原子の原子核の、爆発（を起こす性質）のことです。この爆発が、これほど重視され、人々の関心を集めるのは、放出されるエネルギーが膨大だからです。化学爆発と比較すると、同じ原子数当たりでは通常100万倍のエネルギーになります。

原子と原子核の構造

原子は小さなものですが、まったく目に見えないわけではありません。走査トンネル顕微鏡（STM）と呼ばれる装置は、個々の原子をざっと見渡してその形状を感知し、コンピュータ・スクリーン上に画像化することができます。同じような装置を使って、個々の原子をつかみ、別の場所に運ぶこともできます。図4.1は、ニッケル結晶の表面にIBMの文字を形作るように35個のキセノン原子を配列したものです。

このように個々の原子を巧みに操作する技術は、「ナノテクノロジー」と呼ばれる新しい分野の驚嘆すべき力を象徴するものです。ナノテクノロジーという名称は、原子1個の直径が1/10ナノメートル（1メートルの10億分の1）であることからきています。

原子の大きさを正しく把握するために、次の例を見てみましょう。人間の髪の毛の太さは、原子約12万5000個分に相当し、人間の赤血球の直径は原子約4万個分に相当します。ひじょうに大きな数字ですが、飛びぬけて大きいわけではありま

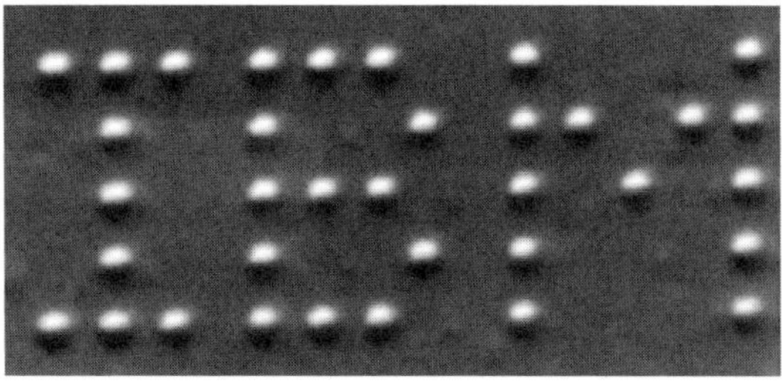

図 4.1 「目に見える」原子。この“IBM”の文字は、ニッケル結晶の表面にキセノン原子をひとつずつ配置して描かれた。原子の操作と写真撮影は、走査トンネル顕微鏡を使って行われた。これはドナルド・アイグラーのチームの業績である。(©IBM)

せん。だから、原子は小さいとはいっても、限りなく小さいわけではないのです。

ひとつひとつの原子は、中心のごく小さな原子核と電子の雲からできています。原子核の半径はおよそ10^{-13}センチで、これは原子そのものの10万分の1の大きさです。この大きさの比率を視覚的に理解するために、1個の原子の大きさを野球場（300メートル）くらいに拡大して考えてください。原子核を同じ比率で拡大しても、1匹の蚊（3ミリ）くらいの大きさにしかなりません。長さでいうと原子の10^{-5}ですから、体積は（長さの3乗に比例するので）原子の体積の10^{-15}になります。この体積の比率は、野球場と蚊の体積の比率にも当てはまります。野球場の中がびっしりと蚊でいっぱいになっているところを想像してください。実に10^{15}＝1000兆匹の蚊がいる計算になります。

この大きすぎる格差から、原子はほとんどが「空っぽの空間」だとよく言われます。しかし、この空間は本当は空っぽではない、という意見もあります。つまり、原子の空間は電子波に満たされている、と言うのです。これについては、第11講でもっとくわしく説明します。しかし、体積は原子の10^{-15}しかなくても、原子核には原子の99.9パーセント以上の質量が集まっています。原子核は、サイズはとても小さいけれど、質量はとても大きいのです。これは、かつては誰にも予想できませんでした。アーネスト・ラザフォードがこの信じがたい事実を発見したとき、科学者たちの驚きと不信がどれほどのものだったかを想像してみてください。それは、とうていありえないことでした。でも、事実だったのです。

ラザフォードの発見から20年もたたないうちに、原子核自体ももっと小さな要素からできていることがわかりました。そのなかでももっとも重要なのが、陽子と中性子です。

- **陽子は、電子のほぼ2000倍の質量を持ち、電子と大きさが等しく符号が反対の電荷を持つ。**
- **中性子は、陽子とほぼ同じ質量を持つ(正確には約0.3パーセント重い)が、電荷はない。中性子という名前は、電気的に中性であることからきている。**

ではここで、原子の基本的な構造を描いてみましょう（図4.2)。原子には、陽子と中性子でできたひじょうに小さな原子核があります。そのまわりを、比較的大きな体積を占める電子が取り巻いています。しかし、質量の大部分はごく小さな原

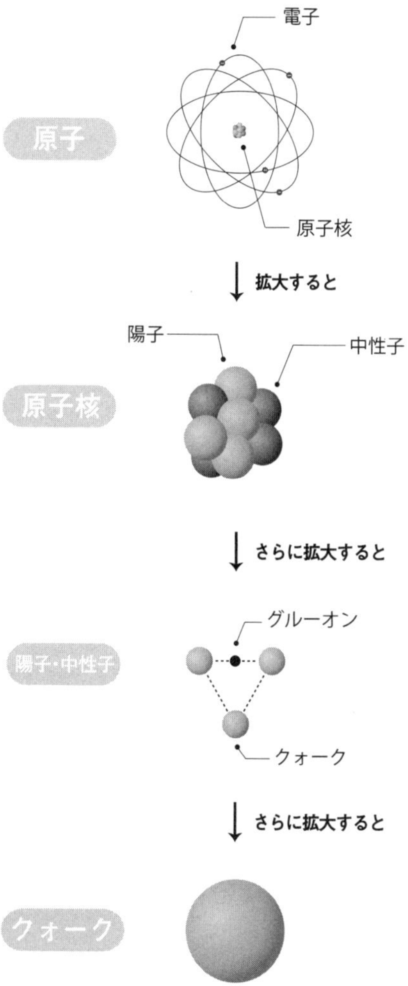

図 4.2　原子の基本的構造。

子核に集中しています。電子はあまりにも軽いので、原子核の重量がその原子の重量にほぼ相当します。

科学者は、分解するのが大好きです。だから、当然のごとく、陽子や中性子ももっと小さなものからできているのではないかと考えました。その答えは、20世紀の終わりまでの数十年間にわかりました。陽子と中性子は、「クォーク」(1)と呼ばれる粒子と、このクォークを結合させるきわめて軽量の「グルーオン」からできているのです。これについては、今回の講義でのちほど説明します。では、クォークは何からできているのでしょうか。まだ証明されていないひも理論によると、クォーク（と電子）は「ひも」と呼ばれるものからできています。このひもは、普通のひもとは少し違います。とても短く、多次元に存在しています。ひも理論の基本は、あらゆるものは同じ種類のものからできている、という考え方です。物質の構造について要約すると、次のようになります。

- **物質は、分子（たとえば水は H_2O）からできている。**
- **分子は、原子（たとえば H_2O は水素原子と酸素原子）からできている。**
- **原子は、原子核とそのまわりを回る電子からできている。**
- **原子核は、陽子と中性子とその他の軽粒子からできている。**
- **陽子と中性子は、クォークとグルーオンからできている。**

---

(1)「クォーク」という名前は、カリフォルニア工科大学の物理学者マレー・ゲルマンが、ジェームズ・ジョイスの小説『フィネガンズ・ウェイク』からとって命名した。

表 4.1　**元素の原子番号**

元素	原子番号
水素	1
ヘリウム	2
リチウム	3
炭素	6
窒素	7
ウラニウム	92
プルトニウム	94

- クォークと電子は(ひも理論が正しければ)ひもからできているはずである。

元素と同位体

原子核の陽子の数を「原子番号」といいます。この数字は、同時に、原子核のまわりを回っている電子の数を示しています。水素原子は原子核に1個の陽子（と軌道上に1個の電子）を持っていますから、原子番号は1です。ヘリウム原子は、原子核に2個の陽子と軌道上に2個の電子を持っていますから、原子番号は2です。ウラニウムは、原子核に92個の陽子と軌道上に92個の電子を持っているので、原子番号は92です。すべての元素は、それぞれが異なる原子番号を持っています。**表4.1**は、これから今回の講義で取り上げる元素の原子番号のリストです。

すでに述べたように、原子核は主として陽子と中性子からできています。中性子は電荷を持たない〔電気的にプラスでもマイナスでもなく中性である〕ため、原子の作用に（少なくともそれほど大きな）変化をおよぼすことはありません。しかし、原子核の作用には大きな影響をおよぼします。同じ元素でありながら、異なる数の中性子を持つ原子を、その元素の「同位体（アイソトープ）」といいます。

たとえば、普通の水素（圧倒的に多い種類）の原子核は、つねに1個の陽子からなり、中性子は持っていません。しかし、約6000分の1の比率で、原子核に余分な中性子を1個持つ水素原子があります。この種類の水素を「ジュウテリウム」または「重水素」といいます。重水素を含む水は、比重が重くなります。こうした水を「重水」といいます。第二次世界大戦中、重水は、原子炉の開発のためにひじょうに重要でした。事実、ヒトラーは（原子炉製造に使う）ジュウテリウムを精製する工場を持ち、連合国側がこれを爆破するために部隊を送り込んだこともありました。

およそ10^{-18}、すなわち10億分の1のそのまた10億分の1の確率で、原子核に中性子を2個持つ水素があります。このさらに重い水素を「トリチウム（三重水素）」といいます。トリチウムは、唯一の放射性水素です。トリチウムは、医薬品や水素爆弾に使われます。

ジュウテリウムとトリチウムについては、このあとも、とくに原子炉や核兵器の話をするときなどにはくり返し取り上げます。だから、ジュウテリウム（二重水素）は陽子１個と中性子１個（1+1=2個）を持つ水素原子、トリチウム（三重水素）は陽子１個と中性子２個（1+2=3個）を持つ水素原子であることを覚えておいてください。

地球上のウラニウムの99パーセント以上が、原子核に92個の陽子と146個の中性子を持つ原子です。合計で92＋146＝238個の粒子が原子核にあることになります。これがウラン238です。しかし、中性子を146個ではなく143個しか持たないウラニウムが、約0.7パーセント存在します。これは、ウラン235と呼ばれるウラニウムの同位体です。ウラン235は、原子爆弾や原子炉で中心的役割を果たすので、とても重要です。

ウラン238もウラン235も、陽子の数は92です。つまり、どちらも電子の数は、92です〔通常の状態の原子においては陽子の数と電子の数は同じ〕。通常の化学的性質について大きな役割を果たすのは電子なので、ウラン235もウラン238も、酸素や水などのほかの元素との反応の仕方は、ひじょうによく似ています。だから、どちらもウラニウムという名前がついているのです。しかし、原子核の特性、とくに核爆発の作用に着目する場合、中性子の数の違いがきわめて重要になってきます。

放射線とは？ 放射能との違いは？

ここで、原子核の爆発を起こす放射能の話に戻りましょう。一般的な化学的（たとえばTNTなどの）爆発は、大きな分子が瞬時に小さな分子に分裂することによって起こります。同じように、放射性爆発は、原子核がより小さな部分に分裂することによって起こります。

まず、もっとも一般的なタイプの放射能から話を始めましょう。これは、大きな原子核から比較的小さな粒子が放出されるものです。この粒子は、たいへんな高速で弾丸のように飛び出し、ときには光速近くにまで達します。この作用が1896年にアンリ・ベクレルによって発見されたとき、出てきているものが何なのか、誰にもわかりませんでした。飛び出してくるものは、直接目で見ることはできませんでしたが、物質を通り抜けて、写真用フィルムに感光しました。これは「光線」と呼ばれました。おそらく、ほぼ直線上を飛ぶ性質からそう名づけられたのでしょう。それは、ヴィルヘルム・コンラート・レントゲンが1895年に発見したX線に似た特性を持っていました。この「光線」にも、少しずつ特性の異なるものがあることがわかり、それぞれギリシア文字をつけて区別されました。(ウラニウムなどから出て) 1枚の紙で遮蔽(しゃへい)できるものをα(アルファ)線、もう少し貫通力の強いものをβ(ベータ)線、もっとも貫通力の強いものをγ(ガンマ)線と命名しました。(デルタ線と名づけられたものもありましたが、これは低エネルギーのベータ線と同じものであることがわかり、いまではほとんど使われていません)。

この「光線」という用語はその後使われなくなり、いまでは「放射線」と呼ばれています。用語の正式な意味を覚えておくとよいでしょう。

・放射能=原子核の爆発(を起こすこと)。

・**放射線＝原子核の爆発によって飛び出す破片。**

ひとつひとつの線（または粒子）は、ごく小さな弾丸のようなものです。あまり小さすぎるので、体に命中してもわかりません。アルファ線とベータ線は、停止するまでに、多くの原子にぶつかります。そして１回ぶつかるたびに、分子をばらばらにし、遺伝子に突然変異を起こさせます。この弾丸が減速しながら通過した跡には、損傷した分子が筋状に連なることになります。損傷はわずかですが、ぶつかってくる粒子の数が多いと、その総合的効果によって、人は病気になったり、場合によっては死に至ることもあります。ガンマ線はただ１個の原子に吸収される性質があります。しかし、しばしば原子や、原子核までも分裂させ、２次放射線が放出されます。多くの場合もっとも大きなダメージを引き起こすのが、この２次放射線です。

放射線の単位——レムとシーベルト

放射線によって細胞が受ける生物学的損傷は、「レム」という単位で測ります（1レム＝10ミリシーベルト）。まず、レムがどれほどの被曝線量（ひばくせんりょう）になるかを、大まかに説明しておきましょう(2)。あなたの体を、１平方センチ当たり20億のガンマ線が貫通したと考えてください。体のその部分が浴びた放射線量が、約１レムです。レムは通常、体の１グラム当たりに受け

(2) この例では、ガンマ線のエネルギーを1.6×10^{-13}ジュールと仮定する。この値は、1 MeV（メガ電子ボルト）と定義される。これは、100万電子ボルトの電圧のかかった電線を流れる電子のエネルギーに等しい。

たダメージの大きさを示すものです。全身に被曝した場合には、1レムの全身線量という言い方をします。全身に1グラム当たり同じ1レムのダメージを受けたということです。

20億のガンマ線というとずいぶん大きな数字ですから、1レムというのはたいへん大きなダメージになると思うかもしれません。でも、思い出してください。原子核はとても小さいのです。原子核は大きなエネルギーを放出しますが、それはあくまで相対的な意味で、です。たとえば、ガンマ線が人体に入ると、そのエネルギーで体温が上がります。といっても、その体温の上昇は、計算すると、摂氏にして10億分の1度以下です。放射線はたしかにひとつひとつの分子にダメージを与えますし、それが現実の危険をもたらすすべての原因です。ほとんどの場合、そうしたダメージは体内で細胞の力によって修復することができます。しかし、それがつねにうまくいくとは限りません。多くの人たちの推算(すいさん)によると、これだけの量の放射線(全身のすべての細胞に1レム)に被曝すると0.04パーセントの確率でガンが誘発されます。これについては、のちほどもっとくわしく説明します。

レム(rem)は、そもそも略語です(3)。物理学者は、自分たちの仲間の功績をたたえるチャンスを決して逃したりはしません。そこで当然のごとく、レムに変わる新しい単位が導入されることになりました。それがシーベルト(4)です。換算は簡単

(3) Roentgen equivalent in man(1レントゲンと同じ人体組織への影響のある量)の略。
(4) 国際放射線防護委員会(ICRP)の元委員長ロルフ・シーベルトの名にちなむ。

表4.2 **線量と放射線症**

全身線量	放射線症状
100レム（1シーベルト）以下	短期的な疾患はなし。
100～200レム（1～2シーベルト）	ごく軽症の短期的疾患。吐き気、脱毛。死亡の確率はひじょうに低い。
300レム（3シーベルト）	治療を受けなければ60日以内に50%の確率で死亡する。
1000レム（10シーベルト）	1～2時間以内に体が正常に機能しなくなる。生存の確率は低い。

です。1シーベルトは100レムです。最近の教科書では、シーベルトがよく使われるようになってきました。しかし、ほとんどの公式報告書ではいまなおレムが使われていますので、本書もそれに準じます。

放射線の50%致死量は300レム（3シーベルト）

体に1立方センチ当たり1レム被曝した場合、1レムの全身線量を受けた、という言い方をします。全身線量が100レムを超えた場合、細胞の分子が受けたダメージは体の新陳代謝を乱し、被曝者は病気になります。これを「放射線中毒」といいます。もしあなたの知り合いに（ガン細胞を殺すための）放射線治療を受けた人がいるなら、吐き気、倦怠感（けんたいかん）、脱毛といった軽い放射線症の症状をご存じでしょう。放射線症の重症度は、**表4.2**に示すように、線量によって段階的に分けられています。

放射線症の症状は、被曝線量が増えると、急激に重症化します。およそ300レムになると、被曝者は、治療を受けなければ、数週間のうちに約50パーセントの確率で死亡します。医学用語で、300レムは、LD50（50パーセント致死量）——LDはlethal dose（致死量）の略——といいます。次のように覚えておくとよいでしょう。

放射線のLD50は300レム＝3シーベルト

放射線とガン

ここで、ひとつのパラドックスを説明しましょう。ガンを確実に誘発する平均線量は、およそ2500レム（25シーベルト）の全身線量です(5)。しかし、もっと少ない1000レム（10シーベルト）の線量でも、被曝した場合は、放射線症のために数時間以内に死んでしまいます。すると、放射線によってガンを発症することなどありうるのでしょうか。被爆者はみなガンになる前に死んでしまうのでしょうか。そんなことはありません。このパラドックスに対する答えは、たとえわずかな線量でも、その量に比例して、ガンを誘発する可能性があるということです。これを線形（せんけい）効果といいます。

たとえば、発ガン量の2500レムの1パーセントに当たる25レム（250ミリシーベルト）を被曝したとしましょう。放射線

(5) かつてはこの4倍の線量と考えられていたため、古い本のなかにはいまでも1万レムを平均線量としているものがある。しかし、2500レムが現在の最良推定値である。

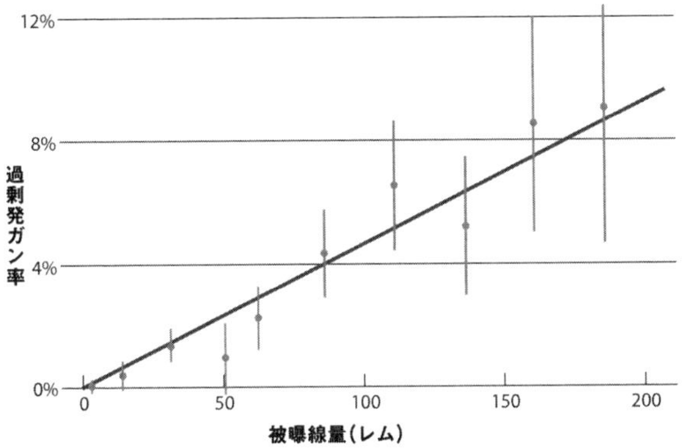

図 4.3　放射線被曝による過剰発ガン率

症の心配はまったくありません。しかし、発ガン量の１パーセントということは、ガンを誘発する可能性が１パーセントあるということです。もし10億人（とにかく大勢）の人がそれぞれ25レムずつ被曝したとすると、そのうちの１パーセントの人が余計にガンを発症します（ここで「余計に」というのは、「自然な」ガンによって死亡する20パーセントの人に加えて、さらに１パーセントの人が放射線誘発ガンを発症する、という意味です)。これを示すデータをグラフにしたものが、図4.3です。

グラフの点は、横軸に示した放射線量による過剰発ガン率です。それぞれのデータ点の上下に伸びた縦の線は、測定の不確実性を示しています。このほとんどの縦の線を通過するような形で、１本の直線を書くことができます。これが線形効果と呼ばれるゆえんです。100レムのところの数値を見てください。

発ガン量の2500レムの4パーセントに相当しますから、過剰発ガン率は4パーセントです。25レムは発ガン量の1パーセントですから、（この直線によれば）過剰発ガン率は約1パーセントになります。

では、なぜ2500レムを発ガン量と考えるのかを説明しましょう。2500レムを100に等分して、100人が25レムずつ被曝したと仮定しましょう。放射線症を発症する人は1人もいません。それぞれの人に、1パーセントずつ過剰発ガン率が高まります。平均すると、合計2500レムで100人に1人が余計に発ガンする計算になります。もちろん、1人がガンを発症するためには、放射線症では誰も死なないように、この発ガン量を多くの人に分散しなければなりません。

線形仮説――ごく低い線量でも発ガン効果ありとする仮説

線形効果は、ごく低い線量でも作用するのでしょうか。これは重要な問題です。その答え次第で、多くの公共政策問題が影響を受けるからです。たとえば、一般の人の放射線許容量をどの程度に定めるか、汚染地域から避難が必要かどうか、放射性廃棄物の保管をどこまで厳重にすべきか、といった問題がかかわってきます。前出のグラフの直線がごく低いレベルでも発ガン効果を正確に予測している、と考えるのが、線形仮説です。

線形仮説は正しいのでしょうか。残念ながら、その答えはわかりません。仮に、あなたが2.5レム――発ガン量の1000分の1――被曝したとしましょう。この被曝によって、過剰発ガンリスクが0.1パーセント（1000分の1）高くなるのでしょうか。

もし線形仮説を信じるのなら、答えはイエスです。しかし、グラフの左のほうのデータ点を見てください。約2.5レム被曝した場合の測定された発ガン率が示されています。点の上下に伸びた線に注意してください。過剰発ガン率がゼロのところまで伸びているでしょう。ところが、不確実性が大きいため、そのエラーバーが同時に線形仮説の線に交差するかっこうになっています。そのため、2.5レムで現実に過剰発ガン率が1000分の１上がるかもしれません。しかし、上がらないかもしれません。不確実性のために、実際はどうなるのか、わからないのです。

この線がたとえごく低い線量でも実際の発ガン率を示していると考えるのが、「線形仮説」です。線形仮説を信じる根拠となっているのは、人体の細胞が、化学物質や侵入性病原体、ストレス、老化などによって絶えずダメージを受けているという事実です。これにさらにもう少しダメージが加われば、それがごくわずかであっても、ダメージはますます悪化し、ガンの確率が増大すると考えられます。

とはいえ、すべての専門家が線形仮説を信じているわけではありません。反対論者によると、小さなダメージなら細胞は自力で修復できるから、ダメージが大勢の人に分散するなら、それぞれがみな回復するはずです。たとえば、線形仮説は「放射線症」には当てはまりません。1000レムの線量は致死的な放射線症を引き起こしますが、１人当たり１レムでは、たとえ低い確率でも、放射線症はまったく発症しないのです。そのうえ、線形仮説は、ヒ素などのほとんどの毒物にも当てはまりません。化学物質（一部のビタミンを含む）のなかには、微量なら人が生きていく上で不可欠だが、大量に摂取すると命にかかわる、というものも数多くあるのです。

これに対して、線形仮説の支持者は、ガンと放射線症とではずいぶん違う、と言います。放射線症は、放射線障害が体の回復力を上回ったときに発症します。放射線症は、同じように閾値〔中毒・障害等が発生しはじめる最小値〕があるという点で、ヒ素などの毒物に似ています。ガンは、もっとずっと確率的な病気と考えられます。ガンは、まさに考えうる最悪の突然変異によって偶然に生まれた細胞が、正常な体のコントロールから逸脱して、成長し、分裂をくり返すことによって発症します。

では、どうして、線形効果が低い線量でも当てはまるかどうかを確かめるための科学的研究をしないのでしょうか。それは、ガンがありふれた病気であるため、わずかな増加を観察することが難しいからです。放射線とは関係なく、20パーセントの人がガンで死亡します。だから、2500人の人がいれば、放射線にまったく被曝しなくても、500人の人がとにかくガンになるのです。では、2500人の人がそれぞれ1レムずつ被曝したとしたら、どうなるのでしょうか。線形仮説に従えば、この集団の中で1人が余計に――つまり合計で501人が――ガンを発症することになります。統計変動のために、こうした小さな影響を立証することは、事実上不可能です。たとえ多数の人が(たとえば原子炉事故などで)被曝したとしても、その影響は、統計変動や系統的不確実性のために、はっきりわからないのです。

しかし、たとえ統計には現れないとしても、ガンで早死にするのは誰にとっても悲劇です。統計的に有意ではなくても、1

人でも余計にガンにかかるというのは（とくに当人にとっては）重大問題です。だからこそ、多くの人たちが、たとえ線形仮説が実験的に証明できなくても、線形仮説を正しいと仮定して、公共政策を決める際の規準にすべきだと考えているのです。線形仮説は、多くの公開議論で取り上げられていますから、この仮説がどういうものかは覚えておいたほうがいいでしょう。また、この仮説が正しくないかもしれないということも、同じように、覚えておいたほうがいいでしょう。

X線の妊婦と胎児への影響

放射線は、胎児にはとくに危険です。幹（かん）細胞（別の細胞に分化できる細胞）のひとつにでも突然変異が起きれば、精神遅滞や奇形、ガンを引き起こす可能性があります。妊婦が歯やくるぶしのX線写真を撮るだけだったら、危険はごく少ないでしょう。

他の低線量影響と同じように、X線について実際にわかっていることは、限られています。わたしたちの知識は、主として、高濃度被曝（原発事故や第二次大戦中の原爆投下）と線形仮説に基づいています。UNSCEAR（放射線の影響に関する国連科学委員会）の研究結果によると、胎児へのリスクは1レム当たりの被曝で約3パーセントになるようです（同じ1レム当たりで、成人の75倍の危険があることになります）。

歯科用のX線が胎児に直接照射された場合、線形仮説に従うなら、リスクは1ミリレム当たりこの1000分の1、つまり0.003パーセントになります。もし妊婦の歯に放射線が照射されるなら、胎児に届く放射線はその100分の1になり、リスクもそれに応じて小さくなります。胎児への危険という意味では、こうしたわずかな線量の放射線よりも、母親が歯を治療しないままでいることのほうが大きいかもしれません。

X線写真撮影によって高まる発ガン率の計算

わたしたちは、X線写真を撮るたびに放射線を被曝することになります。今度X線写真を撮る機会があったら、被曝量が何レム（またはシーベルト）になるか、技師に聞いてみてください（おそらく技師は知りません。ただ、安全だ、と言うだけでしょう）。歯のX線写真を撮影する場合の標準的な被曝量は、1ミリレム（0.001レム＝10マイクロシーベルト）以下です。

発ガンリスクに関してこれまで挙げてきた数字は、全身被曝が前提になっています。つまり、体中のいたるところに同じ量の放射線を被曝したと仮定した場合の発ガン率です。しかし、被曝したのが歯やあごだけなら、全身の1パーセント程度です。線形仮説に従うなら、こうした被曝の危険度は、全身被曝の1パーセントです。つまりこれは、1ミリレムの全身被曝の1パーセント＝10^{-5}レムと同じです。線形仮説では、2500レムが発ガン量です。この量を被曝するには$2500/10^{-5}=250,000,000=2$億5000万回歯のX線写真を撮らなければならない計算になります。言い換えれば、歯のX線写真を1回撮った場合にガンを誘発する確率は、2億5000万分の$1=4\times10^{-9}$です。歯の膿瘍（のうよう）で死亡する確率のほうが、これよりはるかに高いはずです。

では、胸のX線写真を撮った場合の発ガン率を計算してみましょう。現在の胸部X線写真の被曝量は、体重約50ポンド（22.7キログラム）当たりに対して約25ミリレム（250シーベルト）です。歯のX線写真よりもずっと多い量です。歯のX線写真と比べて、体の50倍の範囲に、25倍の量の放射線を浴びることになります。つまり、被曝量は、25×50=1250倍になります。胸のX線を1回撮ることによって高まる発ガン率は、歯のX線の1250倍です。具体的に計算すると、$1250\times4\times10^{-9}=5\times10^{-6}$です。胸のX線写真を撮る前の発ガン率をちょうど20パーセントと仮定しましょう。X線を撮ったあと、発ガン率は20.000005パーセントに上がります。

放射線によるガンの治療

矛盾するように思うかもしれませんが、もっとも効果的なガンの治療法のひとつが、放射線を使った療法です。ガンは健康な細胞ではありません。ガン細胞は、突然変異によって、急速に栄養を吸収し、分裂をくり返すように変化しています。ガン細胞は、長く生きることよりも分裂することに特化していますから、多くのガン細胞は、健康な細胞に比べて、放射線中毒に対する耐性がありません。そこで、高レベルの放射線を照射することが、一般的なガンの治療法のひとつになっているのです。

標準的な治療法は、ガン細胞に正確に放射線を当てることです。放射線は、さまざまな方向から体内に照射することができますから、すべての放射線がガン細胞に集中するようにします。そして、ガン細胞が周囲の細胞よりも高い線量を受けるように焦点を合わせます。ガン細胞の近くの細胞も新陳代謝の機能が低下していますから、放射線症を誘発する可能性があります。ねらいは、抵抗力の弱いガン細胞を殺して、ほかの細胞は病気になっても回復できるようにすることです。難しいところは、あらゆるガン治療に共通していますが、ガンが再発しないように、事実上すべてのガン細胞を殺す必要があることです。

患者のなかには、副作用を恐れて放射線治療を嫌がる人がいます。ほかにも、放射線がガンを誘発することを恐れて放射線治療を拒否する人がいます。こうした主張は、数値的には意味がありません。ガンが誘発される過剰リスクがほんのちょっと高くなることと、すでに存在するガンの極度の危険を比較してみてください。しかし、放射線に対する恐怖心が強すぎるガン患者もいて、医者も放射線治療を受けるように説得できない場合があるようです。

放射能汚染爆弾

テロリストが、都市の真ん中で放射性物質の詰まったタンクを爆発させて、都市を当分の間人が住めない汚染地帯に変えようと計画したとしましょう。果たして、そんなことができるのでしょうか。大量の放射能を放出する装置を、「放射能汚染爆弾」または「放射性物質兵器」といいます。こうした爆弾の危険性については、マスコミでしばしば大きく取り上げられています。しかし、こうした兵器を実際に使用するのは、一般に思われているほど簡単ではないのです。

いまだけ、自分がテロリストになったつもりになってください。あなたは、放射能汚染爆弾をつくって、1平方キロメートルの面積に放射性物質を撒き散らそうと考えています。あなたのねらいは、そこに1時間いると放射線症にかかるだけの線量を被曝する程度にその範囲を汚染することです。爆弾のサイズはだいたい1メートルぐらいとして、目的地までトラックで運ぶことにしましょう。そのためには、放射性物質を100万倍に濃縮しなければなりません（1平方キロメートルは100万平方メートルですから）。これは、テロリストにとっては大問題です。撒き散らしたあとの放射能の100万倍の強さの放射能を持つものを運ばなければならないのです。こんな爆弾の1メートル以内にいると、1時間どころか、1時間の100万分の1——3.6ミリ秒——で致死量の放射線を浴びることになってしまいます。これを避けるために、爆弾から3メートル離れたところにいるようにしたとしましょう。しかし、この距離でもまだ、36ミリ秒の間にLD50（50パーセント致死量）を被曝するのです(6)。

そうならないために、鉛で放射線を遮蔽することにしましょう。厚さ0.5センチの鉛で遮蔽すると、放射線は3分の1に減ります——これでは大して変わりません。鉛の厚さを1センチにすると、9分の1まで減ります。厚さ2センチなら、81分の1になります。ひとまず、これでやってみましょう。厚さ2センチの鉛で1立方メートルのタンクをつくると、重さは約1.6トンになります。これなら、トラックに載せて運べます。

---

(6) 放射能の拡散は面積を基準に考える。距離で3メートル（3倍）ということは、面積では9倍になる。したがって、放射線量は9分の1になる。

それでも、10メートル離れた場所で、３秒間にLD50の線量を被曝します。だからといって、放射性物質兵器が製造できないというわけではありません。ただ、多くの人たちが考えているよりもはるかに難しい、ということです。

放射線とは何か？（まとめ）

放射線の真の姿が解明されるまでには、ずいぶん長い年月がかかりました。以下がその結論です。

・アルファ線

２つの陽子と２つの中性子からなる塊（かたまり）で、高速で動く。ヘリウム原子の原子核と同じもの。こうした放射線は実質的には粒子であるから、α粒子とも呼ばれる。アルファ線は、最終的に減速すると、通常２つの電子（原子との結合力の弱い自由電子）を引きつけてヘリウム原子になる。

・ベータ線

高エネルギー電子。アルファ粒子などの粒子と比べるとずいぶん軽いが、かなりの高速のため、速度の遅いアルファ粒子と同じくらいのエネルギーがある。ベータ線は（無数の衝突の末に）停止すると、原子と結合する。

・ガンマ線

高エネルギーの光の束（たば）。ガンマ線は光と同じ速度（3×10^8メートル／秒）で動くが、通常可視光線の100万倍のエネルギーを持つ。

・中性子

陽子と同じように大きな質量を持つ粒子だが、電荷は持たない。中性子放射は、核の連鎖反応にきわめて重要な役割を果たす。これについては第5講で説明する。中性子爆弾とは、大量の中性子を放射する核兵器である。その目的は、建物などはなるべく破壊せず、放射線で（放射線症を誘発して）人間を殺傷することである。1970年代には、中性子爆弾の倫理的問題について激しい議論が闘わされた。

・X線

もっともよく知られた放射線。医療の分野で重要な役割を果たしている。X線は、ガンマ線と同じように光の束だが、エネルギーは10分の1から100分の1しかない。X線は、水や炭素など多くの物質を透過するが、カルシウムや鉛のような原子番号の大きな元素には遮蔽される。X線は、カルシウムに遮蔽されることから、虫歯や骨折の診察に用いられる。X線写真とは、実際にはフィルムに投影されたカルシウムの影である。スーパーマンは得意のX線ビジョンを使っても鉛を透視することはできないが、これは鉛がきわめて重い元素であり、X線を吸収してしまうからである。鉛はX線からの防護に用いられる。X線写真を撮るときに、鉛のエプロンを身につけるが、これは散乱したX線から重要臓器を保護するためである。

・宇宙線

宇宙から地球に降り注ぐすべての放射線。陽子、電子、ガンマ線、X線、ミューオンなどがある。ミューオンは、厚さ100メートルの岩を透過する特殊な放射性粒子である。その透過力の強さから、エジプトのピラミッドの内部を透視するために用いられたこともある。

・核分裂片

原子核が——2つ以上の断片に——分裂するときに放出されるきわめて危険な放射線。多くの陽子と中性子からなる塊で、通常それ自体高い放射性を持つ。核分裂片が本当に危険なのは、停止して再崩壊するときである。核分裂片は、核爆弾の降下物に含まれているもののなかでも、とりわけ危険な放射性粒子である。また、原子炉の廃棄物に含まれているもののなかでも、もっとも放射性の高い物質である。

・ニュートリノ

もっとも謎めいた不思議な放射線。通常、原子核からベータ線（電子）が放出されるときに、同時に放出される。ニュートリノは質量がひじょうに小さいので、中程度のエネルギーしか持たない場合でも、光速に近い速度で動く。ニュートリノは、電気力や核力を「感じない」ため、地球さえもきわめて高い確率で貫通する。太陽から大量に放出されているから、人体を1平方センチ当たり毎秒10^{10}以上のニュートリノが通過している。しかし、被曝してももっとも危険の少ない放射線である。物質をたやすく通り抜けるため、「幽霊粒子」とも呼ばれる。

・携帯電話の放射線？

携帯電話から放射されているのはマイクロ波である。マイクロ波は、ひじょうにエネルギーの低い光の束で、可視光線のエネルギーよりさらに低い。マイクロ波のエネルギーは熱に変換されるので、電子レンジで利用されている。マイクロ波は生物のDNA分子を破壊することはないから、アルファ線やベータ線、ガンマ線、太陽光とは違い、ガンを引き起こす危険はまったくない。携帯電話から放射線が出ているというのは、根も葉もないただのデマである。

人体にも放射能がある

人体には、通常およそ40グラムのカリウムが含まれています。このうちの大部分は、安定した非放射性の同位体カリウム39です。カリウム39の原子核は、19個の陽子と20個の中性子（合計39個）からできています。しかし、カリウム原子の約0.01パーセントは、原子核に中性子を1つ余分に持つカリウム40です。カリウム40は放射性物質です。つまり、人間の体内にはガンを生じる放射性同位体が、40/1万 =0.004グラム =4ミリグラム含まれているということになります。1人当たりの体内にある放射性のカリウム40は、原子の数でいうと、6×10^{19}個になります。これは人工的な放射能ではなく、太陽系を誕生させた超新星爆発（第13講でもっとくわしく説明します）でカリウムがつくられたときの名残です。

カリウム40は、K-40と略称します。あなたの体内では、毎秒約1000個のK40の原子が爆発しています。あなたの体には、放射能があるのです。こうした爆発の約90パーセントでは、高エネルギー電子（ベータ線）が発生します。残りのほぼ10パーセントで、高エネルギーのガンマ線が発生します。つまり、あなたの体内では、毎秒約1000の放射線が発生しているのです。体内でつくられるこの放射線による被曝線量は、50年間でおよそ0.016レム =16ミリレム（160マイクロシーベルト）

になります。線形仮説が正しいなら、この数値を2500で割ると、ガンが誘発される確率を計算できます。こうしたいわば自家被曝によってガンを発症する確率は、$0.016/2500=6.4\times10^{-6}$、すなわちおよそ100万分の6になります。宝くじで1等を当てる確率よりは高いかもしれませんが、それでもやはり低い確率です。

これを、大きな人口に当てはめてみると、もっと興味深い結果になります。アメリカの人口は約3億人です。この3億に、1人当たりがガンになる確率100万分の6をかけると、アメリカ国内で今後50年の間に、3億×6/100万＝1800人が体内被曝によるガンで死亡する計算になります。平均すると、年間36人です。

体内のもうひとつの放射線源が、炭素14です。別名「放射性炭素」ともいい、C14と略称します。C14の原子核は、普通の炭素のC12とは異なり、中性子が2個余分にあります（したがって原子量は12ではなく14になります）。しかし、このように、中性子が余分にあるために、C14は放射能を持つことになります。炭素14の中性子の1つが爆発すると、電子とニュートリノが放出されます。電子とニュートリノが放出されると、この中性子は陽子に変わり、原子核は余分に電荷を持つことになります。そして、C14は炭素から窒素に変わります。平均して、体内のC14原子の半分が5730年の間に爆発します。5730年がC14の「半減期」です。

体内の炭素1グラム当たり12個のC14原子が、毎分爆発しています。1グラム当たり平均で、5秒間に1個の割合です。

平均的な体重（このうち通常23パーセントが炭素）の人の体内では、こうした放射性爆発が毎秒約3000回起きています。これが、前述の1000個のK40の崩壊に加わるのです。言い換えれば、要するに、約4000ベクレルの放射能があるということです。ベクレルは、１秒間に崩壊する原子核の数で放射能の量を表す単位です。

C14は、生物が死んでからどれくらいの年月がたったかを判定するために利用されています。この判定法を知るには、「半減期」という放射性崩壊のひじょうに奇妙な現象を理解する必要があります。

「半減期」という不思議な現象

前述したように、5730年の間にC14原子の半分が崩壊します。すると、さらに5730年たてば残りの原子もすべて崩壊する、と考えるのが当たり前ですが、実際にはそうはならないのです。次の5730年間に崩壊するのは、その残りのうちの半分だけです。さらに次の5730年間も、その残りの半分だけが崩壊します。半減期ごとの残りの原子の数を示したものが、**表4.3**です。

放射性同位体の種類が違えば、半減期の長さも違います。しかし、その作用は似ています（**表4.4**）。K40の半減期は12億5000万年です。12億5000万年の間に、K40の半分が崩壊します。次の12億5000万年間には、さらにその残りの半分の原子が崩壊します。地球が誕生してから今日までの約46億年間は、ほぼ4回分の半減期に相当します。まだ大量のK40が残っているのは、そのためです。46億年では、すべてのK40が崩壊する

表 4.3　**C-14 の放射性崩壊**

年数	半減期の回数	残量の比率
5730	1	1/2
1万1460	2	1/4
1万7190	3	1/8
2万2920	4	1/ 16
5730×N	N	$1/2^N$

には十分ではないのです。

放射性崩壊――放射能の減少

大量の放射性原子があれば、半減期の間にはその半分が爆発します（この法則は確率に基づいているので、正確にちょうど半分ではないかもしれません）。半減期が過ぎれば、残っている放射性原子の数は半分になります。つまり、1秒当たりの放射性爆発の数は、最初の半分になります。そもそもは、こうした放射能の減少を「放射性崩壊」と呼んでいました。しかしいまでは、「崩壊」という言葉が、個々の原子核の放射性崩壊についても使われるようになりました。そうした事情から、「爆発」という言葉よりも、崩壊という言葉のほうが一般的に使われているのです。

表4.4　**重要な同位体の半減期の例**

同位体	時間
ポロニウム215	0.0018秒
ポロニウム216	0.16秒
ビスマス212	60.6分
ナトリウム24	15時間
ヨウ素131	8.14日
リン32	14.3日
鉄59	6.6週間
ポロニウム210	20週間
コバルト60	5.26年
トリチウム(H3)	12.4年
ストロンチウム90	29.9年
セシウム137	30.1年
ラジウム226	1620年
炭素14	5730年
プルトニウム239	2万4000年
塩素36	40万年
ウラン235	7.1億年
ウラン238	45億年

原子核は死ぬが、年はとらない

半減期の法則は、知られている限りのすべての放射能にあてはまります。しかし、半減期についてよく考えてみると、その謎はますます深まるばかりです。人間の寿命には、半減期の法則は当てはまりません。生まれたばかりの赤ん坊は（少なくともアメリカでは）約80年生きられるはずです。もし80歳まで生きられたとしても、それからさらに80年生きられるとは思いません。しかし、人間の肉体の老化を半減期の法則に当てはめるなら、さらに80年生きられる理屈になるのです。半減期という作用がいかに奇妙なものか、よく考えてください。まるで原子は、年をとらないかのようです。年老いた炭素14は、若い炭素14と何も変わりはありません。炭素14原子はどれだけ古くても、その半減期はやはり5730年なのです。

この現象は、実際にはまだよくわかっていません。しかし、物理学者のなかには、放射性崩壊は確率的法則である「量子力学」に左右されているからだ、と言う人もいます。K40の場合、12億5000万年の間に崩壊する確率は、50パーセントです。この確率は変わりません。だから、原子がどれだけ古くても、次の12億5000万年間に崩壊する確率は、やはり50パーセントのままなのです。もちろん、これでは本当の説明にはなっていません。なぜなら、物理学の法則がいったいなぜ確率の法則なのか、その「理由」がわかっていないからです。

放射能による年代測定法

岩石を構成する鉱物にカリウムが含まれている場合は、岩石が最初にできた年代を測定することが可能です。というのは、地球上のすべてのカリウムのうち0.01パーセントが同位体のK40であり、K40には、放射性崩壊してアルゴンガスに変わるというすばらしい特性があるからです。このガスは、固体の岩石からは抜け出すことができないため、岩石の内部に蓄積します。このガスが抜け出すことができるのは、岩石が溶融（ようゆう）したときだけです。

K40から岩石の年代を測定する方法を理解するために、ひとつ例を挙げることにしましょう。溶岩——液状の岩——が冷えてできた岩を見つけたとしましょう。溶岩がいつ固まって岩になったかを知りたいなら、その岩にカリウムが含まれているかどうかを見ればよいのです。もし含まれているなら、カリウムの一部はアルゴンガスに変わっているはずです。岩の中に封じ込められているアルゴンガスの量を測れば、その結果から、岩が固まってからどれくらいたつかがわかります。この技術は、「カリウムアルゴン法」と呼ばれ、岩石の生成年代や太古の火山噴火の年代を測定するために、ひじょうに重要な役割を果たしています(7)。

考古学者は、炭素の放射性同位体C14を使って、化石の年代を測定します。これを、「放射性炭素年代測定法」といいま

---

(7) わたし自身、カリウムアルゴン法を使って、月のクレーターの年代測定をしたことがある。小惑星や彗星が月に衝突すると、月面の岩石の一部が溶融する。このとき、岩石に含まれていた古いアルゴンはすべて放出される。この岩は数秒後には再び凝固し、K40の崩壊によって内部にアルゴンが蓄積しはじめる。岩のサンプルを実験室で溶かして、アルゴンとカリウムの量を測定すると、その数値から年代を推定することができる。

す。C14は、宇宙線によって大気中でつくられます。C14は、植物が炭水化物をつくるために大気中の炭素（二酸化炭素）を吸収するとき、いっしょに取り込まれます。わたしたちは、植物や、植物を食べる動物、あるいは植物を食べる動物を食べる動物を、食べることによって、体内にC14を取り込みます。大気中から体内に炭素を取り込むプロセスは、きわめて迅速に（通例1年足らずで）行われるため、わたしたちの体内の炭素は、大気中の炭素とほぼ同じ放射能を持っています。つまり、炭素1グラム当たり毎分12個が崩壊します。

わたしたちは、死ねばもうそれ以上食べ物はとりませんから、体内の炭素14は崩壊し、新たに体内に取り込まれることはありません。化石に含まれている炭素を測定した結果、1グラム当たり崩壊するC14が毎分12個ではなく6個しかなかったら、化石の生物が死んでから半減期1回分――5730年が過ぎていることがわかります。この手法は、考古学では基本的な年代測定法です。

毎分3回の崩壊を測定したとしましょう（年代が0年の場合には毎分12回の崩壊があることを思い出してください）。この化石の年代はいくつでしょうか。自分で計算してから、脚注(8)の答えを確かめてください。

10回の半減期が過ぎると、放射能は、(1/2)(1/2)(1/2)(1/2)(1/2)(1/2)(1/2)(1/2)(1/2)(1/2)$=1/2^{10}=1/1024=0.001$になります。

---

(8) もし1回の半減期が過ぎているなら、毎分6回の割合で崩壊するはずである。さらに半減期がもう1回過ぎると、毎分3回になる。本文の測定結果も毎分3回だから、化石の年代は半減期2回分＝1万1460年である。

つまり、毎分12回ではなく、1024分ごとに12回しか測定できなくなります。ここまで比率が低くなると、測定はかなり困難です。だから、C14を使って年代測定ができるのは、およそ半減期10回分——約5万7300年までです。これを過ぎると、比率が低すぎて、年代測定ができなくなります(9)。

問題：どうして大気中のC14は、わたしたちの体内のC14のように、崩壊して減らないのでしょうか。
答え：大気中のC14も崩壊しますが、新たに降り注ぐ宇宙線によってつねに補充されます。大気中の炭素のレベルは、崩壊と生成がちょうど見合うレベルに落ち着きます。その結果、普通の炭素原子10^{12}個に対してC14原子1個の割合になっています。この濃度では、炭素1グラム（このうちC14は10^{-12}グラム）当たり、毎分12回崩壊が起きます。

環境放射能

生活の中での被曝

すべてのガンは、環境における放射能が原因なのでしょうか。いいえ。一般的な都市生活を送っている場合、年間0.2レムの放射線を被曝します。その放射線源はほとんどが、地中の岩石

(9) もっとよい方法として、崩壊数ではなく、残っているC14原子の数を数えるやり方がある。崩壊率は低くなっても、かなりの数の原子が残っている。原子の数は、加速器質量分析計(AMS)と呼ばれる装置を使って測定できる。この測定方法に最初に成功した人物が、本書の著者である。

から漏れ出すラドンガスや、宇宙から降り注ぐ宇宙線や、（必要に応じて受ける）医療X線です。普通のアメリカ人は、ほとんどが自然放射能を原因として、50年間に合計約15レムの放射線を被曝します。予期される発ガン率は、次のように計算します。レムの数値を合計して（年間の線量に年数をかけて）、これを2500で割ります。すると、15/2500=0.004=0.4%になります。しかし、ガンで死ぬ人は、0.4パーセントではなく、20パーセントいます。だから、ガンの原因はほかにもあるはずです。

ほかの何が原因なのでしょうか。一説によれば、食物や汚染物質や、そのほか取り除くことが可能な何かが原因だと言われています。しかし、確認されているすべての発ガン物質を合計しても、この実際の高い発ガン率には到底なりません。だから、ほかにも何か原因があるはずです。それは、きわめて反応性の高い化学物質である酸素への自然曝露のような単純なものかもしれません。これぱかりは、呼吸を止めない限り取り除くことはできません(10)。どうしたものでしょう。

地球内部の放射能——火山熱、ヘリウムなど

地球の内部の岩石は放射能を帯びています。この原因のほとんどは、地中のカリウムやウラニウムやトリウムです。深部鉱山に潜ったことがある人は、そこが——浅い鉱山や洞窟のよう

(10) これは冗談ではなく、著名な生化学者ブルース・エイムズが考えたいたってまじめな科学的仮説である。

に寒くはなく——とても暖かいことを知っているでしょう。これは、地球の内部から少しずつ漏れ出してくる熱が原因です。ウラニウムやトリウムは、地中で崩壊して、大量のアルファ粒子を生成します。地熱とは、このアルファ粒子がほかの原子とぶつかって減速する際に失うエネルギーです。アルファ粒子は、最後に停止すると、電子を捕らえてヘリウムガスに変わります。ヘリウムガスは、天然ガス（メタン）とともに地中に蓄積し、このメタンとともに抽出されます。風船をふくらませるときに使うのが、このヘリウムガスです。

放射能によって地球の内部で生み出される総出力は、およそ2×10^{13}ワットです。ずいぶん大きなエネルギーのようですが、地球に降り注ぐ太陽光は2×10^{17}ワットですから、地熱の１万倍です(11)。下から上がってくるエネルギーよりも、上から降り注ぐエネルギーのほうがはるかに大きいのです。

放射能によって地中でつくられる熱は、火山や温泉や間欠泉の原因になっています。大きな氷河（氷河期には何キロメートルもの厚さになる）は、地球の熱で氷河の底の部分の氷が溶けるために、滑って流れているのです。

地球の中心までの距離は、6370キロメートルあります。だから、熱を生み出す放射性成分の20パーセントが、地表に近い「地殻」と呼ばれる「薄い」岩石の殻に含まれているというのは、驚くべきことです。地殻の厚さは、平均して30キロし

---

(11) 木星の場合、内部からの熱のほうが太陽からくる熱よりもはるかに大きい。ただし、この内部で発生する熱は、放射能よりも、木星の重力収縮によって生成されていると考えられる。

かありませんが、はるかに高い濃度で放射性のウラニウムやトリウムやカリウムが含まれています。地表から30キロの地殻の底では、摂氏1000度もの灼熱する岩石が赤く燃えたぎっているのです。

ほとんどの原子が放射性でないのはなぜか

ばかげた質問のように思うかもしれませんが、この答えを知れば納得がいくはずです。太陽系ができたころは、ほとんどの原子が放射性だったと考えられます。水素や酸素や窒素やカルシウム、そのほかわたしたちの体をつくっているすべての原子には、強い放射性を持つ同位体が存在します。かつては、それがふんだんにありました。しかし、そのほとんどの原子は半減期が短く、1秒の数分の1から数百万年くらいしかなかった（地球の年齢からすれば数百年万でも短い）ため、その結果ほとんどが崩壊してなくなってしまいました。46億年たったいまでは、3種類の原子しか残っていません。放射性でないもの（C12など）と、ひじょうに長い半減期を持つもの（K40やウラニウムなど）と、最近できたもの（C14など）です。

自由選択学習：放射能の原因——「弱い力」とトンネル現象

化学爆薬が爆発するには、反応を起こす引き金になるものが必要です。たとえば、弾丸の火薬は銃のハンマーの衝撃によって爆発しますし、TNTは、通常電気信号の刺激によって爆発します。では、放射線を放出する原子核の爆発を引き起こすものは、何でしょうか。アルファ崩壊（図4.4）とアルファ分裂

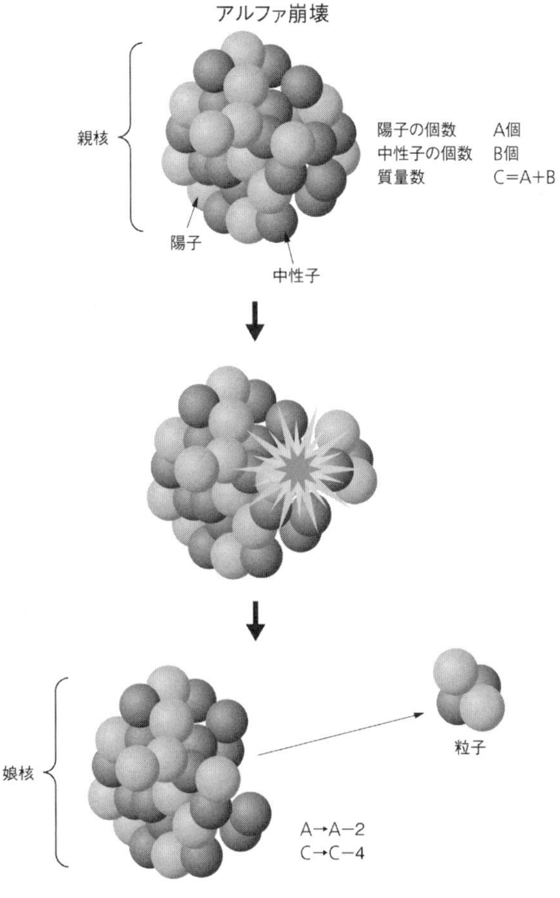

図 4.4　放射線の一種「アルファ線」が放出される「アルファ崩壊」のメカニズム。放射線が放出される現象としては他に「ベータ線」が放出される「ベータ崩壊」、「ガンマ線」が放出される「ガンマ崩壊」がある。

は、「トンネル効果」と呼ばれる量子力学的現象によって引き起こされます。トンネル効果とは、原子核内の接着剤の役割を果たすグルーオン（P176～参照）によって固く結びついている粒子が「量子飛躍（りょうしひやく）」によってグルーオンの力の作用が弱い場所へ移動することです。この距離になると、電荷の作用のほうが強くなり、強い反発力が生じます。この反発力によって、粒子は高いエネルギーを得ます。

これがベータ（電子）放射になると、まったく事情が変わってきます。長い間、原子核の中には、ときおり放射性崩壊を引き起こすだけの弱い力が存在するのではないかと考えられてきました。いまでは、そうした力が実際に存在すること、そして、その力が電気力と関係し、原子核の爆発を誘発することがわかっています。この力は、それまでの経緯から、「弱い力」と呼ばれます。力が弱いということは、1秒間に作用する確率がひじょうに低いことになります。たとえば、50パーセントのC14原子が崩壊するのに5730年かかるのです。

いまでは、弱い力の作用がベータ崩壊を引き起こすことだけではないことがわかっています。弱い力は粒子にも作用します。「ニュートリノ」と呼ばれる不思議な粒子は、電荷を持ちません。だから、電気力を感じません。ニュートリノが感じるのは、弱い力と重力だけです。その名に似合わず、ニュートリノの弱い力は重力よりも強く作用します。ニュートリノが地球を通り抜けるとき、弱い力を感じるため、地球を構成する原子のどれかにぶつかる可能性が、たとえわずかではあっても、決してゼロにはならないのです。

弱い力をまったく感じない粒子もあります。なかでももっとも重要な粒子が、「光子（こうし）」です。光子は光の粒子であり、「光の波束（はそく）」と呼ばれることもあります。（波束については第11講でくわしく説明します）。X線とガンマ線も光子です。光子は、弱い力は感じませんが、重力は感じます。光子は、重力場（じゅうりょくば）の中を落下するとき、エネルギーを得ます。また、太陽や地球のような質量の大きい物体の近くを通るときには、経路にゆがみが生じます。弱い力を感じないと思われるもうひとつの粒子が、「重力子（じゅうりょくし）」です。重力子は、重力場の振動波束（はそく）からなる粒子です。

放射能は感染するか

これはつまり、あなたが放射線に被曝したら、あなた自身の体は放射能を帯びるようになるのか、という意味です。感染症にかかるように、人間の体が放射能に「感染する」ことがありうるのでしょうか。答えは、ノーです。少なくとも、ほとんどの場合、ほとんどの種類の放射能に関して、そんなことにはなりません。

人間が放射線に被曝することによって放射能を持つようになるとすれば、２つのケースが考えられます。まずひとつは、実際に何らかの放射性の物質を吸い込んだり、体に付着させたりした場合です。これは、あなたの体そのものが本当に放射性になったのではなく、放射性の汚染物に汚染されたというだけのことです。そんなことは、放射能を帯びた爆弾の破片を浴びたり、原子炉内部の見学中に放射性塵（じん）に触れたりしない限り、ありえません。

ただし、実際に人の体を放射性にすることができる放射線もあります。中性子です。ある種の放射性爆発では、中性子が放出されます。人がその中性子を浴びた場合、体を構成する原子の原子核に中性子が結合する可能性があります。たとえば、原子核の中性子が２個増えた場合、非放射性のC12の原子核が放射性のC14の原子核に変わる可能性があります。ただし、実際にそうなるには、大量の中性子を浴びる必要があり、その場合人は放射線症で死んでいます。とはいえ、強い中性子に被曝した物体は、たしかに放射性になります。

放射能による犯罪捜査――「中性子放射化」

放射能には、大量のほかの原子にまぎれたごく微量の原子を検出するために利用できる特有の性質があります。わたしたちの体を構成する炭素には、10^{12}分の１、すなわち１兆に１個の割合で放射性の原子が存在します。こうした原子は崩壊するとき高エネルギーの粒子を放出するため、その数を計測することができます。では、放射性でない原子を検出したいときには、どうすればよいのでしょうか。中性子を当てて、放射性にすればよいのです。その結果、特有の放射性同位体ができれば、それを測定することができます。この便利な技術を「中性子放射化」といいます。微量（１億分の１程度）しか含まれていない元素や同位体を検出する場合には、ひじょうに有用な方法です。こうした希少成分は、それが含まれているものが、どこの工場で造られたか、あるいは、世界のどこから持ち込まれたものかを識別するための「指紋」として利用できることもあります。

サンプルを放射化するには、原子炉内でサンプルに大量の中性子を照射します。そのあと、サンプルを取り出して、その放射能を測定し、目的の元素の固有の放射線を調べます。

1977年、ルイス・アルバレス率いる研究チームは、この方法を使って、希元素のイリジウムを調べました。その結果、十分な量のイリジウムを検出し、（隕石や彗星や小惑星は大量のイリジウムを含んでいるため）地球外の物体が衝突した証拠と判断しました。この発見により、6500万年前――ちょうど恐竜が絶滅したころ――に巨大な隕石が落下したことがわかりました。

プルトニウムの特性

プルトニウムのような放射性物質の小さな粒子は、ひじょうに危険です。ごく小さな塵（ちり）程度の大きさのものでも、10^{14}個のプルトニウムの原子が含まれています。もし仮にこうした粒子を大量に吸い込んでしまったとしたら、1箇所で何十億もの原子核が崩壊し、肺の小さな範囲が大量被曝することになります。人々がプルトニウムに不安を感じるのは、そのためです。プルトニウムは、「人類が知る限りもっとも毒性の高い物質」と呼ばれたこともあります。しかし、これは間違っています。はなはだしい誇張です。しかし、そうした話が取りざたされるのも、そもそも、プルトニウムの小さな粒子を吸い込み、それが血液中に吸収されるかもしれないという恐れがあるからです。プルトニウムの毒性は、たとえばボツリヌス毒と比べると、高くはありません。これについては、次回の講義で説明します。プルトニウムも、大きな塊になると、危険度はずっと低くなります――ただし、核爆弾の製造に使わなければ、の話ですが。

筆者の恩師にあたるルイス・アルバレスは、文鎮の代わりに、プルトニウムの塊をいつも机の上に置いていました。（これはアルバレスがロスアラモスで原爆製造計画に携わっていたときの記念品です）。このプルトニウムは、なぜアルバレスの手にガンを誘発しなかったのでしょうか。それは、プルトニウムから出る放射線が、物質を通過するときに急激に減速するアルファ粒子だからです。アルファ粒子は、紙１枚で遮蔽されます。だから、アルファ粒子は、皮膚に侵入しても、皮膚の外層で止まります。（皮膚は、外層が絶えずはがれ落ちて、新しく生え変わることによって、発ガン物質から自らを守っています）。これに対して、肺の中は、生きた細胞が大気と接している状態です。肺が、皮膚と違って、煙が原因でガンになりやすいのも、そのためです。

②核分裂

「核分裂」とは、原子核が突然２つ以上の大きな断片に分裂する特殊な放射能です（図4.5）。核分裂には、自発核分裂と誘導核分裂の２種類があります。

自発核分裂では、原子核は、他の放射性の原子核と同じように、通常1回の半減期の間はもとのまま変化せず、あるとき突然崩壊して、いくつかに分かれます。自発核分裂は、自然な状態ではほとんど起きません(12)。人工的につくられた同位体の

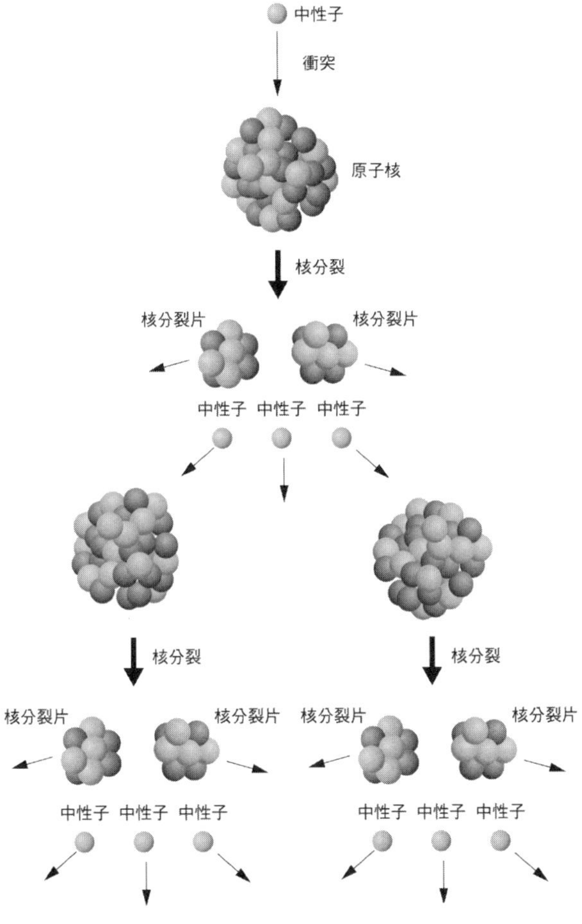

図4.5　核分裂の図解。中性子の衝突→２個の核分裂片と２個の中性子の発生（中性子は３個に）がくり返され、連鎖反応が起きる。

場合は、自発核分裂がさかんに起きます。

もうひとつの核分裂が、誘導核分裂です。誘導核分裂は、ある種の原子核に中性子がぶつかったときに起きます。ぶつかった中性子は吸収され、その結果、たったひとつ中性子が増えたことによって原子核は不安定になり、分裂します。原子炉も核兵器（原子爆弾）も、この種の分裂を基本原理としています。核分裂については、第５講でもっとくわしく説明します。

原子核が分裂すると、通常、その質量の大部分は、核分裂片と呼ばれる大きさの異なる２つの部分に分かれます。こうした核分裂片はふつう、比較的半減期の短い（数秒から数年の）放射性物質ですから、人体に大きな危険を及ぼす可能性があります。核分裂片は、核兵器が爆発したあとの残留放射能の主な発生源です。そして、核兵器の放射性降下物の危険度がひじょうに高いのも、核分裂片が含まれていることが主な原因です。

③核融合

核融合は、太陽のエネルギーの源であり、その点から考えると、地球上のほぼすべての生命のエネルギーの本源でもあります(13)。

「核融合」とは、「核分裂」とは逆に、複数の粒子が結合して

---

(12) 天然ウランの放射線は主にアルファ放射だが、自発核分裂は２万回の崩壊のうち１回である。

(13) 海中には、海底火山のエネルギーに寄生して生きている生物のコロニーが存在する。こうした生物が得ているエネルギーの源泉は、地球の地殻の放射能である。つまり、地球上には、太陽に依存しない生物もいることになる。

ひとつになることです。粒子を結合させることによってエネルギーを得られるというのは、奇妙なことのように思えるかもしれませんが、粒子の選択が正しければ、事実そうなるのです。太陽の基本的な核融合では、４つの水素(H)の原子核が結合してヘリウム(He)になります。この過程で、別の粒子もつくられます。太陽の通常の核融合では、ヘリウムのほかに、２つのガンマ線(γ)と２つのニュートリノ(ν)と２つの陽電子(e^+)が生じます。(陽電子の性質は電子とほとんど同じですが、電子が負の電荷を持っているに対して、陽電子は正の電荷を持っています)。記号で書くと、太陽の核融合は次のようになります。

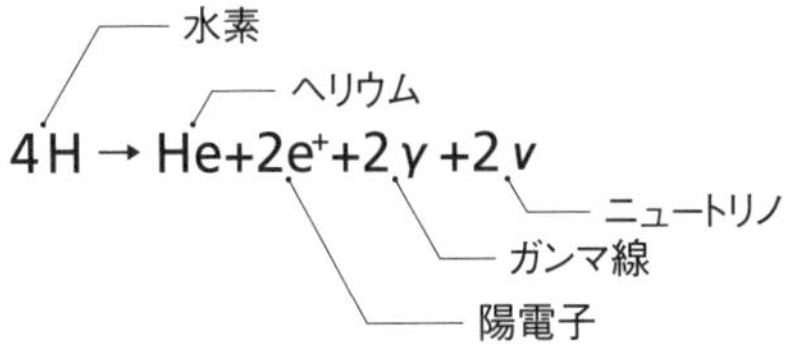

上の式は、４つの水素が融合して、１個のヘリウムと２つの陽電子と２つのガンマ線と２つのニュートリノに分かれた、という見方もできます。ほとんどのエネルギーは、陽電子とガンマ線とニュートリノが分け合い、ヘリウムにはありません。

これは、分裂というべきではないのでしょうか。反応前よりも反応後のほうが粒子の数が多くなっています。これが、どうして分裂ではなく、融合なのでしょうか。これは、とくにちゃんとした理由があってつけた呼び名ではありません。新たにできたヘリウムのほうが、元の（水素の）原子核よりも重い元素だから、ということが理由で慣例的につけられた呼び名です。核分裂の場合、新たに生まれた核分裂片は、もとのウラニウムやプルトニウムよりも軽い元素です。

運動エネルギーの大部分は、軽い元素(e^+、γ、ν)が持っていくことになります。ニュートリノは太陽の外に逃げ出しますが、ほかの粒子は別の原子(ほとんどが水素)とぶつかって、こうした原子とエネルギーを分け合い、太陽の温度を上昇させます。こうした放射線によって誘導された熱が、太陽の光を生み出しているのです。1回の核融合反応で放出されるエネルギーは、通常25MeVです。

メガ電子ボルト(MeV)という単位

まず、電子ボルト(略:eV)という単位について説明しましょう。eVは、個々の原子を問題にするとき、役に立ちます。というのは、標準的な化学反応のエネルギーは、0.1～10eV程度だからです。MeV(メガ電子ボルト)は、100万eVのことです。ここで単位の換算をしますが、これは覚える必要はありません。$1eV=1.6\times10^{-19}$ジュール$=3.8\times10^{-23}$キロカロリー。物質1モルには、6×10^{23}個の原子が含まれます〔モルは、原子や分子の量を表す基本単位。原子や分子を1つ1つ数えることはできないため、モルを使う。物質の種類に関係なく、任意の物質の原子や分子が6×10^{23}個集まったものが1モルとされる〕。化学反応で、個々の原子が1eVのエネルギーを放出したとしたら、1モル当たりの放出エネルギーは、$3.8\times10^{-23}\times6\times10^{23}=23$キロカロリーになります。

第１講の表1.1によると、空気中でメタンを燃やした場合、グラム当たり約13キロカロリーの熱を放出します。メタンは１モルが16グラムですから、１モル当たり13×16=208キロカロリーを放出することになります。分子１個当たりでは、約9eVです。

なぜ世界はおもしろいのか――核融合と世界の多様性

太陽は恒星です。そして、太陽の内部で起きている核融合は、ほかの恒星で起きている核融合ととてもよく似ています。もし核融合が、４個の水素原子が結合して１個のヘリウム原子ができるという一種類の反応しかなかったら、宇宙はまったくおもしろみのない場所になっていたでしょう。というのは、わたしたちが知っているような複雑系生命には、炭素や酸素のようなもっと重い元素が必要だからです。もし存在する元素が水素とヘリウムだけだったら、おもしろいもの（生命や知性）は生まれてこなかったでしょう。分子はH_2しか存在しないことになります。炭素があるからこそ、（DNAなどの）ひじょうに複雑な分子がつくられ、その結果おもしろい生物が誕生したのです。

炭素や酸素のような重い原子は、恒星の内部でつくられると考えられています。炭素は、３つのヘリウム原子が融合してつくられます。あなたの体を構成するすべての炭素も、大気中のすべての酸素原子も、かつては、そうした核融合が起きている恒星内部の奥深くに埋没していました。おもしろい世界が好きなわたしたちにとっては、幸運なことに、その星はついには爆発し、その破片が宇宙に飛び散りました。最終的には、そうした物質がまた集まって、新しい恒星（現在の太陽）と惑星（地球、金星、火星など）を形成しました。地球上に炭素と酸素があるからこそ、（いまのわたしたちが知っている）生命が生まれたのです。わたしたちは、文字通り、爆発した恒星の灰からつくられました。太陽は、かつて存在した恒星の残骸からつくられた２番目の星なのです。

自由選択学習：核融合のくわしいプロセス

もし興味がなければ、このセクションは飛ばしてもかまいません。核融合反応に関する先ほどの説明では、４つの水素が１つのヘリウムとその他のいくつかのものに変わりましたが、これは通常１段階で起きるわけではないのです。もしその恒星が水素とヘリウムだけからなる星だったら、第１段階では、２個の水素が結合して、１個の陽電子と１個のニュートリノと重陽子（陽子１個と中性子１個からなる原子核）ができます。これを記号で書くと、次のようになります。

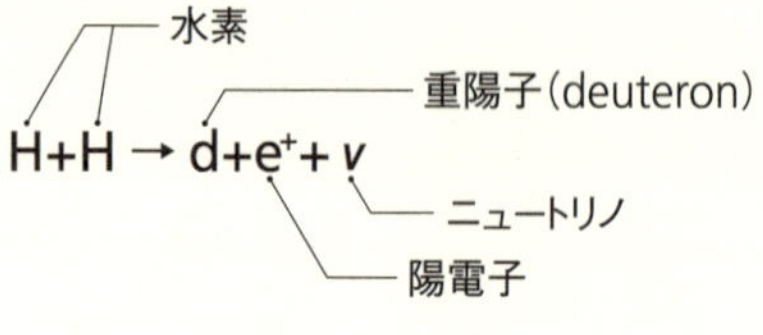

この公式では、水素はＨで表されていますが、核融合が起こる場所は通常ひじょうな高温ですから、水素の電子ははじき出されて――つまりプラズマ状態になって――います。だから、

公式の水素Hは、実際にはただの陽子です。プラズマ状態で動き回るこの電子は、核融合反応には参加しません。

次に、重陽子は1個の水素原子と結合して、ヘリウム3といわれるヘリウムの同位体（記号は^{3}He）になります。

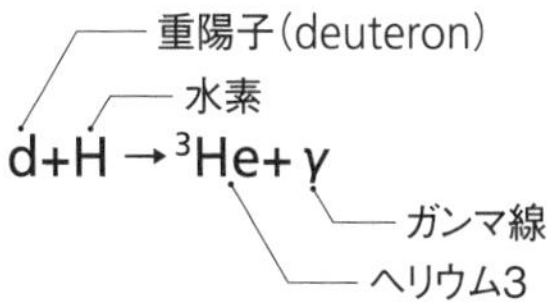

最後に、2個のヘリウム3原子が結合して、普通のヘリウムになります。

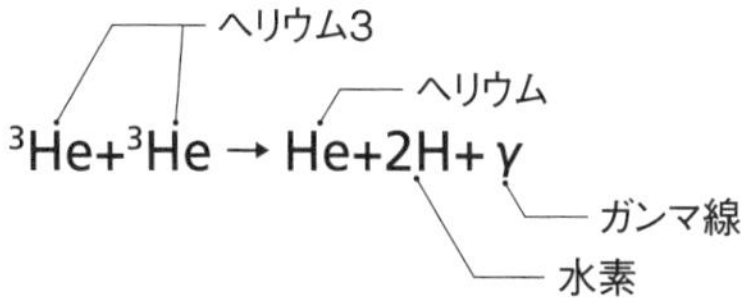

最終的に、元の水素原子がヘリウムとその他の二、三のものに変わりました。

なぜ地球上では核融合が起こらないのか

どうして、地球の表面では核融合が起きないのでしょうか。水素ガスのタンクの中でも、やはり核融合は起きません。理由は簡単です。核融合には熱が必要だからです。では、どうして熱が必要なのでしょうか。

あらゆる元素の原子核は、陽子と中性子からできています。

陽子があるため、原子核は正の電荷を持っています。第6講でくわしく説明しますが、正の電荷同士は互いに反発します。通常の物体では、この反発力のために、2つの原子核が近い距離まで接近することは絶対にありません。

原子核がこの反発力に打ち勝つためには、電気力に押し返されないくらいのエネルギーを持たなければなりません。高エネルギーの原子とは、すなわち高温の原子です。原子に十分な熱を加えれば、その原子核が電気斥力(せきりょく)に打ち勝って互いに触れ合うほどの強い運動エネルギーを持つことができます。どれくらいの温度が必要になるかは、核融合の種類や、核融合が起きる頻度によって違います。太陽の中心の温度は、摂氏1500万度くらいだろうと考えられています。かなりの高温ですが、温度が高すぎるというわけではありません。たとえ1500万度でも、核融合は比較的ゆっくりした速度で起こります。燃料となる水素は、ほとんどがまだ燃えていません。もっと高温の恒星は、数百万年ですべてが燃え尽きてしまいます。これでは、そのまわりを回る惑星の上でおもしろい生物が進化するだけの時間的な余裕はありません。

太陽はどうして核融合を起こすほどの高温になったのか

もちろん、いまの太陽は、核融合をしている最中ですから、ひじょうな高温です。しかし、そもそも太陽はどうしてそれほどの高温に達したのでしょうか。その熱の元は、太陽を構成している物質の重力だと考えられています。ケルビン〔英国の物理学者〕は、岩石の断片や隕石の間にはらたく相互重力が、太陽のすべて熱の元になった、と考えました。こうした物体は、互いに引きつけ合い、互いに相手の重力から運動エネルギーを得ました。そして、すべてが寄り集まってひとつにまとまったとき、このエネルギーは熱に変換されました。こうなるには、温度が摂氏100万度以上になるほど天体が大きくなくてはなりません。質量がそれほど大きくない場合は、核融合は起きませんから、その天体が恒星になることはありません。事実、天文学上の定義では、恒星とは、中心部が核融合を起こすほどの高温になるような大きな天体のことです。

太陽の表面はそれほど高温ではありません。摂氏6000度くらいですから、この程度では、核融合は起きません。核融合が起きているのは、太陽の中心部だけです。この中心部の熱が、長い道のりを経て表面まで達するのです。だから、光を放っている太陽の表面は、中心部よりずっと低い温度です。

木星は、恒星になるほど大きくありません。木星の質量は、太陽の約0.1パーセントです。天体が恒星になる（すなわち核融合が起きる）には、もっとずっと大きな質量、太陽の質量の8パーセントくらいが必要です。これは、木星の質量のほぼ100倍です。

第5講

連鎖反応と原子炉と原子爆弾

①さまざまな連鎖反応

核爆発、ガン、稲妻、ウイルス（コンピュータウイルスも含む）の蔓延（まんえん）、雪崩（なだれ）や岩石なだれなどには、ひとつの共通点があります。どれもみな、連鎖反応の原理から生じるものなのです。このほか、コンピュータ革命に多大な影響を与えたムーアの法則（P244～参照）や、多くの死刑囚の無実を証明したポリメラーゼ連鎖反応（PRC）（P238～参照）なども、連鎖反応がかかわっています。こうした現象は、どれかひとつでも理解できれば、ほかのすべての現象を理解するヒントになります。まず最初は、チェスの話から始めましょう。

チェス盤で理解する連鎖反応の基本

伝説によると、チェスは、インドのダヒールという名の大臣が発明して、シーラム王に献上したのが始まりだと言われています。喜んだ王は、ほうびとして、大臣に何でも望みのものを――もちろん、それ相応のものであることを前提として――とらせようと言いました。すると、大臣はこう答えました。

チェス盤の最初の１マス目に小麦を１粒置き、２マス目には２粒、その次には４粒、その次は８粒、その次は16粒、その次は32粒……というふうに、１マス進むごとに倍の小麦を置いていき、64マス目まで置いたすべての小麦をいただきたいと存じます。

王は、なんとささやかな願いだろうかと思い、即座に聞き入れました。王は自分のチェス盤を出すと、小麦を１袋持ってくるように命じました。ところが、驚いたことに、その袋は20マス目には空になってしまいました。王はもう１袋持ってくるように言いましたが、次のマスには、この１袋をそっくりそのまま置かなければなりませんでした。それどころか、さらに20マス進むと、最初の１袋に入っていた小麦の粒と同じ数の袋が必要になったのです！　それでもまだ40マス目にしかきていません（図5.1）。王がそのあとどうしたかは、伝説には記されていません。

最後のマスの小麦の数は、２の63乗粒になります。答えは、2^{63}＝922京(けい)3372兆368億5477万5808≈0.922×10^{19}≈10^{19}です(1)。63マス目までの小麦を合計して、それを２倍にすると、小麦がチェス盤全体の小麦の合計2×10^{19}=2^{64}になります。この計算は、表計算ソフトを使えば、簡単にできます(2)。

最後のマスのすべての小麦を立方体の形に積み上げたとしたら、その一辺にはおよそ200万粒の小麦が並ぶことになります(3)。小麦1粒の大きさが1mmだとすると、この巨大な立方体

---

(1) どうして２倍にしかならないのかを考えてみよう。たとえば、もっと小さな、マス目の数が４つしかないチェス盤だったら、どうなるだろうか。最後のマスの小麦の数は、その前のマスまでのすべての合計よりも１つ多い数になる。
(2) マイクロソフトのExcelを使えば、簡単に計算できる。どのセルでもよいから、「=2^20」と入力する。^は「～の…乗」を意味する。したがって、2^20=2^{20}になる。
(3) 小麦の総数は、200万の３乗=2000000^3=$(2\times10^6)^3$=8×10^{18}×10^{19}になる。

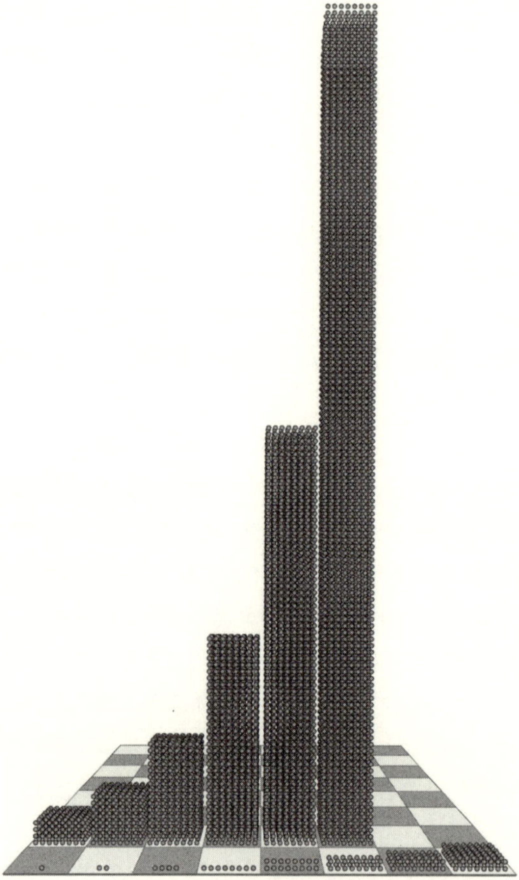

図 5.1　14 マス目まで小麦を置いたチェス盤。手前の列の左端の 1 マス目に、小麦が 1 粒置かれている。2 マス目に 2 粒、そのあと 4 粒、8 粒、16 粒、32 粒、64 粒と続き、第 1 列は 128 粒までで終わる。第 2 列は、256 粒、512 粒、1024 粒、2048 粒、4096 粒、8192 粒、16384 粒と増えていく。マス目の中に小麦がいっぱいになると、その次からは高さが 2 倍ずつ増えていくことになる。マスを全部埋めると、最後のマスに積み上げられた小麦の高さは、実に 1 光日になる。

の一辺の長さは、200万mm=2000m=2kmになります。長さ2km、幅2km、高さ2kmの立方体です。こんな大きな立方体を載せるとすると、相当大きなチェス盤でなければなりません。もしこれほどの量の小麦を2cm×2cmのマスに載せるとすると、その高さは200億kmになります。これほどの高さになると、そのいちばん下からいちばん上まで達するには、光でもほぼ1日かかります。チェス盤の上の小麦の総量は、世界の総生産量の1000年分以上になります。

この問題の驚くべき特性は、たった63段階で、しかも1つ1つの段階はごくささいな増加にすぎないのに（ただ2倍にするだけなのに）、結果は実に膨大な数なるということです。こうした急激な増加を、「指数関数的増加（しすうかんすう）」といいます。「指数」とは、数を乗数倍するときの乗数のことです。この例では、2の63乗 =2^{63}の63が指数です。指数関数的増加は、このセクションで取り上げるすべての現象の裏に隠された秘密です。

放射能を扱った第4講でも、ひじょうによく似た現象が出てきました。ただし、その場合は逆でした。1回の半減期ごとに、残っている原子の数が半分に減っていきました。これは、指数関数的増加の逆で、「指数関数的減衰」といいます。

核爆弾——核分裂の連鎖反応

中性子がウラン235(4)の原子核にぶつかると、高い確率で、原子核が分裂し、2つの大きな断片に分かれます。この作用を、核分裂といいます（第4講P217図4.5参照）。この2つの大きな断片は、核分裂片といい、核爆弾から放出される放射線のなかでももっとも危険な種類のものです。この２つの核分裂片とともに、通常２個の中性子が放出されます。この中性子が連鎖反応の原因になります。もし別のウラン235の原子核が周囲にあれば、中性子はこの原子核にぶつかって、また新たな核分裂を引き起こします。この倍増の作用が連鎖的に続いて、結果、大量の原子核の分裂が生じます。

１回目の分裂（1世代目）では、１個の原子が２つに分かれます。２世代目では、２個の原子が分裂します――さらに、４個、８個、という具合に増えていきます。64世代目には、分裂する原子の数が10^{19}個、すなわちさきほどのチェス盤の問題と同じ数になります。分裂した原子の総数（それまでのすべての世代を合計した数）は、このほぼ倍の数、2×10^{19}になります。

10kgのウランには、何個の原子が含まれているでしょうか。IAEA（国際原子力機関）は――核兵器の製造が可能なほどの――「かなりの量」としか言わないので、自分で計算してみました。答え(5)は、2.6×10^{25}です。64世代までに分裂する原子よりも、はるかに大きな数です。この数に達するには、何世代

(4) ウランは、地球上の自然界に比較的豊富に存在するものとしては、もっとも重い原子である。ウランの原子番号は92である。つまり、正の電荷を持つ92個の陽子と、負の電荷を持つ92の電子で構成されている。ウラン235には、143個の中性子も含まれている。原子量は、原子核の陽子92個＋中性子143個、すなわち重粒子の数235になる。

(5) 化学を勉強してきた人なら、この計算方法を知っているかもしれない。ウラン235の原子量は235だから、235gに１モルのウランが含まれていることになる。１モルの原子の数（「アボガドロ数」ともいう）は6×10^{23}である。10kgのウラン235には、235gの1万/235=42.6倍――$(42.6)(6\times10^{23})=2.6\times10^{25}$個――の原子が含まれている。

必要なのでしょうか。この数になるまで、2をかけて続けていけば、じきに答えが出ます。さらに20世代（合計で84世代まで）分裂を続けると、2×10^{25}になります。つまり、84回続けて倍増すれば、10kgのウランのすべての原子が分裂する、ということです。

放出されるエネルギーは、どれくらいになるのでしょうか。ウランの原子核の1回の分裂で放出されるエネルギーは、TNTの分子1個当たりのエネルギーの3000万倍になります。だから、10kgのウランが放出するエネルギーは、およそ3000万×10kg=3億kg=300キロトンのTNTに相当します。このエネルギー量の大きさこそが、原子爆弾（核爆弾）をつくろうという発想の原点になったのです。世界最初の核爆弾が放出したエネルギーは、TNT約20キロトン相当で、上述の計算の答えよりも低い数値です。それは、すべての原子が分裂する前に、爆弾そのものが吹き飛んでしまったからです。

プルトニウム239も、中性子誘導核分裂を起こします(6)。ただし、プルトニウムの場合、1回の分裂で通常3個の中性子が放出されます。2×10^{25}に達するには、何世代必要でしょうか。この数になるまで、3に3をかけつづければ、答えが出ます。答えは、脚注を参照してください(7)。核分裂連鎖反応につい

(6) プルトニウムは、原子炉でつくられる人工元素。原子番号は94。つまり、原子核に94個の陽子が含まれ、その原子核のまわりを94個の電子が回っている。プルトニウム239の原子核には、145個の中性子も含まれている。原子量の239は、陽子の数94と中性子の数145の和である。
(7) 答えは53世代。なんと、チェス盤のマスの数よりも少ない！

ては、今回の講義の中でのちほどまたくわしく説明します。

このセクションでは、いろいろな数字が出てきましたので、重要な数字をここでまとめておきましょう。ウラン235が10kgあれば、核兵器をつくることができます。倍増によって連鎖反応が進行すると、わずか84世代で10kgのウランはすべて分裂します。プルトニウムは、1回の分裂で2個ではなく3個の中性子を放出するため、もっと少ない世代数ですべてが核分裂します。

胎児——子宮の中の連鎖反応

あなたの命は、父親の精子と母親の卵子が融合してできたたった1個の細胞から始まりました。この細胞は分裂して2つになり、それぞれの細胞がまた分裂していきました。完全な人間の体になるまでに、細胞分裂を何回くり返せばよいのでしょうか。人間の体は、約10^{11}個の細胞からできています。$10^{11}=2^{37}$ですから、37回倍増を続ければよいのです。1回の細胞分裂に1日かかるとしても、37日あれば全工程は終了します。

では、人が生まれるまでにどうして9か月もかかるのでしょうか。それは、細胞はそれほど急速に分裂をくり返すことができないからです。細胞は、分裂後は成長しなければ次の分裂ができませんから、栄養を摂取する必要があります。成長のペースは、分裂細胞に栄養を送り込む体の能力によって制約を受けます。もし1回の細胞分裂のたびに大きさが2倍になるとしたら、赤ん坊の体重はそのたびに体重が2倍になっていきます。わが妻の話によると、妊娠するというのはまさにそんな感じだそうです。

ガン——望まざる連鎖反応

赤ん坊は、体が完全にでき上がれば、成長をつかさどっていた連鎖反応のスイッチが「オフ」になります。連鎖反応を停止させるメカニズムはいくつもあるようです。多くの細胞は、必要に応じて、この連鎖反応のスイッチをふたたび「オン」にすることができます。たとえば、けがをしたときには、その部分の細胞がふたたび増殖を始めます。細胞は、連鎖反応によって倍増していきますから、傷口はすみやかにふさがります。

とはいえ、細胞分裂が無制限に生じる潜在的危険性はひじょうに大きいので、細胞は、必要がないときに分裂するのを防ぐいくつものメカニズムを備えています。そうしたメカニズムが機能しなくなったときには、細胞は、最後の手段として、自らの命を絶つアポトーシスと呼ばれる作用を起こす信号を出します。

もし運悪く、特異的突然変異を何度もくり返したときには、細胞は、自殺する能力を失ってしまうことがあります。そうなると、細胞は、無統制の状態に陥り、何度でも倍増をくり返すようになります。これが、いわゆるガン細胞です。ガン細胞が体の特定の部位にとどまる場合、栄養を摂取する細胞自身の能力に限界があるため、増殖が抑えられる場合もあります。こうした局所的な細胞の塊を、良性腫瘍（りょうせいしゅよう）といいます。しかし、原発（げんぱつ）部位（ぶい）から剥離して血液などの体液に運ばれて体内の別の場所に転移するようなタイプのガンは、悪性と呼ばれます。このようにして広がるガンは、栄養が豊富な場所に移動して、無制限の連鎖反応によって成長を続けます。そしてついには、成長したガンが重要な身体機能を阻害し、患者を死に至らしめることになるのです。

ガンがこれほど強い破壊力を振るい、短期間のうちに人の命を奪うのは、連鎖反応を利用して急激に増殖するからです。

大量絶滅からの生物の連鎖反応的再繁殖

6500万年前、恐竜は絶滅しましたが、哺乳類は生き残りました。なぜでしょう。この大絶滅は、多くの人たちが考えているほど単純ではなかったのです。すべての哺乳類が生き延びたわけではありません。それどころか、おそらく99.99パーセントの哺乳類は、恐竜と同時期に死滅したはずです。それでも、雌雄の「つがい」が１組以上生き残ってさえいれば、絶滅を免れて、ふたたび繁殖することができます。たとえば、２匹のクマネズミが苦難の時代を乗り切ったとしましょう。そして、クマネズミが成長して繁殖できるようになるまでに、約1年かかるとします。すると、クマネズミの数は毎年倍になっていきます。わずか56年（地質年代から見ればほんの一瞬）後には、クマネズミは地球全体をじゅうたんのように覆いつくすほど膨大な数に増えています(8)。

もちろん、クマネズミは、こんなふうに爆発的に増えたりはしませんでした。クマネズミの数は、食料事情や病気、ほかの

---

(8) 地球の面積は、5×10^{18}cm^2。56世代後には、クマネズミの数は$2^{56}=7\times10^{16}$になる。これだけの数になると、海面の面積を含めても、クマネズミ１匹当たりに割り当てられる面積は10cm×10cm しかないことになる。

動物との競争によって、抑制されたからです。しかし、このたとえ話は、種そのものが根絶やしになる――つがいが１組も残らない――ほどの規模にならなければ、地質年代上の大災害があったことを知るのはむずかしい、ということを教えてくれます。クマネズミは生き延びて、ふたたび増えていきました。恐竜にはそれができませんでした。6500万年前に、大型動物はすべて姿を消しました。おそらく、そうした大型動物は、数が少なく、生き延びるために広い生息地を必要としたからでしょう。99.99パーセントが死滅したとき、大きな動物は、小さな動物よりも、つがう相手を見つけるのがむずかしかったのでしょう。

天敵がまったくいない環境に新しい種を持ち込んだりすると、個体数が爆発的に増加する場合がよくあります。1859年に、オーストラリアで24匹のウサギが放されました。その7年後には、最初の24匹のウサギを放したトーマス・オースティンの所有地で、1万4253匹のウサギが狩りの獲物として撃ち殺されました。オースティンが1869年までに自分の所有地内で撃ち殺したウサギの数は、実に200万匹以上に上りました。オースティンは、自分が犯した重大な過ちに気づきました。野ウサギは、いまでもオーストラリア全土で被害をもたらしている主要な害獣（がいじゅう）のひとつです。

『ハーメルンの笛吹き』の元になったネズミの異常発生は、何が原因だったのか、誰にもわかりません。

DNA 指紋法――ポリメラーゼ連鎖反応（PCR）

わたしたちの体のすべての細胞には、体のはたらきをつかさどるための情報を記したDNA（デオキシリボ核酸）と呼ばれる分子の集合体が含まれています。人が違っても、DNA分子はほとんど変わりありません。DNAには、細胞にどのように増殖し、どのように呼吸し、どのような機能を果たすかといった指示をする遺伝暗号が含まれています。しかし、DNAを構成する部品のごく一部に、人によって異なっている部分があります。たとえば、目の色を決める部分などです。DNAの半分は父親から、半分は母親からもらったものですから、あなたのDNAは両親とよく似ていますが、そっくり同じというわけではありません（もしDNAがそっくり同じ人間がいるとしたら、それは一卵性双生児かクローン人間です）。

DNA指紋法は、このように、DNAの人によって異なる部分を調べる方法です。こうした領域を十分な量だけ取り出すことができれば、一意的（いちいてき）な識別が可能になります。近親者の場合、血縁のない人よりも、こうした領域に一致する部分が数多くあります。

DNA指紋法で難しいところは、コードの読み取り――DNAの関連のある領域の正確な分子配列の測定――が、わずかな分子ではできないことです。DNA指紋法では、DNA分子の何十億という複製が必要になります。

そこで、連鎖反応の出番です。DNAが自己複製する分子であることを利用するのです。細胞が2つに分裂する直前になると、DNA分子は自分の複製をつくって、分裂後のそれぞれの細胞に同じDNAが組み込まれるようにします。サンディエゴの生化学者キャリー・マリスは、カリフォルニアの山中をドライブ中に、このDNAの特性が持つ潜在的な価値に気づきました。PCR（ポリメラーゼ連鎖反応）と呼ばれる彼の発明は、生物学に革新をもたらし、この功績によってマリスは1993年にノーベル化学賞を受賞しました。

マリスは、DNA分子が１個でもあれば、連鎖反応を利用して何十億という複製がつくれることに気づいたのです。この方法では、化学物質を使って、DNA分子の――人によって異なることがわかっている――断片の複製をつくるように誘発します。連鎖反応は、温度サイクルにかけて行います。DNAを含む溶液を冷却すると、DNAの目的の部分は、元のDNAにくっついた状態の相補鎖（そうほさ）と呼ばれるものをつくります。これを（沸点に近い温度まで）加熱すると、この２本の鎖が分離します。これをまた冷却すると、元のDNAと相補鎖はそれぞれ自己複製を行います。これをまた加熱して、それぞれのDNAを分離し、このサイクルをくり返します。35サイクルくり返すと（1時間もしないうちに）、$2^{35}=3.4\times10^{10}$、すなわち340億個の複製ができ上がります。これだけあれば、この断片の正確な遺伝コードを判定するのに十分な材料になります。

PCRの応用：無罪か有罪か；トマス・ジェファーソンとサリー・ヘミングス

DNA指紋法を使えば、体からごくわずかな細胞を取り出して人を識別することができます。この方法は、世界貿易センタービル爆破事件やスペースシャトル『コロンビア』の事故の犠牲者の遺体を特定するために、利用されました。また、死刑執行を待つばかりだった無実の確定囚を自由の身にするためにも、役に立ちました。2007年までに、DNA 指紋法によって、200人以上の死刑囚が、問われた罪について無罪だったことが証明されました。これに先立つ2003年に、イリノイ州のジョージ・ライアン知事は、無実の人々が死刑に処せられるおそれがあることを懸念して、イリノイ州の死刑囚全員——156人——の罪を減刑しました。犯行現場に残された少量の血痕（けっこん）は、囚人たちの血液型と一致していましたが、このもっとはるかに精度の高い PCR を用いれば、その血痕が彼らのものではないことが証明される可能性が出てきたからです。

PCR は、犯人の有罪を証明する証拠にもなりえます。PCR を用いれば、合理的疑問を残さずに、レイプ犯を特定することができます。PCR は、父親と子どもの DNA を比較して父子関係を調べる鑑定法としても、ひじょうに高い信頼性を得ています。この方法は、父親の死後200年たってから——トマス・ジェファーソン大統領の奴隷だったサリー・ヘミングスの子孫がジェファーソン自身の子孫でもあることを証明するために——用いられたこともあります。このケースでは、ジェファーソンの子孫の DNA と、サリー・ヘミングスの子孫の DNA が比較されました。報告によると、一致の程度は弱いものの、血縁のない人同士のものよりもはるかに強かったようです。

病気と流行――ウイルスやバクテリアの連鎖反応

ウイルスやバクテリアは、あなたの体内で、連鎖反応を利用して自己を複製し、膨大な数にまで増殖します。もし体の資源の大部分を病原菌を殺すために傾けなければならない状況になると、あなたは病気になります。もし病原菌の指数関数的増殖を止めることができなければ、あなたは死ぬでしょう。

病気の流行も、連鎖反応を計算して表すことができます。天然痘ウイルスに感染した人が、1人だけいたとしましょう。この人は、体の接触や、息を吐いたときに飛ぶ唾液（だえき）の飛沫（ひまつ）で、別の人にウイルスを移す可能性があります。もし1人の感染者が2人の人にウイルスを移し、その2人がさらにそれぞれ2人ずつに移す、といったパターンがくり返されたとしたら、わずか33段階で全世界に（2^{33}=86億は世界の人口より多いので）感染が広がることになります。これがもし、最初の感染者が10人に移し、その10人がそれぞれまた10人ずつに移したとしましょう。すると、わずか10段階で、感染者の数は$10\times10\times10\times10\times10\times10\times10\times10\times10\times10=10^{10}$となり、世界の全人口を超えます。こうした感染の拡大は、かつては人々がそれほど広い範囲を移動しなかったので、限りがあり、病気の流行は特定の地域に限定されました。しかし、飛行機での旅行が一般化した現在では、1人の感染者が何千という人に病気を移す危険性もあります。

ただし、すべての病気が連鎖反応を起こすわけではありません。炭疽菌（たんそきん）は人に感染しますが、人から人に移ることはありません。2001年の炭疽菌テロ〔9.11テロ事件の直後に、米国内のテレビ局や議員などに対して炭疽菌が封入された封筒が送りつけられた事件〕では、感染者は発症し、そのうち数人は死亡しましたが、連鎖反応のように広がりはしませんでした。

コンピュータウイルス——電子の連鎖反応

コンピュータウイルスも、ほかの連鎖反応と同じ法則にしたがって増えます。あなたのコンピュータに巣食ったウイルスは、感染プログラムを複製したり、共有したりすることによって、別のコンピュータに広がります。Eメールは、連鎖反応的にウイルスを広げるおそれがあります。たとえば、ウイルスのなかには、メーリングリストに登録されているすべてのアドレスにメッセージを自動転送するようなものや、受信者をあざむいて添付のプログラムを開封させようとするものがあります。

こうしたコンピュータウイルスは、驚くほど急速に広がります。それは、ひとつには、1段階で増殖する数が大きいからです。もし感染したコンピュータ1台から100台のコンピュータにウイルスが感染するとしたら、感染を4段階くり返すまでに世界中のすべてのコンピュータにウイルスが広がります（$100^4=10^8$は全世界のコンピュータの総数よりも大きい）。もっとも、これはあくまでも原理的な話です。誰のメーリングリストにも登録されていない人や、侵入してくるウイルスを「返り討ち」にするアンチウイルスプログラムを使っている人のコンピュータには、もちろん、感染は広がりません。

なだれ——岩や雪の連鎖反応

岩棚（いわだな）から岩が１つ落ちると、２つ以上の岩にぶつかります。１つの岩が別の岩を２つずつ弾き飛ばし、これが波及していくと、岩なだれになります。ここでも、倍増の法則がはたらいています。

１つの岩が弾き飛ばす岩の数が１個以下になると、岩なだれはしだいに勢いが弱まり、やがて止まります。たとえば、１つの岩が平均して0.5個の岩を弾き飛ばして止まるあたりにいるとしましょう。岩なだれによって、斜面のその場所までは、64個の岩が転がり落ちてきます。そこから4段階あとになると、崩れ落ちる岩の数は、64かける $(0.5)^4=64\times1/16=4$ になります。通常、このように勢いが衰えるのは、斜面の傾斜がゆるやかになってくる場所です。こうした場所では、岩はずっと安定がよく、簡単に弾き飛ばされなくなります。

雪はふつう岩のように塊になってはいませんが、雪のなだれが起きる仕組みもこれと似ています。岩なだれと同じように、斜面の傾斜がゆるやかになると、自然に止まります。

稲妻——電気のなだれ的連鎖反応

火花や、それよりもっと規模の大きな稲妻も、連鎖反応によって生じます。実際の話、火花や稲妻は、岩なだれとよく似ています。火花は、電子が高い電圧（第６講参照）を持つことによって、その電子を含んでいたものから離脱して空中に飛び出すことによって生じます。この電子は（あとに残るほかの電子からの反発によって）十分なエネルギーを得ていれば、空気の分子から電子を弾き出して、移動する電子の数を倍増していきます。電子の数は、2、4、8、16という具合に指数関数的に増えていき、これが火花（または稲妻）になります。稲妻の場合は、電子と空気の分子の衝突によって空気の温度が上がり、空気が膨張し（雷鳴（らいめい）を起こし）、光（雷光（らいこう））を発します。

ムーアの法則――コンピュータの指数関数的成長

連鎖反応と同じ倍増の法則は、ほかの現象でも見ることができます。そのもっとも有名な例のひとつが、コンピュータテクノロジーの分野にあります。1965年に、集積回路産業の創設者のひとりであるゴードン・ムーアは、過去6年間に、1チップ当たりのコンポーネントの数が1年ごとに2倍になっていることに気づきました。この道の先駆者としての知見から、ムーアは、少なくとも1975年まではこの傾向が続くだろうと予測しました。彼の予言通りなら、10年後には、チップ1個当たりのコンポーネントの数は、なんと6万5000になっているはずです。

ムーアの予言は、当時は、荒唐無稽な絵空事と思われました。もしムーアの言う通りになったら、誰でもデパートに行って携帯用のコンピュータを買えるようになるだろう、と新聞紙上で揶揄（やゆ）されたこともありました。これは、いまでは現実となりましたが、当時の人たちにとっては、たんなる夢物語にすぎず、まじめには受け止められませんでした。

ムーアの予言が現実になりはじめると、この現象は「ムーアの法則」と呼ばれて、新聞で取り上げられるようになりました。

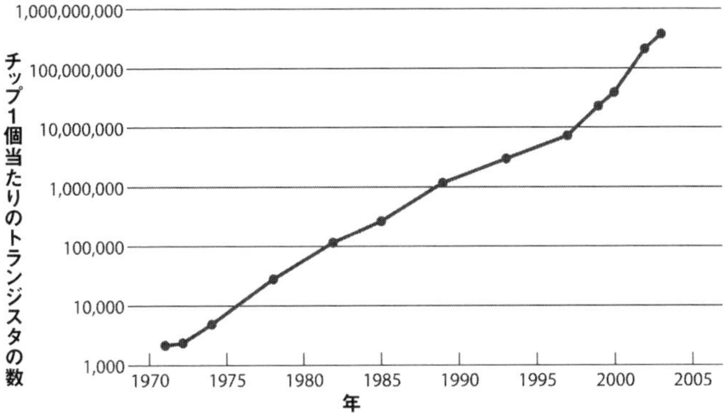

図 5.2　ムーアの法則。グラフの横線は、それぞれ下の線の 10 倍ずつ大きな数値になっている。過去 40 年間に、コンピュータの性能はおよそ 100 万倍進歩している。

この法則は、コンポーネントの密度だけでなく、プロセッサ速度や磁気ディスク記憶装置などのコンピュータの他の性能にも当てはまるようでした。20世紀末までの35年間にわたって、コンポーネントの数は、平均して約18か月ごとに倍増していきました。35年間続いたコンピュータ技術の爆発的進歩は、実のところ、核爆発にも似ていました。多くの人が驚嘆したのも、当然のことです。この増加をグラフにしたものが、図5.2です。

このグラフは、もっとも高性能なインテルの市販のチップのトランジスタ（初期のコンピュータの真空管と同じように個々のスイッチとして機能する）の数を示しています。左の縦に並んだ数値が対数（たいすう）であることに注意してください。グラフの横線の数値は、上に行くにしたがってそれぞれ下の線の10倍ずつ大きな数値になっていきます。対数グラフ表示〔数が目盛りに等間隔に並ぶ一般的なグラフではなく、図のように、ある数の何乗かごとの数を目盛りに使用するグラフのこと〕にすると、倍増の法則は直線になります。

こうした技術上の発展を実現したのは、2000年にノーベル物理学賞を受賞したジャック・キルビーや、ロバート・ノイスが発明した集積回路です。しかし、ムーアの法則が現実となった本当の理由は、わかりません。過去20年の間、毎年のように、ムーアの法則はもうじきに通用しなくなるだろうという記事が雑誌に載りました。これまで、そうした記事は、いつも「もっともな」理由を挙げていましたが、予想はつねにはずれました。わたしとしては、ムーアの法則は少なくともあと10年は通用するだろうと信じていますが、それより先のことはわかりません。もうそろそろ小型化には（原子よりも小さい回路はつくれないから）限界が見えてきていますが、３次元（回路を横に並べるだけではなく、縦にも重ねる）集積回路はまだ開発されていません。

②核兵器の基礎知識

中性子誘導核分裂によってもっと多くの中性子が生じることがわかると、それからまもなく、膨大な核エネルギーを放出する潜在的方法があることも明らかになりました。核分裂連鎖反応のアイデアは、原子物理学者レオ・シラードが1932年にイギリスで実際に特許を取っています。現実の核分裂連鎖反応は、1942年にシカゴ大学のエンリコ・フェルミの率いるグループが初めて成功させました。

今回の講義ですでに述べたように、核分裂の連鎖反応は、ウランの1回の核分裂で2個以上の中性子が生じることを利用します。こうした中性子を別のウランの原子核にぶつけることができれば、倍増の法則によって、近くにあるすべての原子核が次々と核分裂を起こします。そのために必要な倍増の回数は、たった80回です。これを実現するための鍵となるのが、「臨界質量(りんかいしつりょう)」という概念です。

臨界質量――連鎖反応に十分な核物質の量

ウランの核分裂連鎖反応を起こすには、核分裂によって放出された中性子が、別のウランの原子核に確実にぶつかるだけの十分な量がなければなりません。最初の分裂が起きたとき、そのまわりにあるウランが少なければ、中性子が原子核の間をすり抜けて、爆弾の外に逃げてしまいます。そうならないための十分な量を、ウランの「臨界質量」といいます。長年この臨界質量の値は機密扱いにされてきました。というのは、多くの人たちが、実際の数値よりも大きいと思っていたからです。ウランの分裂を利用する爆弾とプルトニウムの分裂を利用する爆弾とでは、臨界質量が違います。それは、ひとつには、プルトニウムの核分裂で放出される中性子の数がウランより多いからです。

臨界質量とは、1回の核分裂で放出される2個以上の中性子が別の原子核にぶつかり、連鎖反応が継続していくために必要な量です。その量は、単純計算すると、ウランなら、重量200kgの半径13.5cmの球体になります。第二次世界大戦中にこれだけの量のウラン235を集めるのは無理でした。そこで、原爆を開発したオッペンハイマーらは、臨界質量を減らす工夫をしました。中性子反射体で表面を覆ったのです。その結果、ウラン235の臨界質量は15kgにまで、プルトニウム239の臨界質量は5kgにまで、減らすことができました。5kgのプルトニウムは、ちょうど1カップくらいの大きさになります(9)。

ウラン爆弾とは

広島を破壊した原爆は、ウラン235の核分裂のエネルギーを利用した「砲身型」の爆弾でした。「砲身型」と呼ばれるのは、大砲でウラン235の固まりをもうひとつのウラン235の固まりに向かって撃ち込むからです（図5.3）。この2つの固まりが1つになると、臨界質量を超えて核分裂連鎖反応が始まり、膨大な核エネルギーが放出されて、あの大爆発を引き起こしたのです。核分裂連鎖反応で放出されたエネルギーは、およそTNT13キロトン相当でした。広島に投下されたこの爆弾が、史上初のウラン爆弾でした。これに先立ってニューメキシコ州アラモゴードで実験を行った爆弾は、プルトニウム爆弾でした（表5.1）。ウラン爆弾は構造がひじょうに単純なため、実験をするのはウランのむだ遣いだと判断されたのです。

---

(9) プルトニウムの密度は1cm^{3}当たり20gだから、5kg=5000gなら250cm^{3}になる。これは、ちょうど標準的な計量カップに収まる量である〔訳注：アメリカの調理用計量カップは250mlが標準〕。

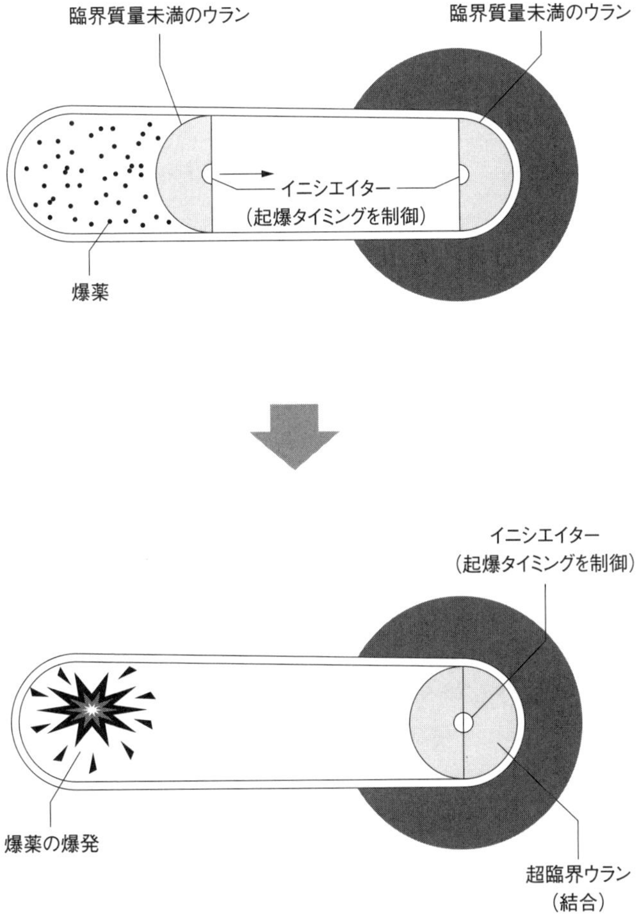

図 5.3　砲身型ウラン爆弾の構造。

表5.1　**核兵器の種類**

ウラン爆弾	精製ウラン235を原料とする。広島に投下されたタイプ。
プルトニウム爆弾	プルトニウム239を原料とする。ニューメキシコ州アラモゴードで実験され、のちに長崎に投下されたタイプ。
水素爆弾	水素の同位体とリチウムを原料とし、これらの原料を、ウラン爆弾またはプルトニウム爆弾によって爆発させる（2段階方式）。

プルトニウム爆弾は、構造がウラン爆弾よりもずっと複雑です。そのため、核兵器をつくりたがるテロリストは、構造が単純なウラン爆弾を好みます。しかし、ウラン爆弾をつくるために必要な高濃縮ウラン235は、簡単にはつくれません。地下から掘り出される天然のウランは、99.3パーセントがウラン238で、わずか0.7パーセントがウラン235です。爆弾製造に使えるのは、この希少同位体のウラン235だけです。天然ウランからこの同位体を分離するのは、きわめて困難です。

プルトニウム核分裂爆弾とは

アラモゴードで実験が行われた爆弾と長崎に投下された爆弾は、どちらもプルトニウム239を使ったプルトニウム爆弾です。プルトニウムは、比較的簡単に手に入ります。プルトニウムは、発電所をはじめとするほとんどの原子炉でつくられ、化学的処理によって分離することができます。しかし、通常こうしたプルトニウムには、高い比率で放射性の高いプルトニウム240が含まれています。この強い放射能のために、爆弾が早期爆発を

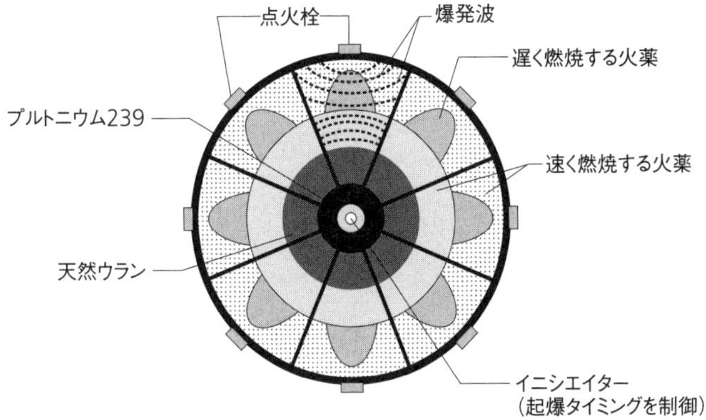

図5.4　爆縮型プルトニウム爆弾の爆縮レンズの図解。周囲にある点火栓から点火されると、火薬が燃焼し、レンズの中で光が屈折するかのように、その圧縮力がプルトニウムの表面全体にむらなく伝えられる。

起こす——連鎖反応が完了する前に爆発する——危険性があります。そのため、「爆縮(ばくしゅく)」という特殊な設計を用いなければなりません（図5.4）。こうした爆弾の設計・製作はきわめて困難ですから、テロリストのような小さな組織にはつくれないでしょう。おそらくは、一国（たとえばパキスタンや北朝鮮）の資源が必要になります。

長崎に投下された爆弾の威力は、18キロトンでした。使用されたプルトニウムは、わずか6kgでした。このくらいの量のプルトニウムなら、コーヒーのマグカップにすっぽりおさまります。1グラム当たりの出力が（ウランと比較して）高いのは、プルトニウムがウランよりも核分裂の際に放出する中性子の数が多く、反応が速いため、爆発でプルトニウムが吹き飛んでしまう前により完全に近い連鎖反応を起こすことができるからです。

6kgのプルトニウムがすべて分裂した場合、放出されるエネルギーはTNT100キロトンにほぼ相当します。しかし、爆発があまりにも強力なために、すべてのプルトニウムの核分裂が完了する前に、爆弾自体がばらばらに吹き飛んでしまいます。第二次大戦中の原子爆弾製造計画で本当に難しかったのは、連鎖反応が「より完全に行われる」ようにプルトニウムを圧縮することでした。事実、アラモゴードで実験した最初の爆弾の出力が18キロトンだったということは、分裂した原子核が全体の18パーセントにすぎなかったことを示しています。2006年に北朝鮮が実験した核爆弾の威力は、400トン（0.4キロトン）でしたが、これは分裂した原子核が0.5パーセントにも満たなかった（臨界質量以下では爆弾はつくれませんから）ことを示しています。そのため、ほとんどの人たちは、この実験を「不発」だったと考えています。2009年に北朝鮮が行った2度目の実験では、爆発の規模は前回よりも大きく、1.6キロトンと推定されました。しかし、この実験でも、分裂した原子核は1.6パーセントにすぎなかったのです。

プルトニウムは、中空の球形に成型し、その外側を爆薬で包みます。爆薬が爆発すると、プルトニウムは押しつぶされ、（固まりになってからも）さらに圧縮されます。この圧縮によって原子の間隔も縮まり、連鎖反応で生じた中性子は外に漏れにくくなります。このように、圧縮されたプルトニウムは、圧縮されないプルトニウムよりも臨界質量が小さくなるのです。

水素爆弾とは

水素爆弾は、別名「熱核兵器」とも呼ばれます。というのは、ウランやプルトニウムの核分裂爆弾の熱を利用してジュウテリウム（重水素）やトリチウム（三重水素）を融合させるからです(10)（第4講P180～参照）。この作用は3段階に分けることができます。まず第1段階では、核分裂爆弾が爆発して強力な熱が放出されます。第2段階では、この熱によって、ジュウテリウムとトリチウムが、互いの（正の電荷を持つ原子核同士の）反発力を克服するほどのエネルギーを得て、融合します。第3段階では、この融合によって熱と中性子が放出されます。そして、この高エネルギー中性子が、爆弾全体を押し包んでいる外層のウラン（238）の核分裂を引き起し、さらに多くのエネルギーが放出されます（図5.5、図5.6）(11)。これまでに実験が行われた（戦争には使われたことがない）水爆のなかでもっとも威力が大きいものは、TNT5000万トン相当のエネルギーを放出しました。5000トンではありません。5000万トンです。

水爆には、一般には公表されていない「秘密」がありました。そのひとつは、比較的最近まで機密保持されてきたものですが、

---

(10) ジュウテリウムは原子核に中性子を1つ持つ水素原子。トリチウムは、原子核に中性子を2持つ水素原子。通常の水素原子は原子核に陽子が1つあるだけで、中性子はない。
(11) 連鎖反応を進行させるにはウラン235が必要だが、核融合によって生じた高エネルギーの中性子は、ウラン238を分裂させ、エネルギーを放出させる。しかし、ウラン238自体は連鎖反応を継続できない。このようにウラン238が爆弾の材料として使えるのは、核融合爆弾に使用する場合にのみである。

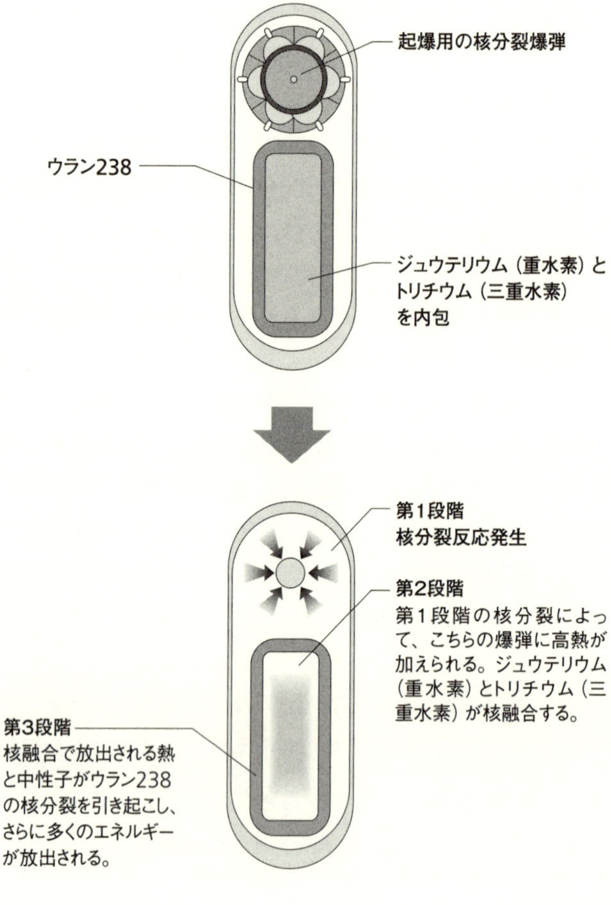
起爆用の核分裂爆弾
ウラン238
ジュウテリウム（重水素）と
トリチウム（三重水素）
を内包
第1段階
核分裂反応発生
第2段階
第1段階の核分裂によって、こちらの爆弾に高熱が加えられる。ジュウテリウム（重水素）とトリチウム（三重水素）が核融合する。
第3段階
核融合で放出される熱と中性子がウラン238の核分裂を引き起こし、さらに多くのエネルギーが放出される。

図 5.5　水素爆弾の構造。

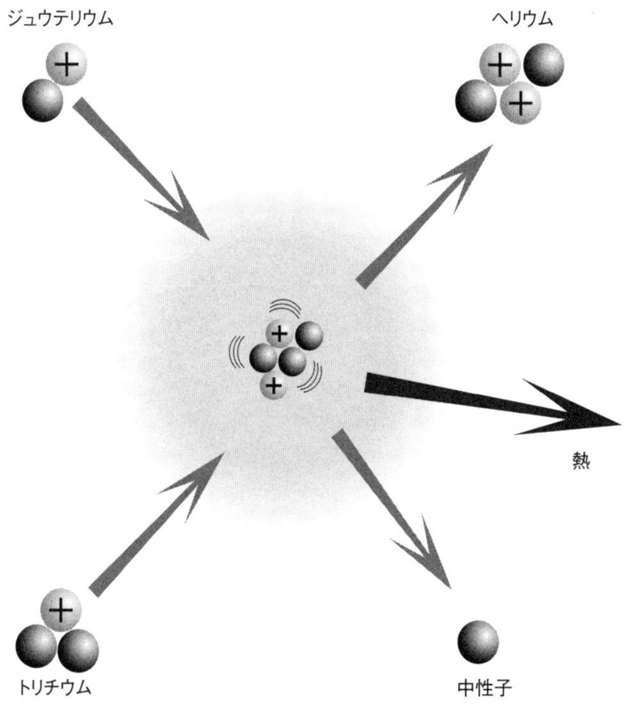

図 5.6　核融合の図解。ジュウテリウムやトリチウムが高温下で融合しヘリウムとなり、膨大な熱と中性子が放出される。

これは、プルトニウム爆弾の核分裂によって十分なX線を放出させ、これをウランの外層に反射させて、ジュウテリウムとトリチウムを圧縮し、核融合を誘発する方法です。２つ目は、かなり以前に機密扱いを解除されましたが、トリチウムを使う代わりに、安定（非放射性）同位体のリチウム(Li-6)を使う方法です。このリチウムは、固体ですから、高密度です。核分裂爆弾から生じる中性子が、リチウム６を分裂させて、トリチウムをつくります。このように、爆弾が爆発する100万分の１秒の間に同時に核燃料がつくられるのです。通常使われる核融合燃料は、リチウムとジュウテリウムを化合した重水素化リチウムです。

ブースト型核分裂兵器（強化原爆）

トリチウムとジュウテリウムの混合ガスを入れた小さなコンテナを加えることによって、核分裂爆弾の威力を高めることができます。このトリチウムとジュウテリウムは、爆発の熱によって融合し、いっそう多くのエネルギーと中性子を放出します。核融合によって増えたこの中性子は、核分裂爆弾の連鎖反応を促進し、爆弾の威力を高めます。強化した核分裂爆弾は、核融合を利用しますが、これは、エネルギーを生み出すことよりも、プルトニウムを分裂させるための中性子を発生させることに重点があり、そのため核融合爆弾とはみなされません。

米国とロシアの現在の核兵器保有量

現在アメリカは、（すべてが実戦配備というわけではありませんが）およそ1万2500発の核兵器を保有しています。「設計」は10種類ほどありますが、ほとんどが核分裂と核融合の両方を併用したものです。ロシアの核保有量もほぼ同じです。なぜこれほど多くの核が必要なのでしょうか。冷戦時代、アメリカはロシアからの奇襲を怖れ、そうした攻撃によって自身が保有する核兵器のほとんどが破壊された場合どうすればよいかを考えました。そこで、仮に1パーセントでも核兵器が残っていれば、ロシアを破壊できるだけの核を保有しようと考えました。もしこれをロシアが知れば、決して攻撃を仕掛けてこないだろう、と考えたのです。映画『博士の異常な愛情』は、この戦略がどういう結果をもたらすかを、皮肉をこめて描いています。

現在、核保有の大きな問題は、（条約による）削減と、「核管理計画」です。核管理計画は、老朽化した核兵器の信頼性と関係する問題です。かつては、定期的な実験によって核兵器が機能することを確認していましたが、いまはすべての核実験を停止しようという時代に入ろうとしています。（この主要な目的のひとつは、他の国が核兵器を開発するのを抑止することです）。リバモアやロスアラモス〔いずれも米国の国立研究所〕では、実際に核兵器を爆発させることなくその信頼性をテストする方法を開発するために、大掛かりな計画を進めています。これは、大きな技術的挑戦です。

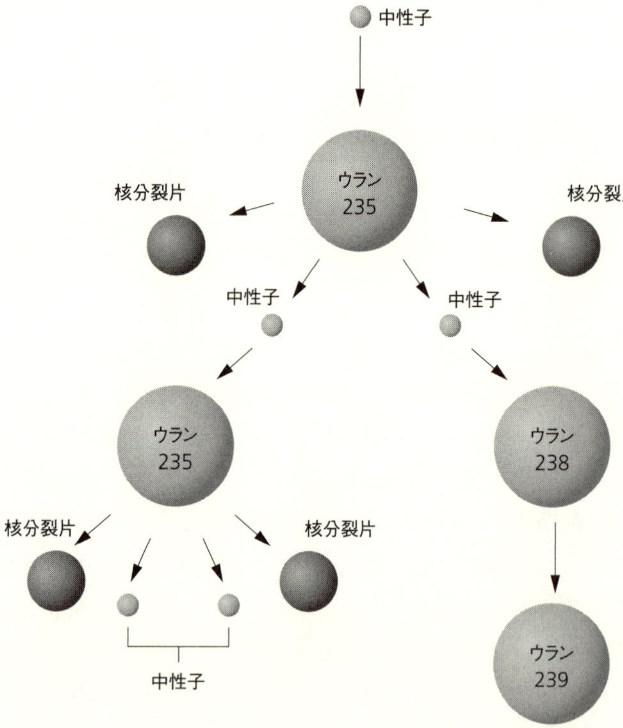

図 5.7　原子炉内で行われる「持続的」核反応の図解。核分裂によって放出された 2 ～ 3 個の中性子のうち平均 1 個のみが新たな分裂を誘発するので、反応速度が加速せず、一定の速度に保たれる。核爆弾の核分裂の図解（第 4 講 P217・図 4.5）と比較すると、その違いがわかる。

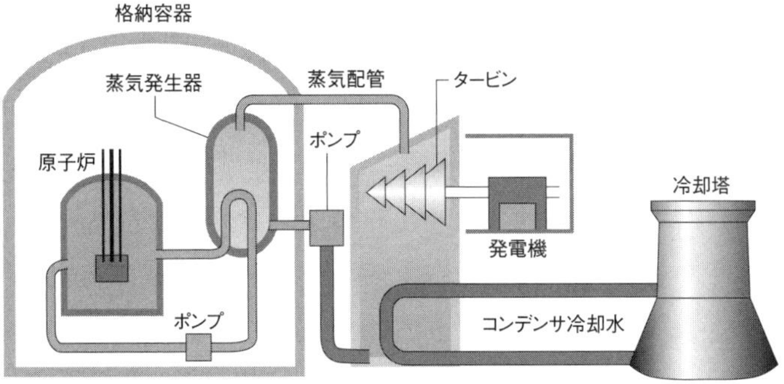

図 5.8　原子力発電所の概略図。原子炉が持続的連鎖反応を起こし、その核分裂による熱を利用して蒸気がつくられる。この蒸気によって回転するタービンが発電機を駆動して電気をつくる。

③原子炉

原子炉とは

原子炉は、持続的連鎖反応を起こすための装置です。原子炉では、倍増は起きません。1回の核分裂で（平均して）1個の中性子が放出され、次の核分裂を起こします（図5.7）。これは、たとえていえば、すべての夫婦が平均して子どもを2人ずつもうけるようなものです。そうすれば、人口は増えません。持続的核反応の出力は、大きくなることはなく、つねに一定です。

石炭やガソリンを燃やす場合とまったく同じように、出力されるのは熱です。多くの場合、熱は、水を沸騰（ふっとう）させて蒸気に変えるために用いられます。この蒸気は、タービンを駆動するために使われます（タービンとは実質的にはただのファンです。

膨張した蒸気がタービンの中を通り抜けるときにファンを回転させるのです）（図5.8)。ちょっと考えてみてください。超ハイテクの原子力潜水艦が、実は、ただ湯を沸かすためだけにウランを使っているのです！

商用原子炉が燃料として主に使うのは、核爆弾と同じウラン235です。ただし、原子炉で使うウランは、核爆弾のように濃縮はしません。すでに述べたように、天然ウランには、ウラン235はたった0.7パーセントしか含まれておらず、残りはすべてウラン238です。爆弾に使う場合、ウラン235が約80パーセントになるまで濃縮しなければなりません。しかし、原子炉で使う場合は、3パーセントまで濃縮するだけでよいのです。（ただし、のちほど説明するカナダのCANDU炉は別です）。

なぜ原子炉では、あまり濃縮していない燃料を使うことができるのでしょうか。理由は2つあります。その1つは、2つの中性子が2つともウラン235にぶつからなくてもよいことです。ぶつかるのは、1個でよいのです。2つの中性子のうち1つは吸収されますが——爆弾ではなく原子炉なら——それでよいのです。ウラン238がまわりに大量にあるのは、それほど悪いことではないのです。

しかし、ほかにもっと重要な理由があります。原子炉では、「減速材」を使います。減速材とは、中性子を吸収しないで減速させるために燃料に混ぜる化学物質です。減速材として、もっとも一般的なものは、通常の水(H_2O)と重水（酸化ジュウテリウム：D_2O）(12)と黒鉛（ほぼ純粋な炭素）です。減速材を構成している原子核は軽く、中性子を吸収しません。中性子は減速材にぶつかってはね返り、そのプロセスで一部のエネルギーを失います。これを何度かくり返すと、中性子は、その熱の分だけの速度しかなくなります。そこまで減速した中性子を「熱中性子」といいます。

商用原子炉では、核分裂によって放出された高速中性子は、減速材からはね返って熱(低速)中性子になります。こうした中性子は、ほかのウラン235の原子核に吸収されやすくなります。そのために、ウラン235の濃縮は、80パーセントではなく、たった3パーセントでよいのです。

原子炉は原爆と同じように爆発するのか

原子爆弾は、爆弾そのものが飛散しないうちに中性子が80世代すべての核分裂を完了させるために、(減速していない)高速中性子を必要とします。80世代を超えると、温度は数百万度の高温に達します。その時点まで爆弾が吹き飛んでしまわないのは、たんに時間が短すぎるからです！　中性子が減速されていると、連鎖反応ははるかに遅くなります。

重要なポイントは、「商用原子炉は低速中性子を必要とする」ということです。それがなぜ重要かというと、原子炉が「暴走」を始めた——運転員が操作ミスをして、連鎖反応が指数関数的に増大（倍増）しはじめた——場合、中性子の速度が遅ければ、爆発の規模もそれに応じた程度になるからです。温度が

---

(12) 前述したように、ジュウテリウムは原子核に1個の陽子と1個の中性子を持つ水素原子である。

数千度Kまで上昇すると、原子の速度が中性子より速くなり、中性子は原子に追いつけなくなります。連鎖反応は、そこで停止します。放出されたエネルギーは原子炉を吹き飛ばすでしょうが、それはTNT火薬程度のエネルギーです。爆発はしますが、その威力は核爆弾の100万分の1くらいしかありません。

低速中性子に依存する連鎖反応が核爆発を起こす可能性はありません。ですから、商用原子炉が核爆弾のように爆発することはありえないのです。この事実はあまり知られていませんから、その論理を、人々に説明できるくらい理解する必要があります。

原子炉には、たしかに現実的な危険があります(今回の講義の「チャイナシンドローム」のセクション参照)が、核爆弾のように爆発する可能性はそれには含まれていません。

自由選択学習：低速中性子とウラン235

どうして低速中性子は、ウラン235に吸収されやすいのでしょうか。その物理的な理由は簡単です。動く速度が遅い中性子は、核力を感じる時間が長くなりますから、その核力によってより強くウラン235に引き寄せられるのです。

もちろん、低速の中性子は、ウラン238にも、遅い分だけより強く引きつけられます。しかし、この効果は、ウラン235のほうがはるかに強いのです。そのため、中性子が低速であれば、80パーセントでなく3パーセントに濃縮したウランを使うことができるのです。

カナダの原子炉では、減速材として重水のD_2Oを使います。

これはコストがかかりますが、中性子を吸収することなく減速するには、重水のほうが効果的です。その結果、ウラン235が0.7パーセントだけ含まれた濃縮していない天然のウランを使うことができるのです。この原子炉は、カナダ(Canada)とジュウテリウム(deuterium)から名をとって、CANDU炉と呼ばれています。

プルトニウム製造のプロセス

原子炉内では、核分裂で生じた2個の中性子のうち1個だけが新たな核分裂を誘発します。もう1個の中性子は吸収されます。中性子を吸収するのは、エネルギーを放出することなく中性子を吸収する物質でつくられた「制御棒」です。中性子の一部は、原子炉内のウランの97パーセントを占めるウラン238にも吸収されます。ウラン238は中性子を1個吸収すると、ウラン239になります。ウラン239も放射性物質（半減期は約23分）なので、崩壊して（電子とニュートリノを放出して）、ネプツニウム(Np-239)という同位体に変わります。このネプツニウムの同位体も、半減期が2.3日の放射性物質です。ネプツニウムは電子とニュートリノを放出して、あの有名なプルトニウムの同位体に変わります。これは、核兵器製造に使うことができるプルトニウム239です（図5.9）。

これが、プルトニウムができるまでのプロセスです。プルトニウムは、原子炉内でウラン238に中性子をぶつけることによってできるのです。プルトニウムは、ウランとは異なる化学元素なので、燃料として取り出す際には、化学処理によって分

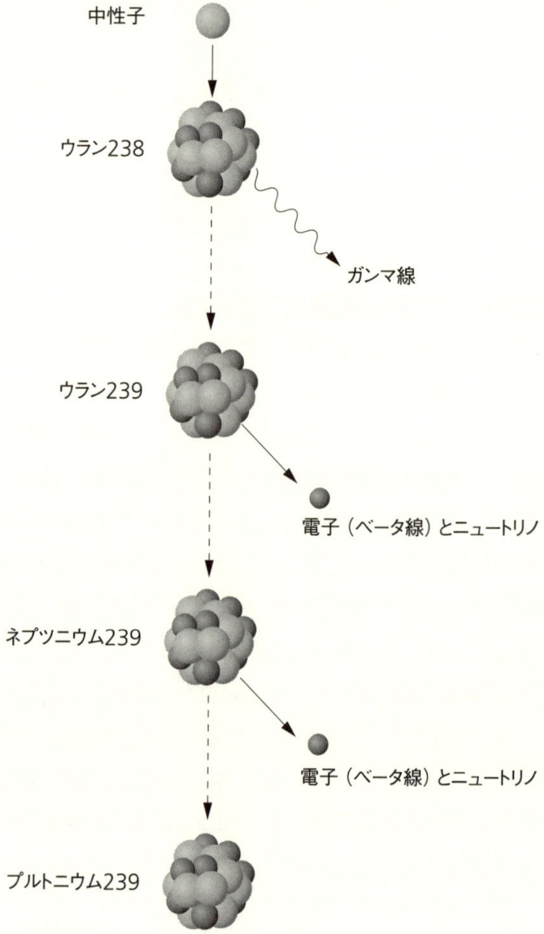

図 5.9　プルトニウム製造の図解。中性子を吸収したウラン 238 がガンマ線を出してウラン 239 になる。ウラン 239 は電子（ベータ線）とニュートリノを 2 回出してプルトニウム 239 になる。

離することができます。これは難しくはありません。プルトニウムの抽出は、「ウラン再処理」と呼ばれます。アメリカが開発途上国に原子力発電所を提供するとき、相手国が独自に再処理を行うことを禁じていますが、これは相手国がプルトニウムを入手することを防ぐためです。もちろん、アメリカは原子炉を操業するための核燃料を提供しますが、これはウラン235とウラン238の混合物であり、ウラン238の比率がひじょうに高いため、爆弾の燃料としては使えません。

増殖炉とは？ 長所と短所

プルトニウム239は、通常、核廃棄物とはみなしません。プルトニウム自体も、原子炉を動かす核燃料として利用できるからです。しかも、プルトニウムは核分裂すると、2つではなく3つの中性子を放出します。原子炉を出力一定（指数関数的に増大したりしない）で運転するには、1回の核分裂で1個の中性子だけが次の分裂を誘発するようにする必要があります。余った2個の中性子はどうすればよいのでしょうか。原子炉内のウラン238を使って、この2個でさらに多くのプルトニウムをつくればよいのです。

このように、原子炉は、消費する燃料よりも多くのプルトニウム239を（ウラン238から）つくることができるのです！こうした原子炉を「増殖炉（ぞうしょくろ）」といいます。増殖炉は、可能性からいえば、0.7パーセントではなく、すべてのウランを核燃料に変えられますから、そうなると、利用可能な核分裂燃料を140倍に増やすことができます。増殖炉で燃料を倍増させるのにかかる時間は、約10年です。

増殖炉に対しては、一般市民から反対の声が上がっています。反対には、大きく分けて2つの理由があります。

・プルトニウム経済

増殖炉は原子力の有用性をはるかに高めますが、そうなると、プルトニウムが広範に利用されるようになります。プルトニウムは、放射性物質であるというだけでも危険ですが、一部がテロリストの手に渡って核爆弾の材料になる可能性も考えられます。こうした意見に対して、プルトニウム経済の賛成派は、プルトニウムの危険性はこれまであまりにも誇張されすぎてきた、と言います。つまり、プルトニウム爆弾は、爆縮という著しく精巧な技術が要求されるため、テロリストには製造できない、というのが賛成派の見解です。

・増殖炉の爆発

もっとも効率の高いタイプの増殖炉では、低速ではなく、高速の中性子を使います。これは「高速増殖炉」と呼ばれます。しかし、高速中性子を使うと、通常の原子炉が持つ大きな安全性が失われます。高速増殖炉の場合は、連鎖反応が制御不能に陥る可能性があり、たんなるメルトダウンではなく、原子爆弾のように本当に爆発するかもしれないのです。この点について、賛成派は、何重もの安全システムを張り巡らせばそうした事態は防ぐことができる、と言います。

プルトニウムの危険性

プルトニウムは「人類が知る限りでもっとも毒性の強い物

質」と言われてきました。プルトニウムや将来のプルトニウム経済に対して、広く世間一般の人々が不安を抱いています。プルトニウムについては、公開議論の必要がありますから、いくつか物理学的事実を説明しておきましょう。

まず、重要な事実は、プルトニウムはその化学効果と放射能の両方において有毒だ、ということです。プルトニウムの化学毒性は、他の「重金属」と共通していますが、これに対しては世間一般の人たちは不安を抱いていません。だから、ここでは、放射能の危険だけを考えていくことにしましょう。

プルトニウム239は、半減期が2万4000年の放射性物質です。崩壊によって生じる放射線は、アルファ粒子です。アルファ粒子はエネルギーが小さいため、皮膚の死んだ層（角質層(かくしつそう)）を透過することができません。だから、プルトニウムは、体内に入らない限り、害を及ぼすことはありません。危険なのは、プルトニウムが混入した食べ物を食べたり、空気中のプルトニウムを肺に吸い込んだりした場合です。

急性放射線中毒の致死量は500mg――0.5gと推定されます。毒物としてよく知られているシアン化物(かぶつ)〔青酸カリ等〕は、致死量がこの５分の１の100mgです。だから、口から摂取した場合、プルトニウムはきわめて有毒ですが、毒性はシアン化物の５分の１しかありません。プルトニウムを摂取した場合にいちばん怖いのは、ガンを誘発することです。

プルトニウムを20mg吸い込むと、１か月以内に（肺繊維症(はいせんいしょう)や肺水腫(はいすいしゅ)で）死亡する可能性があります。高い確率でガンになるには、0.08mg=80マイクログラムを吸い込む必要があります。ボツリヌス毒（しわ取り用の薬として広く使われている有名なボトックスの活性成分）の致死量は、約0.070マイクログラム＝70ナノグラムと推定されます[13]。つまり、ボツリヌス毒のほうが、1000倍以上も毒性が強いのです。プルトニウムが人類が知る限りでもっとも危険な物質だ、という話は嘘です。都市伝説です。しかし、プルトニウムは、少なくとも塵状になった場合は、ひじょうに危険です。

0.08mg＝80マイクログラムを吸い込むのは、たやすいことでしょうか。肺の重要な部分にまで達するには、粒子は3ミクロンくらいの大きさでなければなりません。この大きさの粒子の質量は、約0.140マイクログラムです。80マイクログラムになるには、80/0.140＝560個の粒子が必要です。そのいっぽう、炭疽菌の致死量は、同じくらいの大きさの粒子で1万個になると推定されます。つまり、塵状のプルトニウムが大気中に拡散すると、炭疽菌よりも危険です。ただし、その効果は炭疽菌ほど早くは現れません。

プルトニウムを塵状にして空気中に拡散させるのは、簡単なことなのでしょうか。ほとんどの人は、ひじょうに難しいことだと思っています。しかし、聞くところによると、プルトニウムを気化させると、ちょうど適当なサイズの小滴になるのではないか、という話もあります。この小滴は、雨滴のように結合

(13) ボツリヌス毒などの化学薬品の毒性については、人体実験をするわけにはいかないし、多くの人が動物実験にも反対しているので、はっきりとはわからない。ボツリヌス毒のLD50は、一説では、(70ナノグラム) ではなく、3ナノグラムとも言われている。

して大きな粒子にならないように、分離した状態を保たなければなりません。プルトニウムを気化させる実験では、臨界サイズの粒子は形成されません。しかし、あらゆる状況を想定して、どんなことが起きるかを正確に予想することは、困難です。

金属プルトニウムの固まりは、大して危険ではありませんが、放射性のアルファ崩壊によって耐えず放出されているエネルギーのために発熱しています。実際に金属プルトニウムの表面から放出されているのは、アルファ粒子だけですし、このアルファ粒子は、皮膚の角質層（死んだ層）を透過するほどのエネルギーは持っていません。

17億年前のアフリカの天然の原子炉

1972年、アフリカのガボン共和国のオクロ鉱山でウランを採掘していたフランス人たちは、ウラン235の含有率が0.7パーセントではなく、0.4パーセント程度しかないことに気づきました。最初は、何者かがウラン235を盗掘（とうくつ）したのではないかと疑いました。しかし、どうすればウラン鉱からウラン235だけを抜き取ることができるのか、それは誰にもわかりませんでした。

フランスの科学者たちが調べた結果、減少したウラン235は、およそ17億年前に起きた核分裂によって消費されたことがわかりました。17億年前は、鉱石に含まれるウラン235の比率は、（ウラン235はウラン238よりも崩壊速度が速いので）いまよりずっと高かったはずです。天然ウランのウラン235の含有率は、現在のように0.7パーセントではなく、3パーセント以上はあったでしょう。

3パーセントなら、減速材の役目を果たす水がまわりにあれば、原子炉で使える濃度です。まさにその通りのことが、17億年前のガボンで起こったようです。地中にしみこんだ水が、中性子を減速し、ウランの鉱床を天然の原子炉に変えました。原子炉が過熱して水が蒸発すると、減速効果が低下します。そのため、この原子炉では自己制御が行われていて、爆発することはありませんでした。出力は数キロワットだったと推定されます。ガボンでは、かつて原子炉だった場所が、3つの鉱床(こうしょう)で15箇所発見されています。

しかし、ウラン235が燃えれば、元のレベルの3パーセントから下降していきます。その代わり、プルトニウムと核分裂片が生成されます。最終的に、ウランの濃度が低下して、原子炉は停止しました。驚くべきことに、豊富な地下水があるにもかかわらず、プルトニウムと核分裂片が17億年もの年月をかけて岩の間に浸透した範囲は、10メートル足らずしかありませんでした。

原子炉で必要となる燃料の量

原子炉で1ギガワットの電力を1年間生産しつづけた場合、いくらかのウランを消費しなければなりません。その量は驚くほどわずかです。(純粋な)ウラン235で、重さが約1トン、体積が約0.03立方メートルになります。これだけのウラン235が含まれる通常のウランは、1辺が2メートルの立方体(8立方メートル)です。もしこの数値を算出した計算方法に興味があるのなら、次の自由選択学習を見てください。

自由選択学習：ウラン235の必要量の計算

1ギガワットの発電所を1年間操業するために必要なウラン235の量を計算しましょう。ここでは、近似値を求めるための簡略化した計算方法を使います。前述したように、ウラン235は1回の核分裂で約200MeVのエネルギーを生み出します。これをジュールに換算しましょう。$1eV=1.6\times10^{-19}$ジュールだから、$200MeV=200\times10^{6}\times1.6\times10^{-19}\approx3\times10^{-11}$ジュールになります。

1年間に1ギガワットのエネルギーを得るには、どれくらい必要でしょうか。1年は3×10^{7}秒です(14)。1ギガワットは10^{9}ジュール/秒です。1年間のエネルギーをジュールに換算すると、$E=10^{9}\times3\times10^{7}=3\times10^{16}$ジュールです。

すると、必要な核分裂の回数Nは、必要なエネルギーを核分裂1回当たりのエネルギーで割ったものになります。$N=(3\times10^{16}$ジュール$)/(3\times10^{-11}$[1回の分裂当たり]$)=10^{27}$が必要な分裂の回数です。したがって、1年間1ギガワットの電力を生み出すためには、ウラン235の原子が10^{27}個必要ということになります。

これは、すべてのエネルギーが電力に変換されると仮定した上での計算です。しかし、実際はそうはいきません。電力に変

---

(14) 1分を60秒、1時間を60分、1日を24時間、1年を365日とすると、1年は$60\times60\times24\times365=3.16\times10^{7}\approx3\times10^{7}$秒になる。

換されるのは、3分の1程度です。だから、実際には、3×10^{27}個のウラン235の原子が必要です。

1モルには、6×10^{23}個の原子が含まれています。だから、(3×10^{27})/(6×10^{23})=5000モルが必要です。1モルの重さは、(1つの原子には235個の陽子と中性子が含まれていますから)235gです。したがって、必要な量のウラン235は、$5000\times235\approx10^6$g=1トンになります。ウランの密度は、19g/cm^{3}です。したがって、ウラン235の必要量10^6gは、体積にすると$10^6/19\approx5$万cm^{3}で、これは1辺が37センチの立方体になります。

このウラン235が天然ウランに含まれている量は、たった0.7パーセント、つまり0.007です。すると、1年間原子炉を運転するために必要な天然ウランの総量は、およそ1トン/0.007=140トン=140×10^6gです。密度が19g/cm^{3}ですから、体積は(140×10^6)/(19)=7.4×10^6 cm^{3}であり、これは1辺が約2メートルの立方体になります。

④放射性廃棄物

ウランの核分裂片は、すべてウランから生じたものですから、その重量はもとのウランとほとんど変わりません。つまり、原子力発電所を1年間操業すると、約1トンの核分裂片が生成されます。そして、ほぼ同量のプルトニウムも生成されるでしょう。プルトニウムは、ほかの原子炉で燃料として利用できますから、潜在的には有用なものですが、現時点では(アメリカでは)廃棄物の一部とみなされます。これは、前述した「プルト

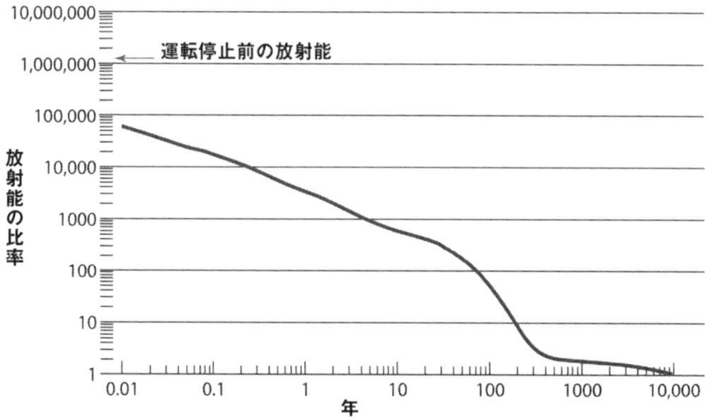

図 5.10　原子炉で使うウラン鉱と比較した核廃棄物の放射能の強さ。プルトニウム廃棄物はこのグラフには含まれていない。

ニウム経済」を回避するための措置です。プルトニウムは、半減期が長い(2万4000年)ので、核分裂片よりもずっと低放射能です。ただし、放射能がなくなるまでには長い時間を要します。

核分裂片は、濃縮すれば体積は数十リットル程度にしかなりません。しかし、核分裂片のような放射性の高い物質を濃縮するのは、コストがかかりますから、通常はもっと大量の未使用の燃料（おもにウラン238）の中に混在した状態になっています。核分裂片の混ざった燃料は、高レベルの放射性廃棄物です。

ほとんどの核分裂片は、放射性です。核分裂片のなかには、半減期が数秒のものもあれば、数年のものもあります。核分裂片の5パーセントを占めるストロンチウム90の半減期は、28年です。

原子炉を停止する（減速材を排出するか、または、中性子を吸収する特殊な制御棒を挿入する）と、連鎖反応は止まりますが、残った核分裂片の放射性崩壊によって、原子炉は熱を放出しつづけます。そのため、出力は徐々に低下するものの、原子炉は放熱を続けることになります。この熱が、のちほど説明するチャイナ・シンドロームの原因になるのです。

時間の経過による核分裂片の放射能の変化をグラフにしたものが、図5.10です。このグラフをよく見てください。これには、原子力や核廃棄物に関心を持つすべての人にとってひじょうに重要な情報が含まれています。左端の縦に並んだ数値は、地下から掘り出した時点のウランの放射能と比較した放射能のレベルを示したものです。原子炉の稼動中には、元のウランの100万倍以上の放射能があります。原子炉を停止すると、連鎖反応による放射能はすぐに止まりますが、大量の核分裂片があるため、放射能は前のレベルの7.3パーセントまでしか低下しません。まだ、元のウランの10万倍近くもあります。しかし、このうちの多くは、半減期の短い核分裂片によるものであり、こうした核分裂片は急速に崩壊していきます。１年たつと、放射能は元のウランの8000倍まで低下します。100年たつと、わずか100倍程度にまで下がり、１万年後には元のウランよりも低くなります。

このグラフは、ある意味では不正確です。というのは、廃棄物に含まれているプルトニウムが除外されているからです。アメリカでは（フランスとは違って）廃棄物にプルトニウムが含まれています。そのために、多くの人たちが、廃棄物を長期間保管しなければならない（プルトニウムの半減期が2万4000

年だから）と考えています。しかし、多くの科学者が、プルトニウムは危険な放射性元素のリストに入れるべきではない、と言っています。というのは、プルトニウムは水にひじょうに溶けにくく、地下水を汚染する可能性が低いからです。しかも、プルトニウムを摂取した場合のLD50（50パーセント致死量）はひじょうに高く、約0.5グラムです。プルトニウムは、微粒子になったものを肺に吸い込んだ場合には危険ですが、地下水については心配はいりません。

チャイナ・シンドローム——想定上最悪の原子炉事故

「チャイナ・シンドローム」という言葉を最初に思いついた人は、変わったユーモアセンスの持ち主でしょう。チャイナ・シンドロームとは、考えうる最悪の原子炉事故を表す言葉です。（ほとんどの人たちはチャイナ・シンドロームよりもさらに悪い事態、つまり原子炉が核爆発はすることもあると考えているようです。しかし、すでに述べたように、原子炉のウランはそれほど高濃度に濃縮されてはいませんから、爆発することはありえません）。

チャイナ・シンドロームは、通常は連鎖反応によって沸騰している水が、突然漏れ出してなくなってしまうことによって起きます。外に漏れ出てしまうと、沸騰する水はもうありません。「冷却材流失」事故が発生したら、どうなるのでしょうか。想像できますか。

最初に起きる事態は、ほとんどの人にとって予想外のことでしょう。連鎖反応が停止するのです。というのは、冷却水は、中性子の速度を落とす減速材の役割も果たしているからです。水がなくなると、中性子は減速されません。すると、ほとんどの中性子はウラン238に吸収され、連鎖反応が続かなくなり、核分裂は停止します。

連鎖反応は止まりますが、核分裂片からの「廃熱」はまだ放出されています。冷却水がないので、原子炉の温度はどんどん上がっていきます。ついには、燃料が溶融します。燃料は、容器を溶かしてその下にしたたり落ち、鋼鉄の原子炉容器の底に液だまりをつくります。燃料の液だまりの温度は、さらに上昇していきます。そして、鋼鉄の原子炉容器までが溶け出し、燃料は地面に落ちます。それでもまだ温度の上昇は止まりません。土や岩を溶かしながら、下へ下へと沈んでいき、最後には「中国まで」突き抜けてしまいます。

というのは、あくまでも架空の話です。実際には、燃料が中国まで達することは絶対ありません。(そもそも、アメリカから見た地球の反対側は中国ではありません)。燃料はそんなに遠くまでいきません。なぜなら、燃料は拡散して、その結果温度が下がるからです。しかし、そこに至るまでに、燃料を環境から隔離(かくり)する鋼鉄の容器が破られてしまいます。その結果、燃料ペレット内のガスがすべて大気中に漏れ出します。チェルノブイリでもっとも大きな被害をもたらしたのは、こうしたガス(とヨウ素などの揮発性(きはつせい)元素)でした。

チェルノブイリ事故による想定死者数は2万4000人（線形仮説に従った場合）

原子炉には大量の放射能があります。（もし口から摂取すれば）5000万人の命を奪うことができるほどの量です。わずかな量が大気中に漏出しただけでも、甚大な被害をもたらす可能性があります。チェルノブイリ事故で予想される死者の数は、線形仮説にしたがうなら、約2万4000人です。チェルノブイリ以上の事故というのは、ちょっと想像できませんから、2万4000人という予想は、5000万人よりもずっと妥当な推定値でしょう。もちろん、人口密集地のど真ん中で事故が起きれば、その被害はチェルノブイリを上回るものになるでしょう。

しかし、2万4000人の死者というのも、空恐ろしい数字です。原子力にはそれほどの価値があるのでしょうか。どうして、何かほかのもの、たとえば、太陽光などを利用しないのでしょう。おそらく、太陽光が石油くらい安くならない限り、人々は使いたがらないのではないでしょうか（あなたが生きているうちには、いずれ太陽光も石油並みのコストになるでしょう）。だから、それまでは、石油のように安全なものを使うことにしましょう。

とはいえ、石油は、本当に安全なのでしょうか。石油は、大量の二酸化炭素を大気中に排出します。その結果については、さまざまな議論がありますが、ほとんどの人は、重大な地球温暖化を引き起こすと考えています。地球が温暖化すると、どんな被害が出るのでしょうか。2万4000人の死者と比べて、どれくらい大きな問題なのでしょうか。

危険なものは、ほかにもいろいろあります。ボパールの悲劇を知っていますか。よく知らないのなら、インターネットで調べてみてください。1984年に、インドのボパール近郊にある化学工場からガスが流出し、5000人が死亡しました。この事故による最終的な犠牲者の数は、2万人に達するだろうと推定されています。

避難活動のパラドックス——発ガン率1%上昇は多いか少ないか

チェルノブイリ地方に残留する放射能の大部分は、核分裂片のセシウム137の崩壊によるものです。一切居住が認められていない「立入禁止区域」の年間の被曝線量は、自然バックグラウンドの10〜15倍の約3レム（30ミリシーベルト）です。もしそこに10年間居住したとすると、被曝線量は約30レムになります。前述したように、発ガン量は2500レム（25シーベルト=2万5000ミリシーベルト）ですから、この立入禁止区域に居住した場合の過剰発ガン率はおよそ30/2500=1.2パーセントです。つまり、ここに10年住みつづけた場合、ガンで死ぬ確率は、約20パーセントから21パーセントに増えます。

この地域の立入禁止措置は、続けたほうがいいのでしょうか。リスク増加は大きくないような気がします。しかし、この地域に100万人が移住したと仮定してください。ガンになる確率が1パーセント余計に増えるということは、1万人の人が死ぬということなのです！

もしわたしだったら、ほかの土地に移住するよりも、ガンになる確率が高くなるほうを選びます。しかし、住む場所を自分で選ぶというわたしの権利をもし政府が認めないとしたら、それは不当なことなのでしょうか。結果的にいえば、政府はその判断で1万人の人の命を救うことになるのです。

このパラドックスに対して、わたしは答えが出すことができません。こうしたリスクを評価する場合、合理的な判断力を持つ人たちであっても、どんな結論に達するかは、人によって大きく異なるはずです。

制御核融合発電（コントロールされた水爆）は可能か？——3つの方法

制御されていない核融合が、水素爆弾です。核融合を制御して発電に利用することは、可能なのでしょうか。核融合は1950年代からの夢です。原理上、核融合発電所では、希少なウランやプルトニウムを燃料とするのではなく、海の水にふんだんに含まれている水素を使うことができます。たしかに、水素を抽出しなければなりませんが、それに要するエネルギーは、核融合によって放出される膨大なエネルギーと比べれば、微々たるものです。

普通の水素も燃料として使えますが、実用的な理由から、おそらく最初は重水素同位体が燃料になるでしょう。というのは、ジュウテリウム（重水素）とトリチウム（原子核に中性子が2個ある三重水素）の反応には、それほどの高温は必要ないからです。ジュウテリウムは、普通の水に6000分の1の比率で含まれていて、抽出も難しくありません。トリチウムは希少ですが、リチウムに中性子をぶつけてつくることができます。実に好都合なことに、中性子は核融合のプロセスで生成することができますから、発電所で自前のトリチウムをつくることも可能なのです。だから、最初の核融合発電所では、ジュウテリウムとリチウムを基本的な燃料として使うことになるでしょう。

必要な燃料の量は、驚くほどわずかです。1ギガワットの発電所で使うジュウテリウム＋リチウムの総重量は、年間たった100kgでよいのです。これは、核分裂発電所を1年間操業するために必要なウラン235の重量の約10パーセントです。

制御核融合を実現するために、いくつものテクノロジーの研究開発が進められています。前にも言いましたが、核融合の主な問題は、水素の原子核がその電荷のために互いに反発し合うことです。水素爆弾の場合、そうした反発力は、起爆剤となる第一段階の核分裂爆弾の高熱から得られるひじょうに大きな運動エネルギーによって、抑え込むことができます。水素爆弾が別名「熱核爆弾」と呼ばれるのは、そのためです。これと同じような方法を応用して、水素を摂氏何百万度もの高温にして核融合を行うことも可能です。問題は、どんな材質のものであっても、これほどの高温になれば、圧力が高くなって爆発してしまうことです。そのうえ、高温の水素は、それを収容しているいかなる物理的な容器も、その熱で溶かして蒸発させてしまいます。

この問題に取り組むには、3つの方法があります。そのひとつは、密度の低い水素ガスを使い、たとえ高温になっても圧力が高くならないようにする方法です。これは「トカマク」法と呼ばれます。2つ目は、小さな規模で水素を爆発させる方法です。これは、「レーザー核融合」という技術です。３つ目の方法は、まだ実現の見込みが立っていませんが、これは、低温の水素を使い、熱以外のものを利用して核融合を行う方法です。これは、「常温核融合」と呼ばれています。では、この３つの方法を順番に見ていくことにしましょう。

トカマク炉による方法

トカマク炉では、固体や液体ではなく、気体の水素を使います。この水素ガスは、水素原子から電子が分離するほどの高温です。この状態の気体を、専門用語で「プラズマ」といいます。つまり、原子のように結合されていない電子と原子核で構成された気体です。この気体は、あまりにも高温なので、通常の容器に入れることはできませんから、磁力を利用します。原子核が動いている限り、この磁場は原子核を内側にとどめておこうとします。この原子核は、普通の水素ならただの陽子ですが、重水素を使う場合は、（陽子１個と中性子１個が結合した）重陽子と（陽子１個と中性子２個が結合した）三重陽子になります。

トカマクは大がかりな原子炉で、高額な費用がかかりますが、まだほんの実験段階です。ITER（国際熱核融合実験炉）と呼ばれる大型のトカマクが、フランスで建設されており、2016年ごろまでには運転を開始する予定になっています（図5.11）。

炉の内部はドーナツ型の空洞になっており、稼動時には真空になります。この空洞の容積は840立方メートルあります。水素プラズマは、磁場の変化に応じて、トカマク炉のドーナツ型の空洞の中を回転しながら、温度を上げていきます。プラズマ

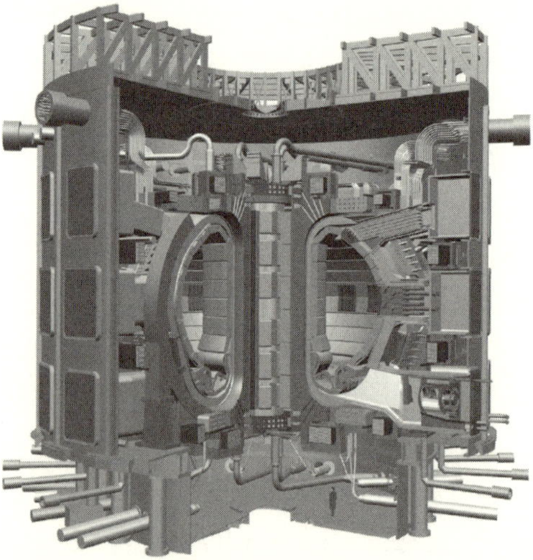

図 5.11　ITER のトカマク炉の略図。炉の底部の近く（中央よりやや右寄り）にいる人に注目してほしい。ITER とは、そもそも International Thermonuclear Experimental Reactor（国際熱核融合実験炉）の略である。トカマク炉は現在フランスで建設中である。完成は 2018 年の予定。（イラスト提供：米エネルギー省）

の温度が十分に上がると、ジュウテリウムとトリチウムが核融合を起こして、ヘリウムと中性子になります。このとき発生するエネルギーのほとんどは中性子が運び去り、その中性子をリチウムの「ブランケット」が吸収します。そして、このリチウムが発する熱を利用して、発電を行います。また、この中性子は、リチウムの原子核を分裂させ、燃料として利用できるトリチウムの原子核に変えます。

ITER の目標は、0.5グラムの DT（ジュウテリウム＋トリチウム）燃料を使って、8分間で0.5ギガワットの熱出力を出すことです。トカマクは、もし期待通りに動けば、動力炉の最終的な設計に向けての大きな前進になります。とはいえ、本格的なトカマク動力炉が完成するまでには、おそらくあと20年以上はかかるでしょう。

レーザー核融合による方法

レーザーを使えば、大量のエネルギーを小さな物体に送ることができます。そこで、アメリカのエネルギー省では、大型（大きなビル1つ分くらい）のレーザー照射装置で、ジュウテリウムやトリチウムのペレットを加熱して熱核融合を起こす大がかりな実験計画を進めています。1つのペレットに入っている燃料はごく少量ですから、安全に核融合を起こすことができます（熱核爆弾では、起爆剤となる核分裂爆弾が連鎖反応を起こす量でなければならないため、少量の燃料で核融合を起こすことは不可能です）。

レーザー核融合は、いまのところ実用化の目途は立っていません。現在レーザー核融合を開発中のNIF（国立点火施設）のレーザー装置（図5.12）は、500兆ワット（5×10^{14}）のエネルギーを送ることができます。これは、アメリカの電気出力の1000倍です。ただし、エネルギーを送るのは、わずか4ナノ秒です（ナノ秒＝10億分の1秒。光が30センチだけ進める時間）。この4ナノ秒の間に放出されるエネルギーは1.8メガジュールで、これを約1立方ミリメートルという小さな範囲に集束します。その目的は、核分裂爆弾を使わずに、（水素の入った）小さなカプセルの中心部を、核融合を起こすほどの高

図 5.12　ローレンス・リバモア国立研究所の NIF レーザー核融合施設。この実験の目的は、レーザーを使ってペレットを爆縮し、トリチウムとジュートリウムの熱核融合を起こすことである。（写真提供：米エネルギー省）

温にすることです。この種の制御核融合（CTF）は、いつの日か発電に利用できるようになるかもしれませんが、NIF は発電に利用できるほどの速いサイクルでは動かせません。

1.8メガジュールというエネルギーは、1.5オンス（45cc）のガソリンと同じエネルギーですから、あまり大きなエネルギーではありません。NIF の目的は、このささやかなエネルギーを瞬時に送ることによって、カプセルを一気に高温にして核融合を起こすことです（図5.13）。

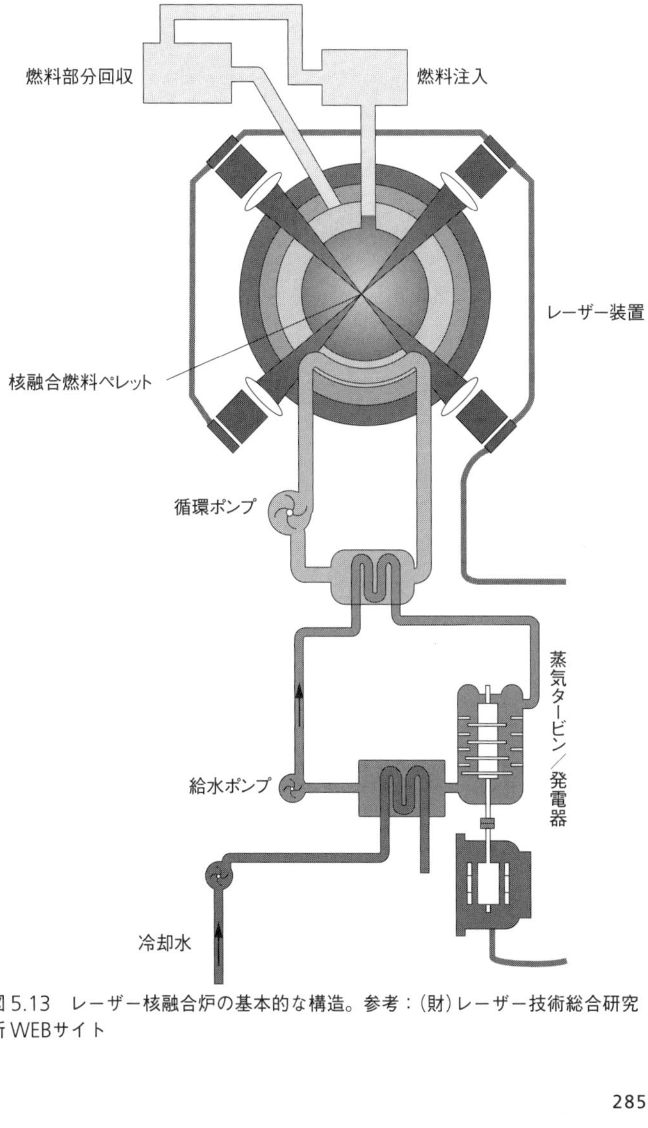

図 5.13　レーザー核融合炉の基本的な構造。参考：(財)レーザー技術総合研究所WEBサイト

常温核融合による方法

核融合を起こすには、2つの原子核が触れ合わなければなりません。原子核同士の接触は、電気斥力（せきりょく）が強い（どちらの原子核も正の電荷を持っている）ため、簡単にはいきません。ひとつの解決法は、粒子の速度を、この斥力を上回るほどの高速にすることです。熱核融合の場合は、物質を高温に加熱することによって、この速度を与えます。

これとは別に、高い電圧をかけて、1度に1個ずつ原子核を加速する方法もあります。実際に、そうした加速装置が、医療用の放射性同位体を生成したり、油井（ゆせい）の岩盤の測定（油井ボーリング検層）に使う中性子源をつくるなど、さまざまな目的で、ごく小規模な核融合を起こすために用いられています。こうした装置では、通常、比較的低いエネルギーで核融合を起こす水素の2つの同位体、ジュウテリウム(D)とトリチウム(T)を使います。DとTは融合して、ヘリウムと中性子になりますが、この中性子を利用します。そこで、こうした装置は、しばしば「DT中性子源」と呼ばれます。では、こうした装置は、発電にも応用できるのでしょうか。いまのところ、現存するDT中性子源はどれもみな、生み出す電力よりも、消費する電力のほうが大きいので、実用性はありません。しかし、開発のための努力は続けられています。いつの日か、同じ原理を応用した装置によって発電が可能になるかもしれません。

高温を必要としない核融合のもうひとつ別の方法が、ルイス・アルバレスらのグループによって1957年に発見されました。宇宙線の作用で大気中に生じる「ミューオン（中間子）」

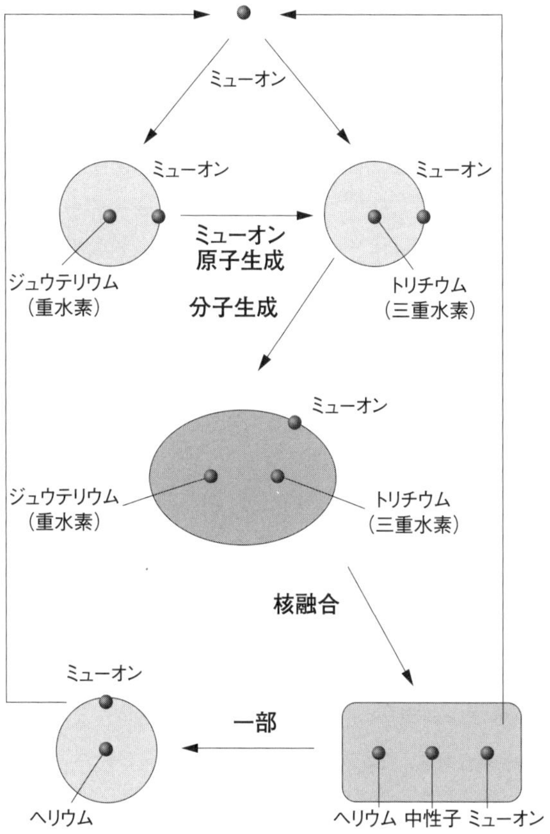

図5.14　ミューオンを触媒として使う常温核融合の、基本的な考え方の図解。核融合を起こすには、ジュウテリウム（重水素）とトリチウム（三重水素）の原子核を一定の距離まで近づける必要がある。しかし両者の核は同じ「正」の電荷を持っているためそのままでは反発してしまう。一般的な核融合では1億度を超える高温によってこの問題を解決し両者を接近させ核融合を起こす。一方、ミューオン触媒核融合では、図のように「負」の電荷を持つミューオンを導入することで、原子核同士が接近しやすくする。

と呼ばれる素粒子があります。ミューオンは負の電荷を持つため、スピードが落ちると、しばしば原子核にくっつきます。ミューオンが水素（重水素）の原子核にくっつくと、その負の電荷によって、陽子の正の電荷が中和されます。こうして電気的に中性化した原子核は、液体中を（自身の持つ熱運動によって）さまよい歩き、やがて別の水素の原子核のごくごく近くにまで近づきます。すると、核力によって、２つの原子核が融合します。このとき、ほとんどの場合、原子核にくっついていたミューオンが飛び出し、ふたたび別の核融合を起こすための「触媒」としてはたらきます（図5.14）。

この種の常温核融合は、当時としては驚異的なことでした。原子核を高温に加熱するのではなく、ただ電荷を無効にするだけなのですから！　こんなことが起こるなどと、誰も予想だにしていませんでしたが、その現象がいったん確認されると、その原理はすぐに解明されました。

このミューオン触媒核融合を利用する実用的な方法は、結局見つかりませんでした。問題は、核融合してできたヘリウムにときおりミューオンがくっついてしまい、新しい核融合を誘発する触媒としてはたらかなくなることでした。いつの日かミューオン触媒核融合が実現することを夢見て、いまなお圧力や温度をいろいろ変えて実験を続けている科学者もいますが、どうも難しそうです。

このミューオンによる方法があと少しでうまくいきそうだったことから、ほかにも常温核融合を可能にする方法があるはずだ、と希望を抱く人たちもいます。1989年、化学者のスタンリー・ポンズとマーチン・フライシュマンが、パラジウム触媒を使って常温核融合に成功した、と発表しましたが、これは実験のデータの解釈を間違えていただけでした。

ほかにもさまざまな核融合の方法が、ときおり報告されています。常温核融合を技術的に不可能だと考える根拠はありませんが、ほとんどの人々はひじょうに悲観的です。というのは、アルバレスが使ったミューオンの代わりになるような適当な代用品がないからです。ほかの化学的方法では、原子１個当たりの標準的なエネルギーが、原子核が互いに近づくために必要なエネルギーの100万分の１にしかなりません。

第6講

電気と磁気

①電気といえば……

- 原子力発電所よりはるかに出力の大きい雷を発生させる。
- ラップトップ型コンピュータの内部で行われるすべての計算のために使われる。
- 無線通信や、電話信号として使われる。
- 少なくとも短い距離では、もっとも便利な（そしてしばしばもっとも安価な）エネルギーの輸送手段である。
- 複雑な全国規模の電力ネットワークを通して、スイッチの切り替えひとつで、家の中に引き込むことができる。
- ひじょうに安全性が高く、家中にコンセントを設置できる。
- 神経細胞が信号を送るために使う。
- 核分裂片は電気斥力（せきりょく）によってエネルギーを得るので、核分裂のエネルギーの元になる。

20世紀は、電気の世紀といってもよいでしょう（もちろん、自動車の世紀とも、飛行機の世紀とも、量子力学の世紀とも、抗生物質の世紀ともいえるかもしれません）。いわゆる「ハイテク」の大部分は、わたしたちの目的に応じて電気を従属させることによって成り立っています。

同じように謎に満ちているのが、磁気です。磁気は、現代のハイテクの世界で中心的な役割を担っています。

②磁気といえば……

- かつては軍事機密だった。
- 電気モーターを回転させる力としてはたらく。
- コンピュータのハードドライブに情報を保存するために使われる。
- 発電のための主要な手段である。
- 堆積岩(たいせきがん)の年代測定に用いられる。
- 拡声器やイヤホンの音を出すために使われる。

さらにいえば、電波や光波(こうは)やｘ線やガンマ線が持つエネルギーは、その半分が電気であり、もう半分が磁気です。

かつては、磁気は電気とはまったく関係がないものと考えられていました。いまでは、磁気と電気の微妙な関係がわかっています。

それにしても、電気とは何なのでしょうか。

③電気

電気とは「電子の移動」のこと

「電気」とは、ふつう電子が移動することを意味します。原子の質量の約1/2000しかないこのちっぽけな粒子は、他の電子や原子に対してひじょうに大きな力――電気力――を及ぼします。

2つの電子を1センチの間隔をあけて置いたとしましょう。まわりにはほかに何もありません。電子はそれぞれ質量を持っていますから、電子の間には互いに引き合う引力がはたらきます。しかし、同じように互いの電子の間にはたらく電気力のほうは、反発する力ですから、相手を遠ざけようとします〔電子の電荷はつねに負の電荷であり、複数の電子はマイナス同士なのでその間には反発しあう力がはたらく〕。しかも、この反発力は引力よりも強く、実に引力の4.17×10^{42}です。書き換えると、417 0000 0000 0000 0000 0000 0000 0000 0000 0000 0000倍になります。ですから、電気力は引力を完全に上回ります。

では今度は、1個の電子と1個の陽子を、1センチの間隔をあけて置いたとしましょう。この2つは互いに引きつけ合い、反発はしません〔陽子は正の電荷を持っているので、負の電荷を持つ電子と引きつけ合う〕。しかし、この力は、2つの電子の間にはたらく反発力と完全に等量です（ちなみに、陽子は電子と正反対の電荷を持っていますが、その理由はわかっていません）。

電荷（でんか）とは「電子が力を及ぼす性質」のこと

電子がその力を及ぼす性質を「電荷(electric charge)」といいます。慣例的に、陽子の電荷は次のように表します。

陽子(proton)の電荷

$q_p=1.6\times10^{-19}$クーロン

この数値を覚える必要はありません。電子(electron)の電荷は、陽子とちょうど逆です。方程式で書くと、$q_e = -q_p$ になります。マイナス記号が前についていますから、電子が及ぼす力と、陽子が及ぼす力が逆だということがわかります。電子の電荷は負電荷です（-1.6×10^{-19} クーロンですが、覚えておくべきことは、マイナスの記号がつく、ということだけです)。

電子１個と陽子１個を組み合わせて、水素原子をつくったとすると、電荷はトータルで0になります。陽子の力と電子の力は逆で、互いに相殺（そうさい）するので、水素原子は他の粒子からの電気力を「感じる」ことはありません。水素原子の電荷は「中性」です。中性とは、構成要素である粒子が電荷を持っていても、電荷のトータル（全電荷）はゼロになる、ということです。

中性子は、陽子とほぼ同じ質量を持っていますが、電荷は0です。なぜでしょう。中性子は、水素原子と似ているということなのでしょうか。水素原子は、＋1の電荷の陽子と－1の電荷の電子からできていて、この２つの電荷が相殺されています。中性子も、その内部で電荷が相殺されているのでしょうか。

答えは、イエスです。中性子は３つのクォークからできています（第４講 P177図4.2参照)。そのうちの１つが「アップ・クォーク」で、残りの２つが「ダウン・クォーク」です。アップ・クォークは（陽子の電荷に換算して）+2/3の電荷を持ち、ダウン・クォークは -1/3の電荷を持っています。つまり、中性子の全電荷は2/3－1/3－1/3=0になります。だから、中性子は中性なのです。

陽子は、アップ・クォーク２個とダウン・クォーク１個からできていますから、全電荷は2/3＋2/3－1/3=1になります。

「電荷は量子化されている」とはどういう意味か

おそらく、事実上すべての電荷は、クォーク電荷の厳密な倍数でしょう。どうしてそうなるのかはわかりません。これを物理学では、「電荷は量子化されている」と言います。粒子が持つ電荷は、－1/3や＋1/3や1、2といった数値はありえますが、1/2や4/5や1.22といった数値はありえません。なぜそうなるのかは、わかっていません。

これは、すべての粒子がクォークからできているからだ、と考えればよいのでしょうか。いいえ、そうではないのです。電子は、クォークからできてはいません。

いまのところまだ証明されていませんが、すべての粒子は「ひも」と呼ばれるものからできている、という新しい理論があります。この理論が正しければ、量子化が生じるのは、すべての粒子が同じ種類のものからできているからだ、ということになります。

電流――電荷を持つ粒子の移動

電荷を持つ粒子が移動することを「電流」といいます。電流は、1秒当たりに流れる電子の数で測ります。もっと実用的な単位は、アンペアです。1アンペアは、1秒当たりに流れる電子の数が6×10^{18}個になります。この数字は覚える必要はありませんが、電流の大きさは1秒当たりに流れる電子の数で測ることは知っておいてください。

電球を流れる電流は、1アンペアくらいが標準です。一般の家庭の配線は、15アンペアくらいの容量があるでしょう。この電流は、冷蔵庫や電灯、テレビ、コンピュータなど、電気を使うすべての機器に振り分けられます。稲妻の電流の大きさは、数千アンペアになります。

懐中電灯の電池から流れる電流も、1アンペアくらいです。懐中電灯の光が標準的な電球ほど明るくないのは、フィラメントが短く、光が弱いからです。

自由選択学習：1日1アンペア使いつづけるといくつの電子が流れたことになるか

おもしろい偶然の一致についてお話しましょう。まる1日1アンペアを使いつづけたと考えてください。合計でいくつの電子が流れたでしょうか。1アンペアは1秒当たりの電子の数が6×10^{18}個で、1日は8万6400秒です。電子の数の総数は、この2つの数の積、つまり、$6 \times 10^{18} \times 86400 \approx 5 \times 10^{23}$になります。これは、ほぼ1モル、つまり1グラムの水素が持つ電子の数に等しい数字です。こう考えてください。1グラムの水素を用意して、そこから電子を取り出すことができれば、1日中1アンペアの電流を流しつづけることができるのです。

電線——電子を通すパイプ

金属には不思議な特性があります。電子は、固体の金属の中をスムーズに流れることができるのです（ガラスにも、光を通すという同じような不思議な特性があります）。

第４講でも述べましたが、原子核が原子の中で占めているスペースはほんのわずかで、たとえていえば、フットボール競技場の中にいる１匹の蚊くらいしかありません。残りのスペースは、電子が占めています。金属の場合、それぞれの原子に含まれる電子の一部は、永久的にそこにくっついているわけではなく、ひとつの金属原子から別の金属原子へと移動できるのです。

電子は、金属の中はスムーズに流れますが、金属の表面から外へ抜け出すことは簡単にはできません。電子は、正の電荷を持つ陽子の引力で引き止められるからです。電子が自由に動けるのは、電子が移動するとき、別の電子が入れ替わるからです。そのため、電流は通常は閉路(へいろ)の中を流れるのです。

みなさんもご存じかと思いますが、ほとんどの（たとえばランプの）電気コードは、２本の電線で組になっています。2本目は、電子が帰っていくための電線です。コンピュータ用の電気コードで、「同軸(どうじく)ケーブル」と呼ばれるものがあります。このケーブルも、２つの経路からできていて、１本の電線のまわりを円筒(えんとう)状の金属のチューブが包むような形になっています。このチューブのほうが、電子の「帰り道」になっています。

鳥が電線に止まっているとき、一部の電子は鳥の体に直接流れ込んでいます。しかし、どこにも行き場所がないため、電子はすぐに別の電子と反発し合い、流れは止まってしまいます。電子の流れを止めるには、ごくわずかな電子があればよいのです。

同じように、人間も、電線にぶら下がって、ほかには何にも触れずにいれば、安全です。このとき、もし別の（電気の帰り道となるような）電線に触れたりすると、大量の電流が体の中を流れることになります。

電流の電子は円形の回路の中を流れるわけですが、電子は、エネルギーや情報を運ぶために利用することができます。水車が水の流れからエネルギーを取り出すのと同じように、電子が電線の中を流れるとき、エネルギーの一部を取り出すことができます。また、ホースで水を流したり止めたりして、信号を送ることができるのと同じように、電子を使って信号を送ることができます。電話線は、音声の振動に合わせて電流を変えることによって、音声を信号として送ります。

電気抵抗とは

電流から電子のエネルギーを取り出すもっとも簡単な方法は、電子の流れによって生じる摩擦を利用するやり方です。こうした摩擦を「電気抵抗」といいます。タングステンなどの一部の金属は、大きな抵抗を持っています。普通の白熱電球のフィラメントは、タングステンでできています。その中を電流が流れると、抵抗(摩擦)によってフィラメントが加熱され、光を放ちます。このように、電流はまず熱に変わり、そのあと光に変わります。

もちろん、壁コンセントと電球をつなぐ電気コードは加熱したくはありませんから、コードの電線には銅などの抵抗の小さい金属を使います。

電気をよく通す物質(たとえばほとんどの金属)を、「導体」といいます。電気をあまりよく通さない物質(プラスティックや岩石や木など)は、「絶縁体」といいます。導体と絶縁体の中間に、「半導体（はんどうたい）」と呼ばれる物質もあります。半導体は、電気の流れをコントロールできるので、ステレオからコンピュータまで、エレクトロニクスの分野で重要な役割を果たしています。

抵抗がゼロの物質——超伝導体

超伝導体（ちょうでんどうたい）とは、抵抗がゼロの物質です。つまり、電気の流れをまったく妨（さまた）げません！　超伝導体で環状回路をつくれば、エネルギーの供給源が一切なくても、電流は回路の中を何十年でも流れつづけます。この現象は、地球が太陽のまわりを回っているのと似ています。摩擦がなければ、地球は永遠に回りつづけます。

残念ながら、現在わかっている超伝導体はすべて、低温でしかゼロ抵抗の特性を発揮することができません。もし「常温」の超伝導体が発見され、製造できるようになれば、電気の使い方に革命が起きるでしょう。現時点では、抵抗のある電線に電気を通しているために多くのエネルギーがむだになっています。だから、本当に常温の超伝導体ができれば、エネルギーの輸送方法に大変革が起きます。

どうして電気は摩擦なしで金属の中を流れることができないのでしょうか。その答えは何十年もの間わかりませんでしたが、最近になってその秘密が量子力学に隠されているらしいことがわかってきました。これについては、第11講で説明します。

電線を冷却するには、低温の液体に浸（ひた）すのがもっとも簡単な方法です。最初の超伝導体は、液体ヘリウムに浸して、低温を保ちました。液体ヘリウムは、4K——絶対零度（摂氏−273度）

より4度高い温度——で沸騰します。つまり、ヘリウムが液体である限り、低い温度が保たれているということです。第4講で述べましたが、ヘリウムは地球の地殻で発生するアルファ粒子によってつくられます（P209参照）。そうしたヘリウムは、油井や天然ガス田から採集します。油井やガス田が枯渇したら、ほかにはもうヘリウムの供給源はありません（太陽の10パーセントはヘリウムですが、それは簡単には手に入りません）。

30年前、油井やガス田から出たヘリウムはほとんどが廃棄されていました。ヘリウムに対する需要は、その採集にかかるコストに見合うほど大きくなかったからです。現在、アメリカでは、石油会社やガス会社に対して、ヘリウムの回収と保存が法律で義務づけられています。これは、将来、超伝導のために必要になるかもしれないからです。

「高温」超伝導体

1987年のノーベル物理学賞は、比較的高い温度で超伝導になる物質を発見したゲオルグ・ベトノルツとカール・ミュラーが受賞しました。現時点で、もっとも高温の超伝導体は、約150K、摂氏－123度で機能します。「高温」というにはずいぶん低い温度ですが、現在はこれが精一杯なのです。

科学者がこの温度を「高温」と言うのは、ひとつには、これが、液体窒素の沸点の77K（摂氏－196度）よりも高い温度だからです。窒素は、空気の80パーセントを占める物質です。つまり、無尽蔵にあります。ヘリウムとは比べ物になりません。窒素の液化に要するコストは、1クオート（0.946リットル）

当たり約1ドルですから、牛乳やミネラルウォーターくらいの費用です。液体窒素で十分に冷却できる超伝導体のほうが、原理上はるかに実用的です。

では、どうして、すべての送電線を超伝導の電線にしないのでしょうか。それは、高温超伝導体はどれもみなもろく、実用に耐える電線の製造には適さないからです。とはいえ、特殊な用途には応用されています。また、そうした電線が商用送電に使えるかどうかを確かめる実験が、現在デトロイトエジソン電力会社で進められています。

もちろん、液体窒素を使って冷却しても、ある程度の電気のロスは出ます。液体窒素が蒸発したら、交換用の液体窒素をつくるために電力が必要になります。だから、そのための送電線にもエネルギーが必要になります。

超伝導の電線で送ることができる電流量には、限界があります。大電流はひじょうに強い磁場を発生させますが、強い磁場は、高温と同じように、超伝導を無効にしてしまうのです。送電線を流れる電流量は、断面積によって決まります。超伝導体のなかには、1平方センチ当たり数百万アンペアの電流を送ることができると報告されているものもあります。

こぼれ話：理論的には、水素を強い圧力で圧縮すると、金属になります。木星の中心核は超伝導の水素でできているかもしれません。

ボルト——電子エネルギーの測定単位

アンペアは、ある一点を1秒間に流れる電子の数を表します。

「ボルト」は、電子のエネルギーを表します。電子ボルト(eV)というエネルギー単位は、次のように定義されます。

電子ボルト(electron volt)

1eV=1.6×10^{-19}ジュール(覚える必要なし)

カロリーが物質の1グラム当たりの化学エネルギーの標準的な量を表すように、eVは原子や分子1個当たりのエネルギーの標準的な量を表します。これは役に立つことですから、覚えておいてください。

1eV=原子または分子1個当たりの標準的なエネルギー

以下にボルトで表される主要な数値を挙げます。

原子内の電子1個の標準的なエネルギー	1ボルト
TNTの分子の1個当たりのエネルギー	1ボルト
懐中電灯の電池	1.5ボルト
アメリカの家庭の電圧	110ボルト
ヨーロッパの家庭の電圧	220ボルト
テレビのブラウン管の電圧	5万ボルト
原子核から放出されるアルファ粒子	100万ボルト

ボルトの数値が低い電子は、あまり危険ではありません。懐中電灯の電池の標準的な電圧は、1.5ボルトです。この電池は、

エネルギーが1.5ボルトの電子を生み出します。このくらいの電池なら、素手で持ってもまったく危険はありません。もし電池の電極のところを舌でなめたとしても、ピリッとくるくらいです。ただし、電圧がもっと大きな電池の場合は、同じことはしないでください。エネルギーの大きい電子のせいで、舌を火傷(やけど)するかもしれません。

静電気の火花発生のメカニズム

ドアノブに触ったときに、指先のあたりに火花が飛んだ、という経験はありませんか。あれは「静電気」と呼ばれるものです。静電気が起きるのは、足と地面との摩擦によって電子が放出され、体にくっつくためです。こうした電子は、人の体にとどまるという意味で、静止しています。静電気は、金属のドアノブのような良導体に触れるまで、人の体から出ていきません。分厚いカーペットを靴底でこするようにすれば、もっと多くの電子が体にくっつきます。また、くしで髪の毛をとかせば、その摩擦でくしに電子がくっつきます。ちょっと試してください。くしで数回手早く髪をといて、そのくしをごく小さな(数ミリ程度の)紙片に近づけてみてください。くしの電子が、紙片を引きつけるはずです。

空気に湿り気があると、体内の静電気は空気中に抜け出していきます。しかし、湿度がひじょうに低い(空気中の水分がひじょうに少ない)日には、空気は不良導体であるため、電子は体の中にとどまります。この電子は、体の中を動き回ることができます。なぜなら、塩分を含む血液は電気をひじょうによく通すからです。しかし、体に過剰電子を帯びたまま金属製のものに指を近づけると、電子が飛び出し、電気の流れが生じて火花となって見えるのです。

この火花の電圧は、おそらく4万〜10万ボルトになるはずです！　とはいえ、体内に滞留（たいりゅう）していた電子の数はごくわずかですから、電流は弱く、死ぬようなことはありません。もっとも、テレビのブラウン管の裏にかかる電圧も同じ程度ですが、これはひじょうに危険です。感電した場合に体に流れ込む電流の量が、はるかに大きいからです。

電力を知るには、電子１個当たりのエネルギーと１秒当たりに移動する電子の数を知らなければなりません。これは、水の流れにも当てはまります。水の速度と１秒間に流れる水の量（体積）を知る必要があります。

バンデグラーフ発電機という装置を使えば、静電気の実験ができます。この装置は、ゴムベルトとウールの摩擦から生じる電荷を金属の球体に集める仕組みになっています。この球体の電圧は、ほんの数秒間もあれば、10万ボルトに達します。しかし、充電量はごくわずかなので、発生する火花は危険ではありません。初めて100万ボルトの電圧を生み出すことに成功したのは、大型のバンデグラーフ発電機を使うことによってでした（図6.1)。

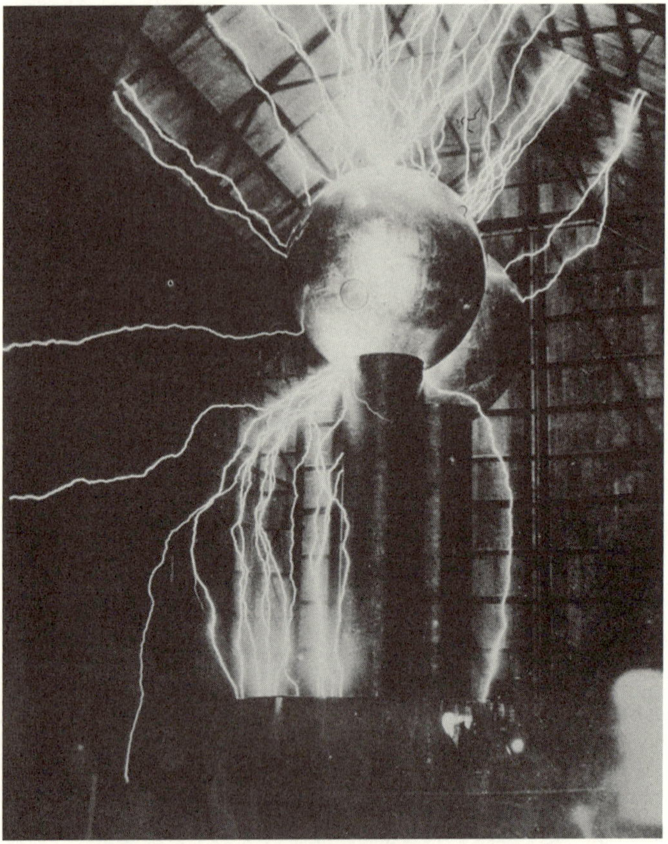

図 6.1　MIT の大型バンデグラーフ発電機（写真提供：米エネルギー省）。

④電力

電力（ワット）＝電圧（ボルト）×電流（アンペア）

電子によって運ばれる電力は、電子のエネルギーと１秒間に流れ込む電子の数によって決まります。前者が電圧〔単位はボルト〕で、後者が電流〔単位はアンペア〕です。この２つを掛け算して出た数値が、電力です。

この計算を、１ボルト１アンペアの小さな電池を例にして、やってみましょう。１ボルトの電子のエネルギーは、1.6×10^{-19}ジュールです。１秒当たりの電子の数は、１アンペア$=6 \times 10^{18}$です。この２つをかけると、$1.6 \times 10^{-19} \times 6 \times 10^{18} \approx$ １ジュール／秒＝１ワットになります。これは偶然の一致ではありません。こうした数値は、正確にこうした計算結果になるように、そもそもできているのです(1)。ここは重要なポイントですから、次のルールを覚えておいてください。

電力（ワット）＝ボルト×アンペア

ここで、もうひとつ実例を挙げましょう。110ボルト１アンペアの電球があるとします。電力は、$110 \times 1=110$ワットです。

---

(1) 1eVのエネルギーは正確には1.6×10^{-19}ジュールではない。もっと正確にいうと、$1eV=1.60217733 \times 10^{-19}$である。１アンペアも、１秒間の電子の数は正確には$6 \times 10^{18}$ではなく、もっと正確な数値は１アンペア$\approx 6.2415064 \times 10^{18}$／秒である。

この電球を１時間点灯したとすると、エネルギーの総量は110ワット時 =0.11キロワット時になります。

さらに、もうひとつ例を挙げます。３ボルトで（〔1.5ボルトの〕電池２本を直列につないで）１アンペアを使う懐中電灯があるとしましょう。すると、使用する電力は３ボルト×１アンペア＝３ワットです。もし電池が１時間持ったとしたら、出力されるエネルギーは３ワット時になります。

ここで注意してほしいのは、電圧が高いからといって、必ずしも電力が大きくなるとは限らない、ということです。アンペアが小さければ、電圧が高くても安全な場合もあります。ですから、わたしは実際にバンデグラーフ発電機から飛び出す火花を自分の手で受け止めてみましたが、痛みは感じませんでした。

静電気は高電圧×低電流。雷は高電圧×高電流

さきほども言ったように、ドアノブに触れたときに飛ぶ火花のエネルギーは、４万ボルト以上になることもあります。しかし、人の体内には、通常あまり多くの過剰電子はありません。標準的な数は、せいぜい10^{12}くらいでしょう(2)。ずいぶん大きな数のように思うかもしれませんが、物質１グラム当たりの原子の数よりもずっと少ないのです。電流が小さければ、電力も小さくなります。

---

(2) 電気工学を学んだ人のために、この数値を求めたわたしの計算の仕方を説明しておこう。電子のエネルギーを V=4万eV と仮定し、わたしの手の静電容量を C=10ピコファラドと仮定する。すると、電荷は Q=CV クーロンになる。1.6×10^{-19}で割ると、電子の数が出る。エネルギーは $E=1/2CV^2$ ジュールである。

実際に、こうした電子が1ミリアンペア（1アンペアの1000分の1、電球に流れる電流の1000分の1）で流れるとすると、電子は1000分の1秒で全部出て行ってしまいます。電子の総エネルギーは0.01ジュールで、1カロリーの1000分の2以下です。この数字は、覚える必要はありません。覚えておいてほしいのは、電流が小さくて、それほど長い時間続かないのなら、電圧が高くても危険ではない、ということです。

指先から飛んだ小さな火花と比べて、雷は高電圧、高電流です。標準的な雷は1000万ボルト、10万アンペアですから、電力は1テラワット＝10^{12}ワット＝1000ギガワットになります（大型の商用発電所が1ギガワットです）。しかし、この電力は10万分の3秒くらいしか続きません。つまり、エネルギーは、$10^{12} \times 30 \times 10^{-6} = 30 \times 10^{6}$ジュールになります。これを、4200（1キロカロリーに相当するジュールの数値）で割ると、およそ7000キロカロリーになります。これは、爆薬7000グラム＝7キログラムに相当するエネルギーです。そのため、雷は、人の命を奪ったり、木をなぎ倒したりすることはありますが、有用なエネルギー源になるには小さすぎるのです。

電気とカエルの足とフランケンシュタイン

1786年、電気の先駆者のひとり、ルイジ・ガルバーニは、静電気の小さな火花の電流を死んだカエルの足に流すと、足がけいれんすることを発見しました。こののち、ガルバーニは、雷がきたときに、カエルの足を金属のフックにさして、家の外につるしておきました（当時、電気は簡単にはつくれませんでした。ガルバーニ自身、このときはまだ電池を発明していませんでした。しかし、ベンジャミン・フランクリンは雷が電気であることをすでに発見していました)。

ガルバーニは、カエルの足が生き返ったのだと思いました。が、これは間違いでした。実際は、電気が筋肉を収縮させる信号になっただけでした。しかし、ガルバーニは、生命の秘密を発見したと信じて、これを「動物電気」と名づけました。

1817年、ガルバーニの実験からひらめきを得たメアリ・シェリーは、もっとも初期の古典的SFのひとつ、『フランケンシュタイン』を創作しました。ガルバーニが電気でカエルの足が生き返ったと考えたのとまったく同じように、シェリーがつくり出した架空の人物フランケンシュタイン博士は、雷を使えば死んだ人間を生き返らせることができる、と考えました。

フランケンシュタインの物語は、科学者が、どんなことに利用されるかを考えずに新しいテクノロジーを開発すると、どんな結果になるか、ということを示す象徴となりました。いま一部の人たちは、このフランケンシュタインにちなんで、遺伝子組み換え食品を「フランケンフード」と呼んで揶揄(やゆ)しています。

家庭の電力

一般家庭に送られてくる電気は、電力会社によって電圧が一定〔日本の場合100ボルト〕に保たれています。電灯も、冷蔵庫も、ヒーターも、テレビも、とにかく電気器具は一切何も使っていない――電流はゼロの――場合でも、電圧はやはり同じです。逆に、多くの電気器具を使ったとしても、電圧は一定に保たれます。電気器具を使っても、使わなくても、電圧は変わりません。変わるのは、電流だけです。電力＝電圧×電流ですから、消費電力は次のようになります。

ワット＝ボルト×アンペア

ふつう、電気器具には、消費電力（ワット数）が書いてあるはずです。電気器具が何アンペア使うかを知りたければ、このワット数をボルトで割ればよいのです。

100ワット1アンペアの電灯と、500ワット5アンペアのヒーターを同時に使った場合、合計して1+5=6アンペアの電流が家の中に送られてくることになります。15アンペア（許容電流）以上使うと、ヒューズが飛ぶかもしれません。

15アンペアのヒューズが飛ばないようにするには、使用する電気器具の消費電力の合計が、15アンペアに応じたワット数（もし電圧が100ボルトなら、15アンペア×100ボルト＝1500ワット）を超えないようにしなければなりません。電気ヒーターのなかには、1台でこれくらいの電力を使うものもあります。トースターのような器具は、短い時間ですが大きな電流を使いますから、ヒーターといっしょに使うと、ヒューズが飛ぶかもしれません。

高圧送電線――電流量と電力損失を減らせる

長距離送電には、何万ボルトもの高い電圧が必要です。こうした送電線に高い電圧を使うのには、大きな理由があります。

電力＝ボルト×電流であることを思い出してください。つまり、高圧の送電線に流れる電流は（送る電力が同じなら）低圧の送電線より小さいことになります。しかし、抵抗によって生じる熱を左右するのは、電流だけであり、電圧は関係ありません。だから、高圧送電線を使えば、電流量を減らすことができるので、抵抗加熱による電力の損失を減らすことができるのです。

高電圧は危険な場合もありますから、電力は変えずに（つまり電圧×電流の数値は変えずに）電圧を上げて、電流を減らす「変圧器」と呼ばれる装置があります。変圧器の仕組みについては、磁気の話をしたあとで、説明します。変圧器は、住宅の近くにも設置されていますから、電気はできるだけ近くまで高圧のまま送られることなります。

電気力は電子間の距離の2乗に反比例

今回の講義の始めのほうで、1センチ離して置かれた2つの電子の間にはたらく力について説明しました。そこで述べたように、この電気力は、重力の4.17×10^{42}倍もの強さがあります。

ではここで、2つの電子の間隔を、2センチに広げたとしましょう。重力は（逆2乗の法則によって）4分の1に減ります。そして、これは電気力も同じなのです！

もし、間隔を、1センチではなく1000センチに広げたとしたら、どちらの力も1000×1000分の1=100万分の1になります。

距離によって同じように力が増減するという事実は、多くの人々の好奇心をかき立てました。たとえば、陽子のまわりを回る電子は、太陽のまわりを回る地球によく似ています。そのため、原子を小さな太陽系に見立てたイメージが広く行きわたっています。しかし、このたとえは不完全です。原子のミクロの世界に行くと、量子力学が重要になってきます。量子力学については、第11講でくわしく説明します。

⑤磁石

それ自体が磁力を持つ「永久磁石」。電流を流して磁力をつくる「一時磁石」

おそらく、どなたも磁石についてはよくご存知でしょう。磁石は、冷蔵庫にメモを貼っておくためにも使われています。磁石は鉄を引きつけますが、磁石同士は、2つの方位のどちらを指すかによって、引きつけ合ったり、反発したりします。

いちばん単純な磁石は棒状で、一方の端が（磁石を糸でつるすと北極の方向をさす）N極で、もう一方の端が（南極をさす）S極です。磁石のN極同士とS極同士は互いに反発しますが、N極とS極は引きつけ合います。この反発は、重力とは逆ですから、ひじょうに不思議な作用のようにも思えます。しかし、電気とはよく似ています。電気は、同じ電荷同士は反発し、逆の電荷同士は引きつけ合います。

「永久磁石」は、それ自体が磁力を持つ物質です。また、電気を使って、「一時磁石」をつくることもできます。この磁石は、電流が流れている間は、磁力を発生します。電流によってつくられる磁石は、「電磁石」と呼ばれます。電磁石は、電流を変

えることによって、磁力をオンにしたりオフにしたりすること
ができます。

最古の天然磁石・磁鉄鉱(じてっこう)(方位磁石)

もっとも古くから知られている磁石は、鉄鉱を含んだ「磁鉄鉱(じてっこう)」と呼ばれる自然石です。磁鉄鉱には不思議な特性があり、この石を糸でつるしたり、水に浮かべた木片に載せたりすると、回転して一方の端が北をさします。これは途方もなく重要な発見でした。この石を使えば、方角を知ることができるからです。この石は「方位磁石」と呼ばれ、軍事機密として扱われるほど重要視されました。空がすっかり雲に覆(おお)われた日でも、はるかな海上で、どちらが北かを知ることができたのです。磁気コンパスが歴史に与えた影響は、計り知れません。1620年に、フランシス・ベーコンは、世界を変えた三大発明として、火薬と印刷術とともに、方位磁石(羅針盤)を選びました。

磁鉄鉱の一方の端がなぜ北をさすのか。その理由は、何百年もの間、誰にもわかりませんでした。磁鉄鉱は北極星から何らかの引力を感じるのではないか、と考えた人もいました。その後ようやく、地球そのものが大きな磁石であることがわかりました(3)。磁鉄鉱のN極は、地球の磁力に反応して、回転していたのです。

---

(3) 中国では1世紀に磁石が使われていたという記録がある。ヨーロッパで磁石が使われていたことを伝えるもっとも古い記録は、アレクサンダー・ネッカムが1187年に書いた著作に記されたものである。1600年に、ウィリアム・ギルバート(エリザベスI世の侍医)が、地球が巨大な磁石であることを解明した。

もうひとつの大きな発見は、鉄を材料にして新しい磁石がつくれる、ということです。実際に、自分で針を磁石でこすってみてください。針が磁石になります。ただし、こするのは一方向にだけです。磁石を行き来させてはいけません。こうして磁石につくり変えた針は、方位磁針として使うことができます。これとは別に、鉄に（主に電磁石で）強力な磁場（じば）をかける（印加（いんか）する）やり方もあります。電磁石を離した（あるいは電源を切った）あとでも、鉄には「残留磁気」の一部が残ります。

磁気とは？——電気の作用の一形態。電荷の移動で電荷間に生じる力

いまでは、磁石の力（磁気）が、実際は、電気の作用のひとつの形であることがわかっています。磁気とは、電荷が移動するときに電荷同士の間に生じる力です。そのため、磁気は、静止している電荷の間ではなく、電流と電流の間にはたらく力と考えることができます。

磁気の法則（ビオ・サバールの法則）は、電気力の法則や重力の法則と似ています。この法則によると、２本の短い電線に電流を流した場合、その間にはたらく力は、逆２乗の法則に従います。つまり、電線の間隔を2倍に広げると、力は４分の１になります。しかし、磁力は、単純に引力と反発力のどちらかというわけではなく、もっと複雑です。とはいえ、力の方向は、２つの電流の向きによって変わります。

長い電線の間にはたらく磁気を計算するには、対になった短い２本の電線に分割して、それぞれの対の間にはたらく力をす

べて加算していかなければなりません。だから、電線が長いと、分割した対の数もひじょうに大きくなりますから、問題が複雑になってきます。単純なケースでは（たとえば２本の長い電線がまっすぐに伸びているような場合には）、すべてを合計すれば答えが出ます。こうした場合、同じ方向に電流が流れる２本の平行な電線は、互いに引きつけ合います。もっと複雑なケース、たとえば電線が何重もの大きな輪になっているような場合には、計算は通常コンピュータを使って行います。

磁気は、電流を生み出すためのもっとも有効な手段です。磁場の中で電線を動かすと、電線の中の電子に磁気の力がはたらいて、電子が電線の中を流れます。これが、発電機の仕組みです（図6.2）。

メモを貼るマグネットの磁気も、電流によって生じる

いまでは、永久磁石は、冷蔵庫のマグネットや磁気コンパスやドアの掛け金などに利用されています。こうした磁石は、中に電流が流れているようには見えません。それどころか、電気とは何の関係もないように思えます。

しかし、いまでは、永久磁石の磁気が、電流によって生じることがわかっています。ただし、この電流は見事なほどうまく隠されています。永久磁石の電流は、電子の中を流れているのです！

すべての電子が回転していることがわかったのは、20世紀になってからのことです。電子が回転しているということは、電子の内部で電荷も回転していて、電流が生じているというこ

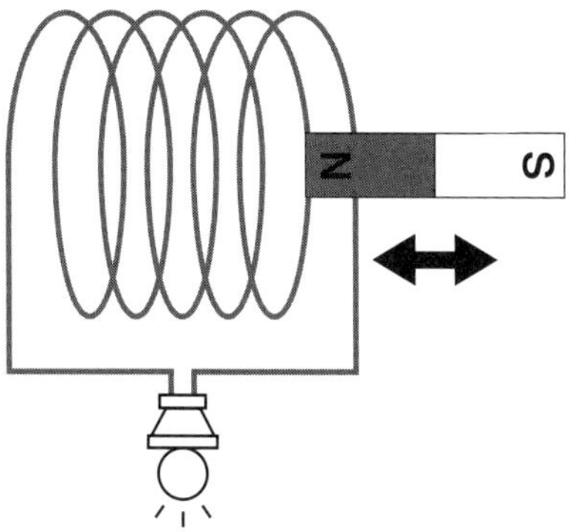

図 6.2　磁気で電流を生みだす仕組み。コイル（電線を巻いたもの）に磁石を通すと電気がつく。これは、電線の中の電子に磁気の力がはたらいて、電子が電線の中を流れることによる。発電機の仕組みも基本的にはこれと同じである。

とです。そのため、すべての電子がミクロの磁石になっているのです。

こうした磁気は、多くの場合、検出が困難です。というのは、電子の数が多く、それぞれがてんでに勝手な方向に回転している場合には、磁気が相殺されるからです。これは、ほとんどの物質に当てはまります。しかし、強磁性体（きょうじせいたい）（イオンがそのもっとも顕著な例）などの少数の物質の場合には、別々の原子の電子が並んで同じ方向に回転します。そのため、磁気が生じるのです。これが、永久磁石を形作っている物質です。こうした磁石は、外から一切電気を加えなくても、その磁気を維持しつづけることができます。だから、永久なのです。

これを発見するのがどれほど困難なことだったか、想像できるでしょう。いったい誰が、電子が——しかもすべての電子が

——回転しているかもしれない、などと思いつくでしょうか。いまではむしろ、電子の回転を止めることはできないと考えられています。電子は絶えず回転しています。人為的に電子の回転の方向を変えることはできますが、回転そのものを止めることはできません。

仮説上の物体「磁気単極」とは

前述したように、ある意味で、磁気は電荷のようなふるまいをします。同じ電荷が互いに反発するのとまったく同じように、N極とN極は反発します。N極とS極は、逆の電荷と同じように、引きつけ合います。こうしたことから、これまで多くの人が、電荷に似た磁荷(じか)というべきものが存在するのではないか、という仮説を立てました。この仮説上の物体を「磁気単極(じきたんきょく)」といいます。永久磁石は、あたかもそうした磁荷が両極に集まっているかのような作用をします。

しかし、実際はそうではありません。実在する永久磁石はすべて、電子の中の電流によって磁力を発生しています。

磁気コンパスの磁針(じしん)は、一方の端がN極で、もう一方の端がS極です。この磁針を真ん中から切れば、N極とS極に切り分けられるような気がしますが、実際に磁針を切ってみると、それぞれの切り口が新しい極になります。つまり、2つに切り分けた磁針は、それぞれがやはりN極とS極を持つことになります。磁石は、どのような作り方をしても、つねにN極とS極の両方を持つようです。これは、切り取られた磁石も、やはり回転する電流によって磁力を発生していて、これがつねに

N極とS極を生み出しているからです。

物理学者のなかには、たとえ既知のすべての磁石の磁気が電流によって生じたものであっても、それがすなわち磁気単極がありえないことを意味するわけではない、と考える人もいます。これまでに数多くの研究計画が、磁気単極を見つけるために、あるいは、磁気単極をつくるために、実行されてきました。いくつかの理論（たとえば超ひも理論）では、磁気単極が存在することや、少なくとも、つくることが可能であることが、予言されています。ひじょうに大きなエネルギー衝突が磁気単極を生み出す原因になると考えられたので、そうしたエネルギーにさらされてきた物質が候補に挙げられ、研究が行われました。これまでにそうした研究対象になったものには、（何十億年もの間高エネルギーの宇宙線にさらされてきた）月の石や、粒子加速器（「原子核破壊装置」）に取り付けられていた金属部品などがあります。

もし磁気単極をつくることができたら、大きな利用価値があります。磁気単極は、普通の磁石を使ってひじょうな高エネルギーまで加速することができますから、（医療などに利用される）放射線を発生させるためには好都合です。

磁力の有効範囲

磁石には（磁気単極が発見されるまでは）N極とS極の両方があるため、ある程度距離が離れると、2つの極の磁力が打ち消し合ってしまいます。この相殺効果のため、2つの磁石の間にはたらく力は、逆2乗ではなく、逆4乗の法則にしたがって、低下します。もし距離が２倍になれば、磁力は2^4=16分の１に減ります。もし距離が３倍になれば、3×3×3×3=81分の１に減るのです。

その結果、磁石は、距離が短ければとても役に立ちますが、距離が長くなると、あまり有用ではなくなります。このことは、あなたも、磁石で何かを拾い上げようとしたときに、気がついたことがあるかもしれません。磁石はかなり近づけないと、正味(しょうみ)の力が弱いため、あまり役には立ちません。

⑥電磁場とは

かつては、電荷と電荷は直接力を作用させていると考えられていました。いまでは、中間の作用があることがわかっています。電荷は、空間に広がる「電場(でんば)」というものを発生させます。もうひとつの電荷に力を作用させているのは、この場なのです。

重力の作用も、これと似ています。質量は重力場(じゅうりょくば)を発生させます。この重力場の中にもうひとつ別の物体があると、この物体は重力場からの力を感じます。つまり、２つの質量の間に直接力は作用していないのです。正しくいえば、ひとつの質量が場を発生させ、その場をもう一方の質量が感じるのです。

これは、２人の人がロープの両端を持って綱引きをしている状況に似ています。一方の人がロープを引っ張ると、もう一方の人もロープを引っ張ります。この２人は、直接相手に触れることはありません。

また、この電場は、振動させられることもわかっています。

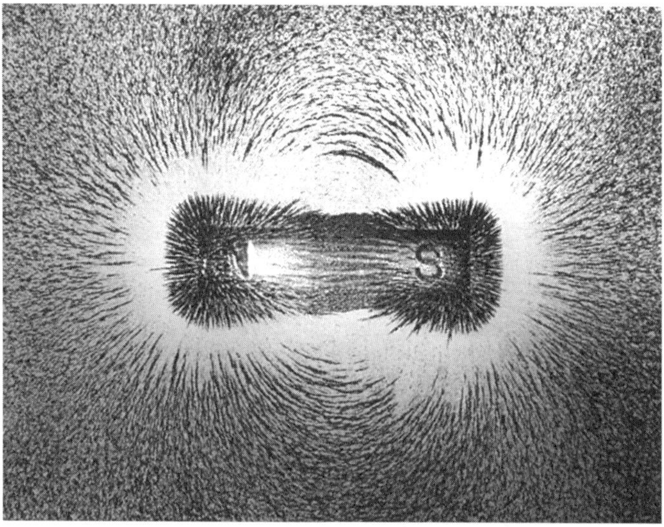

図 6.3　鉄のやすりくずを使って効果を可視化した磁場（写真提供：NASA）。

この電場の振動が「電磁波（でんじは）」と呼ばれるものです（たとえていえば、ロープを振って波打たせている状態です）。光も、電波信号も、X線も、すべて電磁波の一種です。

ここでの要点は、電荷が電場を発生させ、この電場がもう一方の電荷に作用する力を発生させる、ということです。同じように、移動する電荷（電流）が磁場を発生させ、この磁場がもう一方の移動する電荷に力を作用させるのです。

磁場は、強力な永久磁石の近くに鉄のやすりくずをまくと、目で見ることもできます。図6.3は、磁石の上にガラスの板を置き、そのガラスの上にやすりくずをまいたものです。

磁場が真空中にある場合、そこはやはり真空なのでしょうか。これは、ひとつには定義の問題があります。そこには粒子はまったくありませんが、磁場にはエネルギーがあります。エネルギーがあるのに、本当に空間は空っぽなのでしょうか。通常、真空は、粒子がまったく（あるいはほとんど）ない空間と定義されており、磁場があるかどうかは考慮されません。

⑦電磁石

電線を適当な形状にすると、ひじょうに強い電気力を、ほかの電流や永久磁石にはたらかせることができます。その一般的な応用例のひとつが、「ソレノイド」と呼ばれるものです。これは、たんに電線を円筒に巻きつけただけのものです。これに電流を流すと、強い磁石になります。電気を切ると、磁力も消えます。電流を逆にすると、磁場も逆に（つまりN極がS極に）なります（図6.4）。

電磁石にはいろいろな用途があります。たとえば、自動車のドアロックにも使われています（ドアのスイッチを入れると、ソレノイド電磁石が永久磁石を引き込みます）。

スピーカーやイヤホンは、小さな電磁石を使って、音を出しています。標準的なスピーカーやイヤホンには、小さな永久磁石と電磁石が使われています。電磁石に電流が流れると、電磁石と永久磁石の間に互いを引きつける力が発生します。電流の向きを逆にすると、電磁石の磁場も逆向きになり、この2つの磁石は互いに反発します。通常、この電磁石はひじょうに軽量

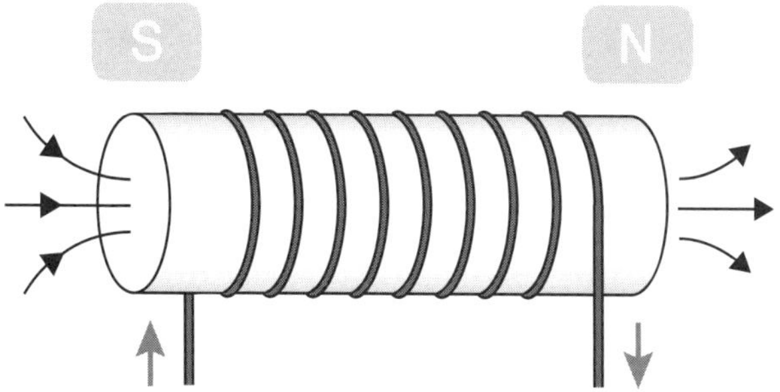

図6.4　電磁石の図解。鉄などの磁性体にソレノイド（円筒状コイル）を巻く。縦向きの矢印のように電気を流すと、横向きの矢印のように磁気が発生する。電流を逆にすれば磁気（NとS）も逆になる。

ですから、この逆方向に切り換わる力に反応して、前後に動きます。つまり、電流の変動にしたがって、電磁石は振動します。スピーカーやイヤホンの内部では、電磁石に取り付けられた薄い紙や金属が磁石とともに振動し、その力で空気を振動させます。この空気の振動が人間の耳に届くと、人間はこれを音楽として聞き分けるのです。

エネルギーの損失が少ない超伝導電磁石

大型の強力な電磁石には、大電流が必要です。つまり、抵抗加熱による電力の損失が大きくなります。そのため、いまでは、そうした装置の多くに超伝導線が使われています。電線を冷やす冷却装置のために、多少のエネルギーは必要ですが、通常の電線の抵抗によってロスするエネルギーよりもはるかに少なくてすみます。図6.5は、イリノイ州のフェルミ研究所の粒子加速器（通称「原子核破壊装置」）で使われている大型超伝導磁石です。

超伝導磁石は、医療の分野でも、磁気共鳴映像法（MRI）に必要な強い磁場を発生させるために広く使われています（MRIについては第9講でくわしく説明します）。こうした磁石の磁場の作用によって、水素原子の原子核が磁場方向のまわりに振動します。この振動を検出することによって、水素の分布を映像化できるのです。

液体鉄中の電流で生じる地球の磁気

地球の磁気は、地球の中心部の液体鉄に流れている大規模な電流によって生じると考えられています（地球の中心部が液体であることは、地震のデータからわかっています）。この電流の流れ方は複雑ですから、地球の磁場も複雑です。地球の磁力線をコンピュータで計算して画像化したものが、図6.6です。

磁性物質——鉄の特殊な役割

前述したように、永久磁石は、多くの電子が同じ方向に回転している物質でできています。普通の鉄は、通常は永久磁石ではありません。鉄の電子は、回転はしていますが、それぞれがみな別々の方向に回転しているからです。

しかし、もし外部から、たとえば電磁石などによって、磁場をかける（印加（いんか）する）と、こうした回転している電子に力が作用します。すると、鉄の原子の場合、すべての電子の回転が同

図 6.5　フェルミ研究所の超電導磁石（写真提供：米エネルギー省）

図 6.6　地球の磁力線。物理学者のゲイリー・グラッツマイヤーとポール・ロバートがコンピュータを使って画像化したもの。地球の内部の奥深い部分の磁場はひじょうに複雑に入り組んでいるが、表面のほうは比較的単純である（図はゲイリー・グラッツマイヤーの許可を得て再現したもの）。

じ方向にそろいます。外部の電磁石に電流が流れている間、鉄は磁気を帯びます。これを、鉄に「磁場を誘導する」といいます。

その磁場の誘導によって、永久磁石は紙クリップを引き寄せられるのです。永久磁石を紙クリップに近づけると、磁場が紙クリップの内部に誘導されて、永久磁石と紙クリップが互いに引きつけ合うのです。

ここで、電磁石がどうやってスクラップ車のような鉄を持ち上げられるのかを説明しましょう。電磁石は、電流が流れると強い磁場を発生します。この磁場が、車の鉄の電子の回転を同じ方向にそろえて、この鉄を磁石に変えます。これが誘導磁石です。鉄の場合、2つの磁石（電磁石と誘導磁石）が引きつけ合うことになります。

誘導磁気を使って、もっとはるかに強い磁場をつくることもできます。円筒形の電磁石の中に鉄を入れると、電流が生み出す弱い磁気が、電子の回転による誘導磁気によって増幅されます。それだけではありません。一部の原子が誘導磁気を持つと、さらにもっと多くの電子が同じ方向に回転するように誘導されます。磁力は劇的に増大し、鉄がない場合の数百倍もの強さになります。こうした磁気増幅の方法は、ひじょうに便利なので、ほとんどの電磁石に鉄心が使われています。

残留磁気

いま自分が電磁石を使って鉄片に磁場をかけていると想像してください。電磁石の電流を切ると、外部からかかる磁場（外部印加磁場）がなくなりますから、誘導磁気もほとんどが消えてなくなります。しかし、通常は、電子の一部が整列したままの状態なので、わずかながら磁気が残留します。

この残留磁気は、ひじょうに便利な場合——永久磁石をつくるために使えるなど——もありますが、本当にやっかいな場合もあります。たとえば、鉄製のドライバーを強力な磁石に近づけると、ドライバーは磁気を帯びます。ドライバーを磁石から離しても、多少の残留磁気が残っているかもしれません。もし残っていたら、ドライバーはネジやそのほかの小さな鉄製のものを引きつけることになります。これは便利なときもありますが、面倒なときもあるでしょう。旧式の（デジタルでない）時計は、磁石に近づけると、磁気を帯びて、時計の中の小さな部品同士が引きつけ合い、動かなくなってしまいました。こうした時計を修理するには、磁場を変えて、時間をかけて磁化をゼロにしなければなりません。

磁気記録の原理

誘導磁気は、ビデオテープやコンピュータのハードディスク、MP3プレーヤーなどの磁気記録の基礎原理です。こうした機器では、ひじょうに小さな電磁石が、磁性物質の小さな領域に磁気を誘導します。そして、隣接する領域に、同じ磁気や反対の磁気を誘導します。信号は、磁性物質のこうした小さな領域ごとに保存されます。たとえば、もし隣接する領域に、磁気のN極とS極がN、N、S、S、Nのように並んでいるとすると、それは1、1、0、0、1のようなデジタル信号を置き換えたものです。これが、すべての磁気記録の基本原理です。

コンピュータのハードディスクは、回転するディスクの表面に磁性物質を塗布（とふ）しています。ディスクが電磁石の下で動くと、いろいろな場所にいろいろな磁気が誘導されます。現在、こうした領域の標準的な大きさは1ミクロン〔1ミリの1000分の1〕以下です。多くのiPodsで使われているドライブは、この種のものです。

磁気記録は、電線を使って「読み取る」ことができます。磁石が電線のそばを通過すると、微量の電流が流れるので、この電流を検出します。最新のハードドライブでは、この電線には、磁場によって電線の抵抗が変わる特殊な物質が使われています。この抵抗を測定することによって、電線から磁気に関する情報を読み取ります。

キュリー温度まで加熱すると磁性は消失する

永久磁石を加熱すると、原子や電子が飛びはねる速度がどんどん上がっていきます。その結果、原子の向きが変わり、そのため、原子の中の電子の回転の方向も変わります。すべての永久磁性が（電子の回転がばらばらになるため）消失することを発見したのは、あの有名なマリー・キュリー夫人の夫ピエール・キュリーです。すべての物質には、磁性が消失するそれぞれの「キュリー温度」があります。

覚えよう：永久磁石をキュリー温度まで加熱したら、その磁性は消失する。

レアアース磁石――ひじょうに強力

ここ数十年の間に、きわめて強力な永久磁石が発明されました。最初、この磁石はサマリウムコバルトと呼ばれる化合物からつくられました。サマリウムは、「レアアース（希土類（きどるい））」と呼ばれる元素のひとつです。サマリウムの発見以後、ほかにも同じような化合物が見つかったため、こうした磁石はしばしば「レアアース磁石」と呼ばれています。

レアアース磁石は、ひじょうに強力なために、場合によっては危険なこともあります。もし（うっかり落として）磁石が割れたりすると、２つの破片が互いに反発して、人がけがをするほどの速度で飛んでいくこともあるのです。そのため、イヤホンに使われている磁石は、強い衝撃を受けないようにパッケージされています。

かつてのイヤホンは、大きくてかさばりました。いまでは、レアアース磁石のおかげで、小型で軽量の高品質のイヤホンができました。同じように、ラウドスピーカーやモーターも、ずいぶん小さくなり、軽量化されました。

磁気を利用する潜水艦の探知

潜水艦は鉄でできているため、地球の磁場の中にあるときは、大きな磁石になります。第二次世界大戦中、科学者たちは、この磁気を検知して、はるか海中深く潜（もぐ）っている潜水艦を発見できるかもしれないと思いつきました。磁場は距離が遠くなると弱くなるため、この方法は、潜水艦が深海に潜っている場合には有効ではありませんが、数百メートル程度の深度にいる潜水艦に対しては、いまでも使われています。

この方法はひじょうに有効なので、潜水艦は、入港するたびに残留磁気をすべて除去するために特別な処理がほどこされます。

⑧電気モーターの原理

電気モーターは、まさに磁気が基礎になっています。電気モーターの内部では、強い磁場が発生するように電線が巻かれています。いちばん単純なタイプのモーターは、この磁気を使って、永久磁石を押したり、引っ張ったりするようにできています。もし電流が周期的に逆になるなら、押す力と引き合う力が交互に切り換わって、磁石を回転させることができます。これが、「電気」モーターの――磁力によって動く――仕組みです。

永久磁石を使う必要は、とくにありません。多くの電気モーターは、固定磁石と回転磁石の両方に電磁石を使っています。電流の切り換えによって、この２つの磁石の力が反発し合い、回転磁石を回転させるようになっています。

電線は太いものを使えば、電気抵抗を小さくすることができますから、電気モーターはひじょうに効率のいい動力になります。というのは、電気の力を機械的な動きに変えるとき、力が熱に変わってむだになることがほとんどないからです。ハイブリッド車は、バッテリーに充電して、電気モーターで車輪を駆動します。

⑨発電機

原理

商業用に電気をつくるもっとも効率的な方法は、磁場の中で電線を動かすやり方です。これが「発電機」の仕組みです。わたしたちが使うすべての電気は、基本的に、この方法でつくられています。電池の電気も（懐中電灯や自動車などで）多少は使うでしょうが、全体から見れば、ほんのごくわずかです。

金属でできた電線の中にある電子には、自由に移動できるものがあります。金属製の電線を磁場の中で動かすと、電子は電線とともに動きます。動く電子は、ほかのあらゆる電流とまったく同じように、磁気から生じる力を感じます。磁場の中を横切るように（電線の伸びる方向と直角になる方向に）電線を移動させると、磁場の力が電線に沿って動くため、電子は電線に沿って押されて、電流となります（図6.7）。

原子力発電所では、核分裂連鎖反応を利用して熱を発生させ、水を蒸気に変えます。この蒸気がプロペラ（タービン）を駆動して、磁場の中に電線を通過させて、電気を生み出します。

石炭や石油や天然ガスを燃料とする発電所も、熱を発生させる燃料が違うだけで、そこから先の発電までの仕組みは、原子力発電所とまったく同じです。

水力発電所は、貯水池から流れ落ちる水を利用して水車を回転させ、その力で電線を磁場の中で動かします。

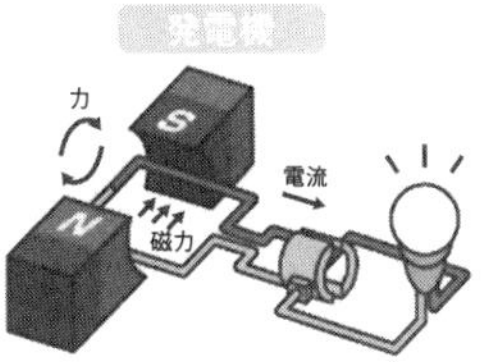

図 6.7　発電機の図解。図中のＮとＳの間に生じる磁場の中を横切るように電線を移動させる。すると磁場の力が電線に沿って動くため、電子が電線に沿って押されて、電流となる。

自動車は、発進させてしまえば、そのあとはバッテリーの電気は使いません。必要な（点火プラグやヘッドライトなどに使う）電気はすべて、ガソリンエンジンの力で回転するクランクシャフトが電線を磁場の中で動かすことによってつくられます。

ダイナモとは

発電機がうまく機能するには、強い磁場が必要です。小さな発電機の場合は、永久磁石で磁場をつくることができます。しかし、大きな発電機になると、磁石は電磁石でなければなりません。では、電磁石に使う電気はどこから持ってくるのでしょうか。

そうです、その電気は発電機から持ってくるのです！　この種の発電機を「ダイナモ」といいます。

これは矛盾しているように感じるかもしれませんが、実際にそれでうまくいくのです。大型発電機は、ほとんどがダイナモです。これは、無から有を生むような話に聞こえますが、そうではありません。ダイナモは、電線を磁場の中で動かすためにエネルギーが必要ですし(4)、発生するすべての（電線の電流や磁場の中に生じる）電気エネルギーは、加えたエネルギーから得られるものです。

アインシュタインの謎を解く「地球ダイナモ説」

ウイリアム・ギルバートが、地球は磁石ではないかと推論したとき、当然ながら、その磁石は大量の磁鉄鉱(じてっこう)を含む永久磁石だろうと考えました。しかし、いまでは、地球の内部の岩石の下は、地球自身が持つ放射能のために大変な高温であることがわかっています。地表から30キロメートル下まで潜ると、温度はキュリー温度よりも高くなりますから、すべての磁気は消失するはずです。この矛盾を理由に、アルバート・アインシュタインは、地磁気が発生する原因を、物理学最大の未解決問題のひとつに挙げました。

いまでは、ひとつの仮説が立てられています。地球はダイナモだというのです。くわしいメカニズムはまだ不明ですが、おおまかな仕組みはわかっています。初期（45億年前）の地球は大変な高温でしたから、ほとんどの鉄は溶けて中心部に沈み込みました。そして、いまもそのままです。地球の地表と中心部との中間あたりまで行くと、地球を構成する物質は岩石から溶鉄(ようてつ)に変わります。しかも、この鉄は、はるか深部の小さな固体の鉄の中心核から放出されている熱のために、絶えず流れています。この流れる鉄が、ダイナモのようなはたらきをします。液体状の鉄が磁場の中を移動すると、（電線が動く場合と同じ

---

(4) 電線を流れる電流は磁場と相互作用を起こし、この動きに抵抗する力を発生させる。だから、電線を動かすために仕事をする必要がある。

ように）電流が流れます。中心核の流れによって、こうした電流が円を描いて流れ、ちょうど発電所の発電機と同じように、磁場を発生させます。

この仮説は、コンピュータと数学モデルによって検証されていますが、地球の中心部に達することは、月面に行くよりもはるかに難しいので、確かめることはなかなかできません。

地磁気の逆転

海洋生物は、死ぬと海底に沈んで堆積し、いずれは新しい岩層を形成します。こうした岩石は、地球の磁場によってわずかに磁化され、この磁気は何百万年もの間残留します。この岩層を調べ、（第４講で触れたカリウムアルゴン法を使って）年代を測定すれば、地磁気の歴史を読み取ることができます。

こうした記録によって、地磁気の強さが時間の経過とともにゆっくりと変化していることがわかっています。しかし、それよりもずっと驚くべきことは、地磁気がときおり逆転していることです！　つまり、現代の磁気コンパスを持って過去に行ったとすれば、北をさす磁針が南をさすかもしれないのです。

最後に地磁気の逆転が起きたのは、100万年近く前のことです。こうした逆転は（少なくとも最近は）平均して100万年ごとに１～２度起きているようです。地磁気が逆転するには、何千年もかかりますが、地質記録のなかではつかの間です。

地磁気の逆転が起きる原因はわかっていませんが、いくつかの仮説が立てられています。ダイナモを駆動する液体鉄の実際の流れは、変わる必要はありません。代わりに、電流だけ流れの方向が逆になります。すると、磁気も逆転します。ダイナモ・モデルに見られるカオス的振る舞いによって地磁気の変化が起きるとする説も、いくつかあります。

わたしが有力だと思う（つまりわたし自身の）説では、地磁気の逆転が2段階に分かれて起きる、と考えます。まず、ダイナモの流れが（おそらく岩石と液体の部分との境界で岩石が崩壊することによって）破壊され、そのあとダイナモを立て直すさいに方向が逆になるのです。もちろん、立て直すさいに、いつも方向が逆になるとは限りません。ときには、同じ方向に立て直されるときもあるでしょう。その場合は、逆転とはいわず、「偏位（へんい）」といいます。古い岩石の記録から、偏位が何度も起きたことがわかっています。むしろ、逆転よりも偏位のほうが多いようです。

地磁気の逆転と地質学

地磁気がおよそ100万年ごとに逆転するという事実は、地質学や、気候研究などの関連分野で、大いに役立っています。この事実は、放射能による岩石の年代測定ができないことがしばしばあるため、重要な意味を持ちます。たとえば、カリウムアルゴン法が使えるほど多くのカリウムを含んでいない岩石も、少なくありません。しかし、海底で形成された岩石には、ほとんどが地磁気の記録が保存されています。地磁気の逆転が起きる時間的な間隔は、短い場合もあれば、長い場合もあり、まちまちです。そのため地層の厚みに違いができ、まるで指紋のようにそのパターンを読み取ることができるのです。このパターンがわかれば、地球のさまざまな場所のパターンと相互に関連づけることができます。それぞれの層がどれほど古いかはわかりませんが、少なくとも、地球上の別の場所の別の岩石が同じ年代のものであることはわかります。

しかし、これで終わりではありません。調査を長い間続けていくと、火山の近くで形成された岩石が見つかります。火山灰には、大量のカリウムが含まれています。こうした岩石の年代をカリウムアルゴン法で測定できれば、同じ地磁気のパターンを持つ世界中の岩石の年代を知ることができるのです。

こうしたほかの場所の岩石には、それ以外では得られない記録が含まれている場合もよくありますから、こうして年代を知ることには重要な意味があります。なかには、古い時代の気候のパターンを記録したものもあります。そうした情報を総合すると、地球の最後の氷河期がいつ始まり、どれくらい長く続き、どれほど急激な終わり方をしたか、といったことを解明することができます。このように、過去に関するわたしたちの知識の多くは、地球の磁場の逆転を利用して得られたものなのです。

地磁気と宇宙線

電線を流れる電子が磁場からの力を感じるのとまったく同じように、宇宙空間からやってくる宇宙線は地球の磁場からの力を感じて、進路がゆがめられます。つまり、地磁気は、大量の宇宙線の粒子が地球の大気の上層部に衝突するのを防いでいるのです。一部に、磁気逆転によって地磁気の崩壊が起きると、地球上の生物が宇宙からの死の放射線にさらされるのではないか、と心配する人たちがいます。こうした考えが、『コア』（2003年）などのSF映画によって、広く世間に行きわたりました。

磁場が崩壊したときには、たしかに地球の大気の上層部に衝突する宇宙線の量が増えます。しかし、本当に地球を守っているのは、大気です。磁場がなくても、地球の表面まで達する宇宙線はほんの数パーセントしか増えません(5)。だから、磁場の崩壊が生物に深刻な影響を与えることはないのです。

事実、カナダ北部の磁北極（じほっきょく）（地理上の北極ではなく磁場が集まる本当の極）では、すべての磁力線が内側に向いているため、まったく磁場が形成されません（だから、宇宙線をそらせることはできません）。しかし、この地域に降り注ぐ宇宙線の量は、赤道よりもほんのちょっと多いだけです。これも、ほとんどの宇宙線を防いでいるのが大気だからです。

ここは要注意です。多くの優秀な科学者まで、地球の磁場が宇宙線からわたしたちを守っていると思い込んでいます。最近も、この前提に基づいて、地球の磁場が逆転する間に起こる災厄について話し合うインターネット放送の番組がありました。しかし、そんな心配は無用です。

(5) 地磁気極では、地球の磁場は宇宙線を遮蔽する役割はまったく果たしていない。そのため、地球のほかの場所と比べて、はるかに強い宇宙線が大気の上層に降り注いでいるが、地表まで達する宇宙線の量は、ほんのわずか多いだけである。

⑩変圧器とは

発電機は、磁場の中で電線を動かすことによって電気を起こします。電線の近くを通過するように磁石を動かしても、同じように発電ができるはずです(6)。実際には、磁石を動かす必要はありません。磁場を変えるだけでよいのです。これは、電磁石の電流を変えることによってできます。

いま言ったアイデアを総合すると、画期的な大発明になります。それは「変圧器」です。変圧器の中には、「プライマリ」と呼ばれる電線のコイルがあります。このプライマリの電流を変えると、変化する磁場が生じます。この変化する磁場が、「セカンダリ」と呼ばれる2番目の電線のコイルを通過すると、セカンダリに電流が流れます。

変圧器のすぐれた長所のひとつは、プライマリコイルからセカンダリコイルへ、ほとんど損失なしで、ひじょうに効率よくエネルギーを送ることができる点です。プライマリとセカンダリは、互いに接触はしません。エネルギーはすべて、磁気の形で送られるのです！

変圧器の最大のメリットは、プライマリとセカンダリの電線を異なる巻き数にすることによって、2つのコイルに流れる電流と電圧を異なるものにできることです。変圧器は、高電圧を低電圧に変えたり、低電圧を高電圧に変えたりすることができ

---

(6) この事実が発見されたことから、アインシュタインは、動き方によって物理法則は変わらないという仮説を導き出した。そして、これが相対性理論の元になった。

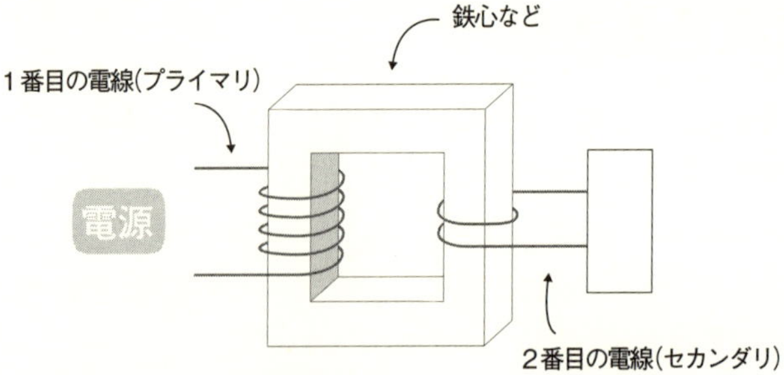

図6.8　変圧器の図解。1番目の電線(プライマリ)にかけた電圧は変圧され、ほとんど損失なしで、2番目の電線(セカンダリ)に送られる。このときプライマリとセカンダリは互いに接触せず、エネルギーは「磁気」の形で送られる。こうした変圧器の最大のメリットは、プライマリとセカンダリの電線の巻き数を異なる巻き数にすることで、2つのコイルに流れる電流と電圧を異なるものにできることである。

ます。送電線の高電圧を、家庭で安全に使える低電圧にするのは、変圧器です。これを、すべて磁気を使って行うのです(図6.8)。

もし変圧器のそばに鉄製のものがあれば、磁場の変化に合わせて、振動します。変圧器からよく「ブーン」とうなる音が聞こえますが、それが鉄の振動する音です。もちろん、この音は、エネルギーの一部が電気から音に変換されて、失われていることを意味しますから、高性能な変圧器はそうした音が出ないようにつくられています。

テスラコイル

トーマス・エジソンの会社で働いていたニコラ・テスラは、

いま「テスラコイル」と呼ばれている高電圧の変圧器を発明しました。この変圧器のポイントのひとつは、電流を高速で切り換えて、セカンダリコイルにひじょうに高い電圧を生じさせることです。テスラコイルは、学校などで、30センチ以上の火花を連続して放電する実証実験にも使われています。しかし、この火花はとくに危険ではありません。変圧器が電圧を上げると、電流は必ず低下します。というのは、電力＝電流×電圧であり、この場合、電力は変わらないからです。だから、テスラコイルは、大変な高電圧の火花を放電しますが、放出する電力は比較的低いのです。

⑪磁気浮上

普通の鉄は、磁石の磁気に触れると、それ自体が磁石になって、元の磁石に引きつけられます。しかし、物質によっては、異なる作用を起こすものもあります。そうした物質は、磁気にさらされたとき、それ自体が磁石になりますが、その作用が逆になります。磁石のN極の磁気に触れた部分が、同じようにN極になり、引きつけ合うのではなく、反発し合うのです。

そうした物質は珍しいので、わたしたちは経験的に、磁石は物を「引きつける」ものだと思っています。液体酸素は、普通の磁石と反発し合う物質のひとつです。超伝導体も、磁石と反発し合います。磁石の磁気にさらされると、超伝導体の中では、反発力を生むように電流が流れはじめます。磁石の上に小さな超伝導体を置くと、重力と逆向きの反発力によって、磁石の上に「空中浮揚（ふよう）」します。

交流電流を使って電磁石で磁場を切り替えることができれば、普通の金属を使って空中浮揚することが可能になります。電気の切り換えによって、金属の内部に電流が生じ、こうした電流が元の磁石に反発する磁気を生み出します。この方式なら、大きな物体を浮揚させるために利用することができます。

空中浮揚は、動く磁石を使っても可能です。強力な磁石（サマリウムコバルトや強力な電磁石）を導体の上で動かすと、導体内に電流が誘導されます。これは、元の磁石に反発する磁場を生み出します。この方式は、日本などでリニアモーターカーに応用されています（図6.9）。速度が遅くては、浮揚はできません（誘導磁場は高速で移動する電子を必要とするからです）。列車の速度が速いほど、レールの上を動く磁石が誘導する電流は強くなり、ついには磁力の反発によって車輪が軌道から浮き上がります。磁気浮揚のメリットは、接触による摩擦がまったくないことです。しかし、レールを流れる電流は、電気抵抗のために多少のエネルギーをロスしますから、これは大きな欠点です。レールを超伝導体にすれば、この問題は回避できますが、超伝導体は冷却しなければなりません。こうした問題を総合すると、磁気浮上は、一部の未来学者たちが言うほど有望かどうかは、まだわかりません。ただし、もし常温の超伝導体が開発できれば、話は別です。

図6.9　シドニーの夜のダーリングハーバーを文字通り飛ぶように走るモノレールの未来想像図。

⑫レールガン

第３講で、化学燃料を使って宇宙にものを打ち上げる場合の限界について説明しました。問題は、そうした燃料の排気速度が秒速１～２キロしかなく、秒速11キロメートルまで物体を加速することすら困難だ、ということでした。しかし、磁気を利用すれば、この限界を克服することができます。これを可能にする装置を「レールガン」といいます。

レールガンの構造を最大限単純化すると、鉄道のレールによく似た、長く平行に延びた２本の金属のレールになります。レールの端に高電圧をかけ、この２本のレールの中間に金属の

（「サボ」と呼ばれる）弾体（だんたい）を置きます。大電流が一方のレールを流れ、弾体の中を通ってもう一方のレールに流れて戻ってきます。レールを流れる大電流が強い磁場をつくり、金属の弾体を伝って流れる電流に力を作用させます。その結果、弾体はレールに沿って押し出されます。理論上は、超高速で弾体を撃ち出すことができます。

レールガンは、アメリカ海軍が艦船をねらって飛んでくるミサイルを撃ち落す方法として、目下開発中です。将来は、レールガンを使って月から物質を打ち上げることができるようになるかもしれません。

⑬交流 vs 直流

ほとんどの家庭では、交流(AC)の電気を使っています。交流は、プラスとマイナスが絶えず切り替わります。1秒間に切り替わる回数を周波数といい、ヘルツ(Hz)という単位を使って表します。1秒間に60回切り替わるなら60ヘルツ、50回なら50ヘルツです。

電池は直流(DC)です。では、なぜ家庭では交流を使うのでしょうか。それは、変圧器は交流でないと使いにくいからです。電気を家庭に届けるために、送電線には高電圧（低電流）が使われます。しかし、電気は、家の中へ送られる前に、変圧器によって比較的低い〔日本の場合は100ボルトの〕電圧に変え、電流は比較的高い15アンペアに変えられます。

いまわたしたちが使っている電気システムは交流が基礎に

図6.10　トーマス・エジソン（左）とニコラ・テスラ（右）

なっていますが、まだどうなるかわからない時期もありました。1800年代の後半、エジソンは、将来は直流が主流になると信じていました。エジソンのライバルだったニコラ・テスラは、交流を信じていました（図6.10）。次のセクションでは、身の毛のよだつような話（象の処刑など）についてくわしく説明しましょう。

最後に勝ったのは、テスラでした。わたしたちはいま、直流ではなく、交流を使っています。そして、発電所は街角ごとにあるわけではなく、はるか遠いところにあります。

エジソンとテスラの確執

わたしたちが、直流ではなく交流を採用した経緯を説明しましょう。

1800年代の後半、トーマス・A・エジソンは電球を発明しました。この発明は世界にたいへん大きな影響を与えました。いまでもよくマンガなどで、人がすばらしいアイデアを思いつくと、その頭の上に電球の絵が浮かんだりする場面がありますが、これはその影響の大きさを物語る一例です。

エジソンは、ニューヨーク市を「電化」しようと思いました。街路に支柱を建て、その上に金属の電線を架けて、各家庭に電流を送る、というのがエジソンの構想でした。電流が電線の中を流れるとき（抵抗によって）エネルギーの一部をロスしますから、電気はあまり長い距離を輸送することはできません。しかし、エジソンは、これが大きな問題になるとは思いませんでした。近隣地域ごとに発電機を設置すれば、電線の長さは数ブロック程度で十分だと考えていたのです。

エジソンは、ニコラ・テスラという才能豊かな技術者を雇いました。しかし、テスラはエジソンに腹を立てて、会社をやめてしまいました。テスラの話によると、エジソンはテスラのアイデアをすべて自分の名義で特許取得し、しかも、約束した報酬も支払わなかったようでした。

テスラは、「交流電流(AC)」のアイデアに夢中になりました。交流では、電圧と電流のプラスとマイナスが1秒間に60サイクル切り替わります。エジソンの直流ではなく、交流を使う人は、「変圧器」というすばらしい発明の恩恵にあずかることができました。(変圧器は1860年にアントニオ・パチノッティが発明しました。「テスラコイル」は多くの場合極端に高い電圧を生み出す変圧器のことをさします)。変圧器は、電流が流れる電線は磁場を発生させるという事実を利用しています。電流が変化すれば、磁場も変化します。変化する磁場は、もうひとつの電線の中に電流を発生させます。変圧器の目覚しい点は、２番目（セカンダリ）の電線の電圧を、最初（プライマリ）の電線の電圧と大きく異なるものに変えられることです。まさにその名のごとく、電圧を変えるのです。

低電圧の交流電流は、変圧器を通すと、高電圧の交流電流に変わります。高電圧の交流電流のメリットは、ごくわずかな電流で電力を送れることです。つまり、送電線を通る際の電力の損失がきわめて少ないため、長い電線を使って電力を遠くまで送ることができるのです。近隣地域ごとに発電所をつくる必要はまったくありません。電気が家の近くまで送られてきてから、もう一度変圧して、使うときに危険の少ない低電圧に変換すればよいのです。小さな変圧器なら、電柱の上に載せることができます。

交流電流のそうした（近隣地域ごとの発電所は不要という）メリットが明らかになり、交流は、エジソンの直流に完全に勝利しました。テスラはジョージ・ウエスティングハウスの支援を受け、現在わたしたが使っているのと同じシステムを共同開発しました。

しかし、エジソンは闘わずして降伏はしませんでした。エジソンは、高電圧は街中で使うには危険すぎるというイメージを人々に植えつけようとして、さまざまな実演実験をくり返しました。たとえば、一般の人々を集め、ウエスティングハウスとテスラの高電圧システムを使って、子犬やそのほかの小動物を感電死させました。さらには、高電圧を使って馬を殺す公開実験も行いました。エジソンは、すでに映画撮影用カメラも発明していましたから、象の感電死のシーンを撮った映画をつくることもできました。この象は、トプシーという名のメスの象で、３人の（トプシーに火のついたタバコを食べさせた男を含む）人間を殺した罪で、処刑されたのでした。わたし自身、この映画を見てみましたが、ぞっとしました。

究極の恐怖は、もちろん、高電圧の電気が人を殺せることを示すことでした。そのために、エジソンはニューヨーク州を説得して、死刑囚の処刑法を絞首刑から電気椅子に変更させました。エジソンは、電気椅子による処刑は人道的だと主張しました。現代の人々から見れば、まったく正反対の意見でしょう。しかし、ニューヨーク州はこの処刑法を採用しました。その後、いくつかの州がそれに習いました。しかし、こうした一連のネガティブキャンペーンにもかかわらず、結局は交流電流の利便性が勝利をおさめました。その結果、いまもこうして、わたしたちは交流を使っているのです。

第7講

波
――UFO、地震、音楽など

①奇妙だが本当にあった2つの話

これからお話しする2つの逸話(いつわ)「空飛ぶ円盤」と「パイロットの救出」には、このあと読んでもらえればわかりますが、実は密接な関係があるのです。どちらも、波の物理を理解するためのよい実例です。

ニューメキシコ州ロズウェルに墜落した空飛ぶ円盤

1947年、アメリカ政府が「フライング・ディスク」と呼んでいた装置がニューメキシコ州の砂漠に墜落しました。その残骸(ざんがい)は、近くのロズウェル陸軍航空隊のチームが回収しました。この基地は、アメリカでももっとも極秘性が高い施設でした。政府は、フライング・ディスクが墜落したというプレスリリースを出しました。これは、権威ある地元紙『ロズウェル・デイリー・レコード』で大きく報じられました。図7.1が、そのときの1947年7月8日付の同新聞の紙面です。

その翌日、アメリカ政府は前日のプレスリリースを撤回して、最初の発表は間違いだったと説明しました。墜落したのは、空飛ぶ円盤(フライング・ディスク)などではなく、ただの気象観測用気球だった、と政府は訂正しました。しかし、残骸を見た人はみな、それが気象観測用気球ではないことを知っていました。観測用気球にしてはずいぶん大きすぎましたし、見慣れない未知の物質でできているようでした。実をいえば、墜落した物体は、気象観測用気球ではなかったのです。政府は、極秘計画を隠蔽(いんぺい)するために、嘘をついたのです。そして、ほとんどの人々は、政府が嘘をつ

Leased Wire Associated Press

Roswell Daily Record

RECORD PHONES Business Office 2288 News Department 2287

RAAF Captures Flying Saucer On Ranch in Roswell Region

Claims Army Is Stacking Courts Martial

Indiana Senator Lays Protest Before Patterson

House Passes Tax Slash by Large Margin

Defeat Amendment By Demos to Remove Many from Rolls

Security Council Paves Way to Talks On Arms Reductions

No Details of Flying Disk Are Revealed

Roswell Hardware Man and Wife Report Disk Seen

Ex-King Carol Weds Mme. Lupescu

Movies as Usual

Some of Soviet Satellites May Attend Paris Meeting

Roswellians Have Differing Opinions On Flying Saucers

American League Wins All-Star Game

Miners and Operators Sign Highest Wage Pact in History

図 7.1　権威ある『ロズウェル・デイリー・レコード』紙の当日の紙面。これは決してジョークではなく、まじめな記事だった。RAAF は “Roswell Army Air Force（ロズウェル陸軍航空隊）” の略である。（アメリカ空軍『ロズウェル・レポート』1995 年より）

いていることを見抜いていました。

この話は、スーパーマーケットで売っているタブロイド紙によく載っているような与太話か、反体制の奇人によるたわ言のように聞こえるでしょう。でも、請け負いますが、わたしがいまお話ししたことは、すべて事実です。ニューメキシコ州のロズウェルで起きた事件は、興味を駆り立てる話ですが、広く世間一般には知られてはいません。というのも、こうした事実の多くは、最近まで機密扱いされていたからです。わたしは今回の講義で、ロズウェル事件の真相をきちんと筋道を立ててくわしく説明します。

空飛ぶ円盤やUFOに関しては、いろいろなテレビ番組で取り上げられてきましたし、文献資料も豊富にあります。それでもなお、「ロズウェル」という名前に聞き覚えがないという人がいたら、「ロズウェル　1947」をキーワードにしてインターネットで検索してみてください。きっとびっくりするでしょう。

では次は、2つ目の逸話をお話しすることにしましょう。

第二次大戦中にパイロットを救った奇跡の球

ロズウェルの円盤の真実の物語は、第二次世界大戦の終わりごろ、物理学者のモーリス・ユーイングが考えた独創的な発明品から始まります。モーリスが発明したのは、太平洋上を飛ぶパイロットの応急用具セットに入っているSOFARという球形の物体でした。パイロットは、もし撃墜されて、救命ゴムボートで海上を漂流することになったら、SOFARを海中に落とすように指示されていました。そして、24時間以内に救助されなかったら、またひとつSOFARを落とすことになっていました。

この奇跡の球には、何が入っていたのでしょうか。もし敵がSOFARを接収して、開いて見たとしても、中は空っぽで、何も出てこなかったでしょう。では、この空っぽの球がなぜ救助に役立ったのでしょうか。この球にはどんな機能があったのでしょう。

その答えを、これから説明しましょう。もともとユーイングは海洋の研究をしていて、水中の音の伝わり方にとくに興味を持っていました。彼は、水深が深くなるほど海水温が低くなり、そのため音の伝わる速度が遅くなることを知っていました。しかし、水深が深くなると、水圧が上がるため、音の伝播速度は速くなります。この2つの効果は相殺されません。モーリスは詳細な研究を行って、音の速度が水深によって変わることを突き止めました。この研究結果でもっとも興味深い点は、水深1キロメートルくらいが、ほかのどの深度よりも音速が遅くなることでした。のちほど説明しますが、これは、音を収束して同じ水深の層に閉じ込める「音響チャンネル」がこの水深に存在することを暗示していました。ユーイングは、ニュージャージーの沖合いで何度か実験を行い、自分の予想通り、音響チャンネルが存在することを確かめました。

SOFARは、中は空洞でしたが、水より比重が大きくなっていました。SOFARは水に沈みますが、音響チャンネルの深度に達するまでは水圧に耐えられるだけの強度がありました。しかし、音響チャンネルの水深に達すると同時に、破裂して大きな音を出す仕組みになっていました。この音は、何千キロも離れた場所でも聞こえる音のパルスになりました。海軍では、この音から、撃墜されたパイロットのおよその場所を割り出して、救助隊を送りました。

ユーイングが発明したこの小さな球は、(当時はまだわかっていませんでしたが) クジラ同士がコミュニケーションを取るために使っている方法と同じ現象を利用したものでした。つまり、クジラも音響チャンネルの中で起きる音の収束を利用しているのです。これについてはのちほど説明します。

第二次大戦が終わると、モーリス・ユーイングは、同じアイデアに基づいた新たな計画を提案しました。この計画は、「モーグル計画」と名づけられました。モーグル計画では、極秘目的の——核爆発を検知する——ために、「フライング・ディスク」が使われました。これは、大気中の音響チャンネルを利用するものでした。しかし、このフライング・ディスクは、1947年にニューメキシコ州のロズウェルに墜落し、大々的に報道されて、現代の伝説となったのです。

ロズウェル事件の事の顛末(てんまつ)を理解するには、音の物理について知る必要があります。そして、音を理解するには、波について知らなければなりません。

②波

水の波、音の波、光の波……

波(動)と呼ばれるものはすべて、水の波に似ていることから、その名がつけられています。少しの間、この水波(すいは)の不思議な性質について考えてみましょう。風が水を押し上げ、この押し上げられた水が波を起こします。この波は動きつづけて、波がつくられた場所から離れたところまでエネルギーを運びます。海岸に打ち寄せる波は、しばしば、遠くで嵐が起きていることを示しています。しかし、遠くの嵐で波立っている水は、あまり遠くまで移動せず、移動するのは波だけです。風が水を押し、この水がほかの水を押して、何千キロも彼方(かなた)にエネルギーを伝えていきます。しかし、水自体は数十センチ〜数メートル程度しか動きません。

ロープを使って、波を起こすこともできます。長いロープの端を何かに結びつけて、反対の端を手に持って上下に振ります。すると、波が反対の端まで伝わっていき、そこではね返ってきます（水波も岸壁にぶつかると、はね返ってきます）。ロープは揺れるだけで、どの部分も大して速くは動きません。しかし、波は相当な速度で移動します。

音も、波です。あなたが声を出すとき、あなたの声帯が振動して、空気を振動させます。空気はあまり遠くまで移動しませんが、振動は移動します。最初、声帯のまわりの空気が振動し、それがその近くの空気を振動させ、同じようにして次々と振動が伝わっていきます。その振動がほかの人のところまで届くと、今度はその人の鼓膜を振動させ、それが信号となって脳に伝わり、あなたの声を聞くことができるのです。

音波は、壁にぶつかると、はね返ります。このはね返ってくる音波が、反響です。音波も、水波やロープの波と同じように、はね返ります。

あらゆる種類の波に共通する際立った特性は、最初に振動が発生した場所から離れていくことです。空気を振動させると、音になりますが、音はそのまわりにとどまってはいません。波は、実質的に物質を輸送することなく、エネルギーだけを長距離輸送する手段なのです。波は、信号を送る手段としても有効です。

光も、電波も、テレビ信号も、波からできています。これについては、次回の講義で扱います。こうした波は、何が振動しているのでしょうか。従来的な考えでは、「何も」振動していない、というのが答えになりますが、これでは語弊（ごへい）があります。もっとずっとよいのは、「場（ば）」――電場（でんば）や磁場（じば）――が振動している、と考えることです。これとは別に、もうひとつ正解があります。それは、「真空」が振動しているという考え方です。これについては、量子力学を扱う第11講でもっとくわしく説明します(1)。

波束（はそく）――短い波

ハミングをすると、振動の多い長い波になりますし、叫び声を上げると、短い波になります。こうした短い波を「波束（はそく）」といいます。水波が、細かく分かれて伝わっていくことはご存じですね。池に石を投げ込むと、たくさんの円形の波が水の上下動によって広がっていきます。これが波束です。叫び声は多くの空気振動からなりますが、こうした振動は比較的小さな領域に限られています。だから、これも波束です。

では、この波束について考えてみましょう。短い波は、粒子

---

(1) この答えを簡単に説明しておこう。光が波であることが発見されたとき、物理学者たちは、振動しているものが何かはわからなかったが、それに「エーテル」と名前をつけた。現代のほとんどの物理学者は、エーテルは存在しないことが証明されたと信じているが、それは正しくない。著名な理論物理学者のアイビン・ウィヒマンは（わたしがバークレーで受講した彼の講義で）エーテルは特殊相対性理論の下では不変であるから、不必要であることが証明されただけだ、と指摘した。しかしその後、エーテルは量子力学からさまざまな特性を与えられている。エーテルは極性を持つことができるし、暗黒エネルギーを運ぶことができる。ウィヒマンによると、エーテルは、決して物理学の世界から消え去ったわけではなく、さらに複雑になって生まれ変わり、「真空」と名前を変えただけなのである。

にひじょうによく似た作用をします。波は移動しますし、はね返ります。波はエネルギーを運びます。もし波束が極端に短ければ、おそらくあなたは、それが本当は波であることに気づかないでしょう。もしかすると、それを小さな粒子だと思うかもしれません。

事実、量子力学は、すべての粒子を小さな波束と考える理論です。電子や陽子の場合、波束は小さすぎて、ふつうは見えません。電子の中では何が振動しているのでしょうか。わたしたちは、光の場合と同じものが振動していると考えます。つまり、真空です。

音や水や地震について学ぶことは、実際には波の特性について学ぶことと同じです。波の特性を知れば、量子力学を理解するために必要なことは、もうほとんどわかっていると言ってもいいでしょう。

音

空気中で聞こえる音は、空気が瞬時に――たとえば、可動面（振動する声帯やベル）によって――圧縮された結果生じるものです。この圧縮の力は隣り合う空気を押し、押された空気はまたその先の空気を押す、といった具合に次々と波及していきます。音の驚くべき特性は、最初に起きた空気の振動が止まっても、空気のかき乱れた状態が伝播（でんぱ）していくことです。エネルギーは、ひじょうに効率よく運び去られるのです。

音は、何らかの理由で空気中の一部の領域が圧縮されることによって、生じます。原因は、振動する声帯でも、バイオリンの弦（げん）でも、ベルでもかまいません。圧縮された空気は、膨張して隣り合う空気を圧縮します。空気はあまり遠くへは移動しませんが、圧縮の力は、次から次へと伝わっていきます。その様子を描いたのが、図7.2です。それぞれの小さな丸は分子を表しています。波は、気体の圧縮された領域と膨張した領域からできています。

それぞれの分子は、前後に振動しているだけで、あまり遠くへは移動しません。しかし、波はずっと先まで伝播していきます。図7.2を見ると、水の波が連なっているのを飛行機から見下ろしているような気がしませんか。もっとも、音の波は、水の波と違って、上下動ではなく、圧縮と膨張です。こうした圧縮の力が、人の鼓膜に届いて、鼓膜を振動させます。その振動はさらに耳の奥へと伝えられ、さらに神経から脳に伝えられ、脳は鼓膜の振動を音として認知します。

分子は近くの分子にぶつかることによってエネルギーを運んでいきます。

これが波の重要な側面です。個々の分子はあまり遠くへは移動しませんが、エネルギーは運ばれていきます。分子が、順にエネルギーを受け渡していくのです。遠い距離を伝播するのはエネルギーであって、粒子ではありません。波は、物質を送らないで、エネルギーだけを送る手段なのです。

音波は、岩石や水や金属の中でも伝播します。どの物質の場合も、わずかに圧縮されて、その圧縮の力が伝播して、エネルギーを運んでいきます。鉄道のレールをハンマーでたたくと、金属のレールが瞬間的にゆがみ、そのゆがみがレールに沿って

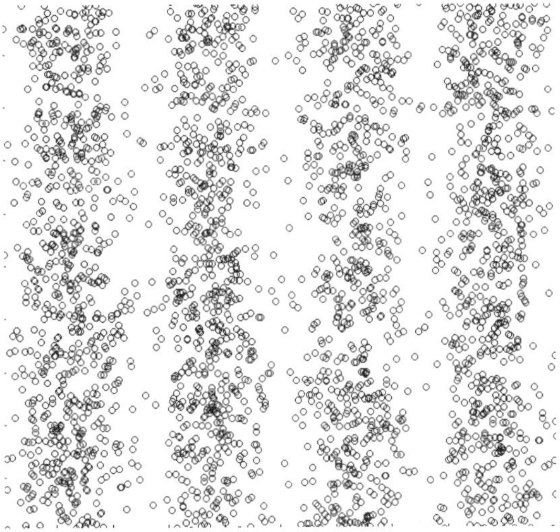

図 7.2　音波を伝える空気の分子。

伝わっていきます。もし1キロ離れたところで誰かがレールに耳を押しつけていたなら、ハンマーでたたいた音が聞こえるはずです。レールを伝わる音を聞き取るいちばんよい方法は、頭をレールに押しつけることです。レールの振動が、頭蓋骨（ずがいこつ）を振動させ、その振動が——空気中ではまったく音がしなくても——耳の神経を反応させます。

鋼鉄は硬いので、音が伝わる速度は空気中の18倍になります。空気中では、音は1キロメートル進むのに3秒かかります。鋼鉄の中では、同じ距離を進むのに0.2秒もかかりません。その昔、鉄道の線路の近くにも人が住んでいた時代、人々は線路の音を聞いて、列車がくるのを知りました。その音の大きさから、列車とのおおよその距離を測ることもできました。

音が伝播するには、空気の分子が別の空気の分子とぶつからなくてはなりません。そのため、音速は分子速度とほぼ同じです。これについては、第2講ですでに説明しました（P79参照）。しかし、鋼鉄の場合は、すでに分子が互いに接触しています。そのため、鋼鉄の中では、音は鋼鉄の分子の熱運動速度よりもはるかに速く進むことができるのです。

音は、弾力のある——瞬間的に圧縮されても元の形に戻ろうとする——物質なら、どんなものの中でも伝播します。物質が反動でもとの形に戻るのが速いほど、音波の速度も速くなります。水中を進むときの音の速度は、秒速約1.5キロメートルですが、水の温度と水深によって多少変わります。

ここで注意してほしいのは、水中を伝わる音波は、水面を移動する水波とは別の種類の波だということです。音は、水面の下の水の中を進みます。音は、圧縮された水によって生じます。水面にできる波は、圧縮ではなく、水面の形を変える水の上下動によって生じます。どちらも、水によって生じる波ですが、実際には種類が異なる波です。水面の波は、見ればわかります。音波は、ふつう目には見えません。水面の波は大きくて、ゆっくり動きます。音波は、目に見えないほど小さく、しかも速く動きます。

空気中の音の速度は、押す力の強さ——すなわち音の強さ——によって変わったりはしません！　どんなに大声で叫んでも、声が伝わる速度は少しも速くなりません。これは、驚くべきことではありませんか。

表7.1 **さまざまな物質中を伝わる音の速度**

物質と温度	音の速度
空気(0℃)	331m/s
空気(20℃)	343m/s
水(0℃)	1402m/s
水(20℃)	1482m/s
鋼鉄	5790m/s
花崗岩(かこうがん)	5800m/s

注：m/s ＝メートル／秒

どうしてそうなるのでしょう。思い出してください。少なくとも空気中では、音速は、空気の分子速度とほぼ同じです。信号は、ひとつの分子から次の分子へと進みますが、その速度は、空気の分子がある位置から別の位置へ動く速度を上回ることはありません（音の振動によって加わる動きは、分子の熱運動と比べると、本当にごくわずかです)。空気を押しても、分子の速度はあまり速くなりません。ただ、分子と分子の間隔が狭くなるだけです。

しかし、音の速度は気温によって変わります。これは、音の速度が空気の分子の速度によって変わるからであり、空気の温度が高いと、分子の速度が上がるからです。

表7.1は、物質によって異なる音の速度を示したものです。この表は覚える必要はありません。ただ、音が進む速度が、

空気中よりも固体や液体の中のほうが速いことは覚えておいたほうがよいでしょう。そして、空気中の音の速度が3秒間に約1キロメートルであることも覚えておくとよいでしょう。

岩石の中を進む音は、遠くで起きた地震についてひじょうに興味深い情報を与えてくれます。これについては、今回の講義でのちほどあらためて説明します。太陽表面の観測から、太陽の反対側から中心部をまっすぐ突き抜けて音波が達していることがわかりました。太陽の内部に関する知識の多くは、(太陽表面の高感度測定による) こうした音波の研究からわかったものです。月面では、月の裏側に隕石が落下したことによって生じた振動が、月の内部を突き抜けて反対側に達し、音波として検知されています。この観測は、アポロの宇宙飛行士が残していった機器を使って行われました。

宇宙では、振動するものがありませんから、まったく音はしません。SF映画『エイリアン』(1979年) の有名なキャッチコピーは、「宇宙ではあなたの悲鳴は誰にも聞こえない」でしたが、まさにその通りです。月面では、宇宙飛行士は、無線を使って対話していました。SF映画では、ロケットが轟音(ごうおん)を上げながら飛んでいくシーンがありますが、あれは、音のない宇宙空間では聞こえるはずのない音です。

横波と縦波

ロープの端を持って振ると、波がロープに沿って反対側の端まで伝わっていきます。しかし、ロープが揺れる方向は横向きです。つまり、波が進む方向はロープが伸びている方向ですが、それに対して波の振動は横向きです。この種の波を「横波（よこなみ）」といいます。横波の場合、粒子の動きは、波が進む方向に対して直角になります。

音波は違います。空気の分子は前後に振動しますから、波が動く方向と同じです。この種の疎密波（そみつは）を「縦波（たてなみ）」といいます。こうした波では、振動の方向と波が進む方向は同一線上になります。

水面波

水の波（水中を進む音波ではなく普通の水面の波）は、すべての波(動)の名前の元になっています。いま自分が水面に浮いていて、波が通り過ぎていったと想像してください。あなたの体は、上下に揺れると同時に、かすかに前後にも揺れます。事実、ほとんどの水波は、上下の動きと同じくらい横方向にも動きます。しかし、波が通り過ぎると、あなたとあなたのまわりの水は同じ場所に残されます。波と、波が運ぶエネルギーは、あなたを置いて通り過ぎていきます。

波が次々と連続して進んでいくとき、この波を「波束（はそく）」といいます。波頭（はとう）（波の頂点）と波頭の間隔を「波長（はちょう）」といます。波長が違う波は、速度もかなり違います。波長の短い波はゆっくり進み、波長の長い波は速く進みます。深水域（しんすいいき）（波の波長よりも水深が大きい水域）では、次のような方程式が成り立ちます(2)。

速度(velocity)
波長(wavelength)

$$v \approx \sqrt{L}$$

この方程式では、v はメートルを単位とした秒速(m/s)であり、L はメートル(m)を単位にした波長であり、波線の等号の≈は「〜にほぼ等しい」の意味を表しています。たとえば、波長（波頭と波頭の間隔）を L=1m とすると、およその速度は v=1m/s になります。波長が9m なら、速度は3m/s です。これは、あなたが思い浮かべる海の波のイメージと一致しますか。今度海に泳ぎに行ったら、波長の長い波のほうが速度が速いことを確かめてください。

この方程式はひじょうに単純ですが、これが当てはまるのは深水域だけです。

浅水波

水深が「浅い」(水深＝D が波長 L よりかなり小さい）場合、波の速度の方程式は、次のように変わります。

速度(velocity)
水深(depth)

$$v = 3.13\sqrt{D}$$
$$\approx \pi\sqrt{D}$$

(2) 物理学専攻の人のために。深水波の物理学上の標準方程式は、$v=\mathrm{sqrt}[gL/(2\pi)]$ である。この場合の $g=9.8\mathrm{m/s^2}$ は重力加速度（第３講参照）である。$g=9.8$ を当てはめると、$v\approx 1.2\mathrm{sqrt}(L)\approx \mathrm{sqrt}(L)$ になる。

このDは、メートルを単位にした水深です(3)。ここで注意してほしいのは、浅水波の進む速度は、波の波長に関係なく、水深によってのみ決まるので、みな同じ速度になる、ということです。浅水波の速度は、水深によってのみ変わります。このことは、水深の浅いところで比較的長い波に乗ってサーフィンをしたことのある人なら、経験的に知っているかもしれません。

波長がひじょうに長い場合は、水深が深いところでも浅水域と考えなければならない場合があります。これがしばしば当てはまるのが、津波です。

津波の特性

「津波」とは、海岸に押し寄せ、陸地のかなり奥にまで侵入して、しばしば海岸から数百メートル先の建物まで破壊するほどの巨大な波です。津波は、数十年前に科学者（と新聞）が採用を決めた日本語で、いまでは一般的に広く使われています。

津波は、海底地震と地すべりによってしばしば起こります。津波は、通常ひじょうに速度が速く、波長がひじょうに長い波です。こうした波は、水深が深いところでは、うねりがひじょうに小さく、船の真下を通過しても、船上にいる人が誰ひとり気づかないことさえあります。ところが陸地に近づくにつれて速度を落とし、水深が浅くなってくると、エネルギーを拡散させます。その結果、波高が上昇します。そして、ときには相当

(3) この２番目の方程式はあくまで概算である。この式は、とくに覚える必要はないが、覚えやすいように、πの記号を使って書いた。

の高さにまでせり上がり、沿岸部に被害をもたらします。

太平洋の島々（ハワイなど）に行くと、海岸近くに並ぶ柱の上にサイレンが取りつけられているのが目につきます。数千キロ以内で地震が起きると、このサイレンが鳴って、住民に避難するように警告します。津波は、2、3時間で到達することもあります。

ひじょうに大きな地震断層が深水域の下で動くと、その結果ひじょうに長い波が生じます。大きな津波の場合、標準的な波長は10km ですが、なかには100km 以上になるものもあります。つまり、水深が1km=1000m の水域でも、津波は「浅水波」になるのです！（浅水波とは波長が水深よりも大きい波であることを思い出してください）。

津波の速度は、浅水波の方程式で求めることができます。水深が3km、つまりD=3000だとすると、速度はv=3.13×sqrt(3000)≈171m/s（メートル/秒）になります〔sqrtは平方根(square root)を表す〕。時速にすると、616km です。これは、空気中の音速のほぼ半分くらいの速さです。1600km 離れた場所で起きた地震によって発生した津波は、2.6時間で到達します。これだけ時間があれば、沿岸地域に津波の接近を警告するには十分でしょう。

津波から逃げ切るには

波長30km の津波が、秒速171m で進んでくるところを想像してください。波頭のひとつが、あなたのいるところを通過したとしましょう。次の波頭は、30km 先からあなたに向かって近づいています。速度が171m/sでも、あなたのところまで達するのに、t=d/v=3万/171=175秒、ほぼ3分近くかかることになります。水面は、175秒のうち、前半の87秒間は下降していき、後半の87秒間は上昇していきます。そのため、津波はかなりの速度で進みますが、水位はゆっくり上昇し、ゆっくり下降します。もしあなたが港にいるときに、小さな津波がやってきたとしても、水位の上昇と下降に数分かかかるかもしれません。それは、ひじょうに急激な速度で潮の干満が起きているように見えるでしょう。巨大な砕(くだ)ける波が海岸に襲いかかる、というイメージは、ほとんど想像の産物です。大部分の津波は、特別に大きな満潮(まんちょう)のようなもの（水面には普通の波が立っているほど）で、海岸近くにあるものをすべて押し流していきます(4)。被害は、こういう形で起きるのです。もし海水位が10メートル上昇したとすると、いちばん高い水位に達するまでに50秒かかったとしても、すべてのものが破壊しつくされてしまいます。もしあなたが若くて健康なら、上昇する波を振り切って逃げ切ることができるかもしれません。もしあなたがあまり速く走れなかったなら、大量の水に押し流され、波が引いていくときに海まで引っ張られていってしまうでしょう。港では、小規模な高波(たかなみ)によってゆっくりと（175秒くらいかけて）水位が上下するのが、しばしば観察されます。船着場(ふなつきば)に係留さ

---

(4) 映画『ディープ・インパクト』の津波には、大きな間違いがある。映画では、巨大な波が砕けてマンハッタン島におおいかぶさるシーンが描かれている。しかし、ニューヨーク市の港は比較的水深が浅い。そのため、あのように押し寄せるほど大量の水はない。

れている船は、しばしばこうしたゆっくりとした波のために被害を受けます。水位が上昇して、船着場よりも高いところまで押し上げられ、ほかの船とぶつかるからです。津波警報を聞くと、多くの場合、船長は船を港の外に出し、沖合いに退避させます。日本語で「津波」とは、そもそも「港（を襲う）波」という意味です。

波の方程式――速度＝周波数×波長

前のセクションですでに述べたように、波長をL、速度をvとすると、波頭が通過して次の波頭がやってくるまでにかかる時間(time)は、T=L/vになります。この時間Tを、波の「周期」といいます。この計算は、すべての波に――音、津波、深水波、そして光にも――当てはまります。これは、速度と周期と波長の間の基本的な関係です。

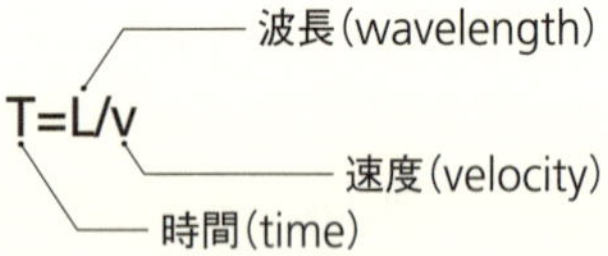

もし周期が1秒以下だったら、1秒ごとに通過する波頭を数えるには便利です。1秒ごとに通過する波頭の数を、波の「周波数」といいます。周波数f(=frequency)は、f=1/Tで求められます。これを前出の方程式に当てはめると、1/f=L/v、すなわち以下のようになります。

周波数(frequency)

$v=fL$

波長(wavelength)

速度(velocity)

この方程式は、覚える必要はありませんが、頻繁に使います。とくに光について説明するときには重要です。真空中の光の速度は、$v=3\times10^8$m/s で、通常 c で表されます。c はわかっているので、波長がわかれば、この方程式で周波数を計算できます。反対に、周波数から波長を計算することもできます。

音はつねにまっすぐ進むとは限らない

音波は、空気中であれ、海中であれ、直進しないことがしばしばあります。音波は、隣接する物質内の音速の違いによって、上や下へ、あるいは右や左へ曲がります。これには次のような法則があります。

波は、波の速度が遅いほうへ曲がって進行方向を変える性質がある。

なぜそうなるのかを理解するために、自分が友だちと腕を組んで歩いているところを想像してください。友だちが左側にいて、友だちがペースを落としたとすると、あなたの体は左側を後ろに引っ張られ、あなたの進行方向は左に曲がります。逆に、友だちがペースを上げたら、あなたは左腕を前に引っ張られて、右に曲がります（そして友だちも右に曲がります）。これと同じ現象が、波の場合にも起きるのです。これについては、今回の講義の終わりの自由選択学習「ホイヘンスの原理」のところでもっとくわしく説明します。

この原理は、大きな教室があれば証明できます。学生全員に対して、隣の学生が手を挙げたらすぐに自分も手を挙げるように指示をします。学生が手を挙げる動作は、まるで波のように教室の端から端まで伝わっていくでしょう。これは、スポーツの会場で観客がよくやる「ウェーブ」というパフォーマンスと同じです。もし教室の一部の学生に手を挙げるタイミングを少し遅くするにように指示したとすると、波は、手を挙げるのが遅い学生たちの方向に曲がるでしょう。

この方向転換の法則は、あらゆる種類の波に（音や水面波、あるいは地震波や光にまで）当てはまります。

「通常大気」の場合

大気を例にとってみましょう。高度が高くなると、通常、気温は低くなります。つまり、音速は、高い高度のほうが低い高度よりも遅くなるわけです。

ではここで、地表近くを水平方向に進んでいる音波を想像してください。進行方向よりも上のほうが、音速が遅くなりますから、音は上向きに曲がります。これを表したのが図7.3です。

ここで注意してほしいのは、音が地面と逆の高い高度に向かって曲がることです。音は上向きに曲がります。それは、上空の空気のほうが音速が遅いからです。

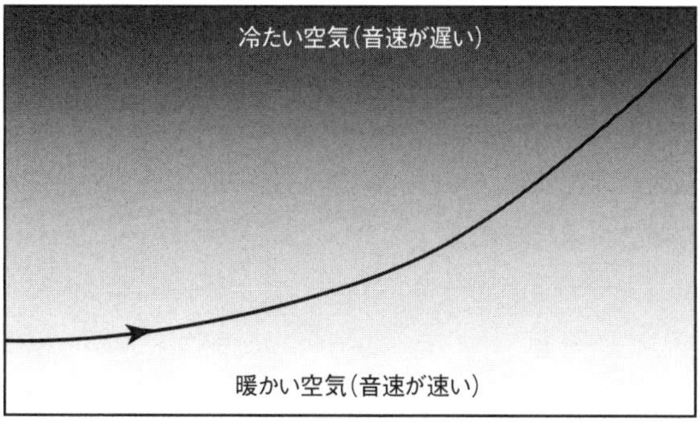

図 7.3　暖かい地面の近くに冷たい大気がある。音は上向きに曲がる。

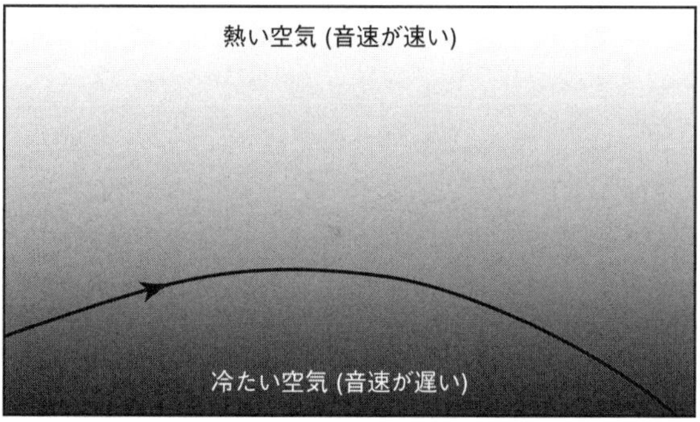

図 7.4　温度が逆転したときの地面の近くの音の経路。

夕方の音の場合

日が沈むと、地面の温度は急激に下がります（これは赤外線放射によるものです。第 9 講でくわしく説明します）。空気はそれほど急速には冷えませんから、日没後は地面の近くの空気のほうが上空の空気よりも温度が低くなることが、しばしばあります。この現象を、日中の通常のパターンと反対になることから、「温度の逆転」といいます。温度が逆転すると、図7.4に示すように、音の進行方向が地面に向かって下向きに曲がります。

日中の音の場合・その2

地面の近くの気温が高く、上空の気温が低い朝の状況を、もう一度見てみましょう。ただし今回は、同じ音源から出るいくつかの音の経路をかいてみましょう。それが図7.5です。

図のいちばん下の実線は、地面を表しています。下降する角度が急すぎる経路は地面にさえぎられることに注意してください。図の右下の小さな領域には、どの経路も届きません。音波がここに達するには、地面の下を通っていかなければなりません（いまここでは、地面は音を吸収するか、反射して——少なくとも、あまりよくは——音を伝達しないものと仮定します）。もしあなたが影領域にいるとすれば、図の左端の音源からくる音はまったく聞こえません。地面がじゃまになって音が届かないからです。

この図を見れば、朝静かに感じられることが多い理由がわかります。音が上空に向かって曲がるため、地面の近くにいる人には、ほとんどの音が——遠くを行き交う自動車の音も、鳥のさえずりも、波の音も、ライオンの雄叫びも——届かないのです。

夕方の音の場合・その2

図7.6は、温度分布が逆転した夕方の音の経路をかきなおしたものです。

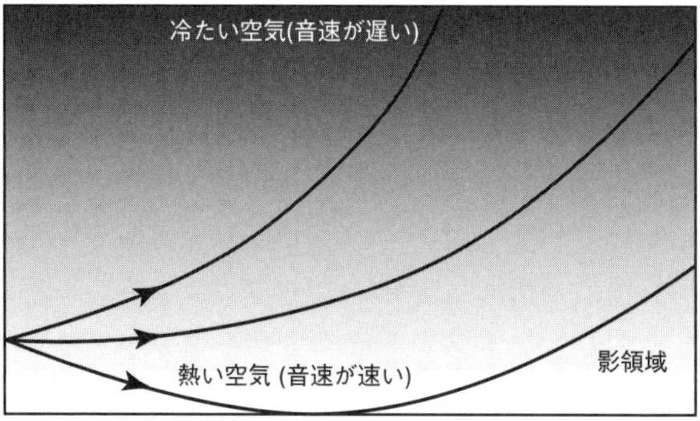

図 7.5　影領域。左側の音源から出た音は、地面にさえぎられて、「影領域」には届かない。

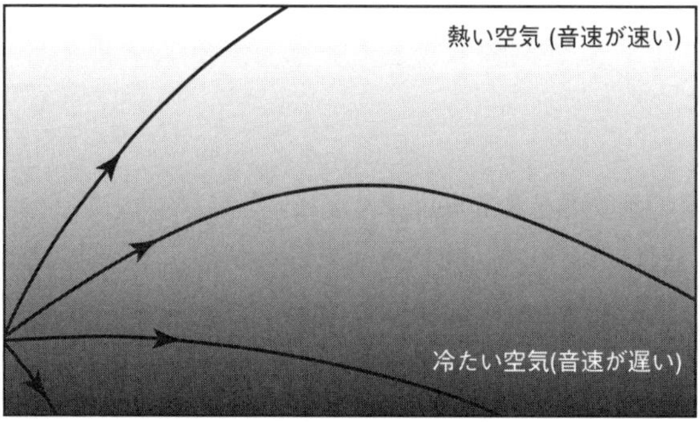

図 7.6　夕方の音の経路。影領域がないため、遠くの音も聞こえる。

影領域がないことに注意してください。あなたがどこにいても、音があなたにまで届く経路があります。

あなたは、朝よりも夕方のほうが遠くの音がよく聞こえることに気づいていますか。わたしは、夕方になると、遠くを行き交う自動車や列車の音がよく聞こえるのがわかります。そうした音は、朝はめったに聞こえません（わたしは、海岸から400メートルくらいのところに住んでいた十代のころ、この現象に気づき、初めは不思議でなりませんでした。夕方には波が砕ける音が聞こえるのですが、朝はまったくといっていいほど聞こえなかったのです）。

その理由は、前出の図を見ればわかるでしょう。夕方は、上に向かって放射された音が下向きに曲がって戻ってくるので、遠くの音も聞こえます。影領域はどこにもありません。

もし仮にあなたが野生獣だったとしたら、獲物を探すには、夕方がいいでしょう。獲物が遠くにいても、獲物の気配が聞こえますから。もちろん、向こうにも、あなたの気配が聞こえるでしょうが。

朝遠くの音が聞こえる日は暑くなる。なぜか

わたしはときどき、朝起きると、遠くを行き交う自動車の音が聞こえることがあります。そういう日は、暑くなる（そしてスモッグも多くなる）だろうということがわかります。わたしはこのことを、その理由を理解するずいぶん前から、経験的に知っていました。

遠くの音が聞こえるということは、温度の逆転が起きているということです。つまり、高い高度の気温が、低い高度の気温よりも高いということです。朝、気温が逆転した場合の音の経路は、前出の夕方の音の経路の図と同じです。

朝、温度の逆転が起きることはまれですが、それでも起きるときには起きます。朝、逆転が起きると、特殊な気象条件にな

ります。普通の（逆転が起きない）日には、熱い空気は地面の近くにあり、冷たい空気は上空にあります。熱い空気は冷たい空気よりも密度が低いので、上昇しようとします（水よりも密度の低い木が水に浮くのと同じです）。すると、熱い空気は上空に上がって、冷たい空気と入れ替わります。

しかし、逆転が起きている場合――つまり、熱い空気が上にあって、冷たい空気が下にある場合――は、上空の空気が地上付近の空気より密度が低いことになります。その場合、地面付近の空気が上昇する「対流」は起きません。行き場のない熱い空気は、地面の近くに滞留（たいりゅう）し、その結果暑い日になるのです。スモッグなどの汚染物質も下によどみます。テレビやラジオの天気予報でも、しばしば「温度の逆転」について触れることがあります。これで、天気予報でよく聞く温度の逆転がどういうものか、わかりましたね。正常な温度分布が逆転する、つまり、冷たい空気が地面の近くにあって、熱い空気が上空にあるのです。

奇跡の球と音響チャンネルの謎解き――収束音

ではここで、第二次世界大戦中にモーリス・ユーイングがSOFARシステムのために利用した海中の不思議な音響チャンネルの話に戻りましょう。

海中では、深く潜るほど、水温が低くなっていきます。水温が低いと、音の速度は遅くなります。しかし、前述したように、水深が深くなると、水圧のために水は圧縮されて、密度が上がります。密度が上がると、音は速くなります。この2つの効果が結合すると、次のようなことが起こります。つまり、水深が深くなるにつれて音速は徐々に遅くなりますが、ただし、水深が1キロメートルくらいになると、音速はふたたび速くなるのです。これを図解にしたのが、図7.7です。色が暗いところほど、（前出の大気中の図と同じように）音速が遅くなります。

これに、音の経路を加えます。音の経路は、つねに音速が遅いほうへ曲がります。図では、最初上昇した音の経路が、下へ曲がり、音速の遅い領域を通過したあと、また上向きに曲がります。音の経路は上下に揺れ動き、音速の遅い領域、つまり水深1キロメートルの音響チャンネルから外へ出ることは決してありません。

奇跡の球SOFARはいかに撃墜されたパイロットを救ったか

ユーイングがつくった奇跡の球・SOFARの魔法に話を戻しましょう。前述したように、SOFARの中は空洞になっていますが、重い材質でできていました。水よりも比重が大きいので、水に浮かず、沈みました。ユーイングは、この球体が、水深1000メートルまでの水圧に耐えられる強度に設計しました。水深1000メートルまで達すると、この球体は瞬時につぶれます。このとき、つぶれた破片が互いにぶつかって、破裂音を出します。ハンマーとハンマーを互いに打ちつけて、大きな音を出すようなものです。半径2.5センチの球体が水深1キロメートルで放出するエネルギーは、60ミリグラムのTNTにほぼ相当します。あまり大きなエネルギーとは思えませんが、それでも特大の爆竹（ばくちく）と同じくらいのエネルギー量があります。

空気中では、爆竹の音はあまり遠くまで届きません。おそら

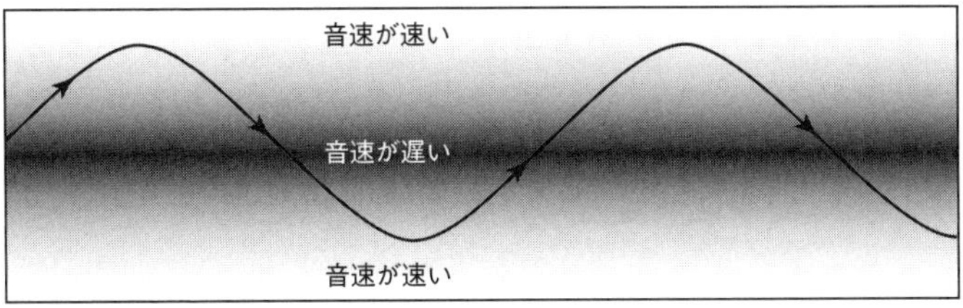

図 7.7　音響チャンネル

く、数キロ程度でしょう。しかし、水深1000メートルでは、海中の音響チャンネルが音を収束(しゅうそく)します。しかも、音響チャンネルは静かです。音響チャンネルの内部で発生した音以外は、音響チャンネルにつかまることはありません。クジラや潜水艦が音響チャンネル内で出した音は、すべて音響チャンネル内にとどまりますから、音響チャンネル以外で発生した音のように拡散することはありません。音響チャンネルにマイクを設置しておけば、何千キロも離れた場所から届いた音を聞き取ることができます。

第二次世界大戦中、海軍は、SOFARの破裂音を拾(ひろ)うことができるいくつかの要所に、そうしたマイクを配置しました。こうしたマイクを使って、音が届くまでの時間によって、SOFARが破裂した場所を特定することができました。たとえば、2箇所のマイクに同時に音が届いたとすると、音が発生した場所は、この2つのマイクから等距離の線上のどこかになります。さらに、別の2つのマイクが同時に音を拾って、もうひとつ別の線を描いたとすると、この2つの線が交差する地点が、撃墜されたパイロットのいる場所になるわけです。

音響チャンネル内で聞こえるクジラの歌

音響チャンネルとは、どんな形をしているのでしょうか。「チャンネル（経路）」というと、長細い道のようなものを連想するかもしれませんが、それは違います。音響チャンネルは、水深1キロメートルほどに存在する平たい層で、ほぼ世界中の海に広がっています。この音響チャンネルの中で発生した音は、音響チャンネルの外へは出ていきません。たしかに、水平には広がりますが、垂直方向には広がりませんから、それほど拡散はしません。そのために、音源からはるか遠い場所でも聞き取ることができるのです。収束されて、平たい層の中に封じ込められるからです。

あるいは、音響チャンネルを、ひじょうに大きなビルの1つのフロアのようなものと考えてもよいでしょう。ただし、このフロアには、天井と床はあっても、壁はないと思ってください。音は水平方向には進んで行きますが、垂直方向には進めません。海面で発生した音は、音響チャンネルにつかまることはありません。波の音や船の音が、音響チャンネルにむやみに入り込むことはありません。音響チャンネルは静かな場所ですから、SOFARや同じ音響チャンネルの中で発生した音はよく聞こえます。

クジラがこのことを発見したのは、おそらく何百万年も昔のことでしょう。クジラは、音響チャンネルのある水深で歌を歌うのが好きです。それは、一度聞くと忘れられないほど美しい歌声です。

クジラの歌声は、インターネットでも聞けますし、CDも売られています。クジラが何と歌っているのかは、誰にもわかりません。想像力の乏しい無粋(ぶすい)な人たちは、自分の居場所を教えているだけだと思っているようです。

冷戦と音響監視システムSOSUS

第二次世界大戦中、潜水艦隊は「沈黙の艦隊(サイレントサービス)」と呼ばれました。これは、潜水艦が発するどんな音でも、敵に発見される危険性があることからつけられた呼び名です。そのため、潜水艦の乗組員は、物音を極力立てないようにつねに注意を払っています。潜水艦の中で誰かがレンチを落としたら、海の中では潜水艦以外にはありえない音を立ててしまうことになります（魚はレンチを落としたりしません)。レンチが船体とぶつかって立てるけたたましい音は、船体の振動として海水に伝わります。水上艦や潜水艦は、ほかの潜水艦から出る音を聞くための高感度のマイクを装備しています。

音響チャンネルの存在自体は、ほどなく機密扱いを解除されましたが、その特性についてはずっと機密にされてきました。1950年代から1990年代にかけて、アメリカは何十億ドルもの費用をかけて、何百というマイクを、世界中のいたるところに設置しました。こうしたマイクから、解析センターに信号が送られ、世界でもっとも高性能なコンピュータによって解析が行われました。このシステムは、SOSUSと呼ばれました。SOund SUrveillance System（音響監視システム）の頭字語(とうじご)です。冷戦時代、SOSUSを有効活用するために、海軍は莫大な費用を投じて、海と海の特性について計測を行い、世界中の海の温度分布についてつねに最新の情報を集めていました。

SOSUSについてもっとくわしく知りたい人は、トム・クランシーの小説『レッド・オクトーバーを追え』がよい手引書になるでしょう（映画はおすすめできません。映画では、おもしろいテクノロジーの説明が省かれてしまっています）。

ふたたびUFOへ――大気中にもある音響チャンネル

モーリス・ユーイングは、海でのSOFARの仕事を終えてからまもなく、大気中にも音響チャンネルがあるはずだということに気づきました。彼の推理は簡単でした。高度が高くなるほど気温が低くなることは、誰でも知っています。山の上は、海抜0メートルよりも気温が低くなります。気温は、高度が100メートル高くなるごとに、摂氏0.6度下がります。

つまり、音の速度は、高度が上がるにつれて遅くなります。そのため、音波は上向きに進むことになります。しかし、ユーイングは、ひじょうに高い高度まで上がると、ふたたび気温が上がりはじめることも知っていました。高度が1万2000～5000メートル（4万～5万フィート）になると、気温が上がりはじめ、音の進路は下向きに変わります。高度による気温の変化を示したものが、図7.8です。

音速は気温によって変わることを思い出してください。気温が低くなれば、音速は遅くなります。つまり、音速は、高度が高いところと低いところで速く、1万5000メートルくらいでは遅くなるのです。

もう一度、図7.7を見てください。海中をジクザクに進む音

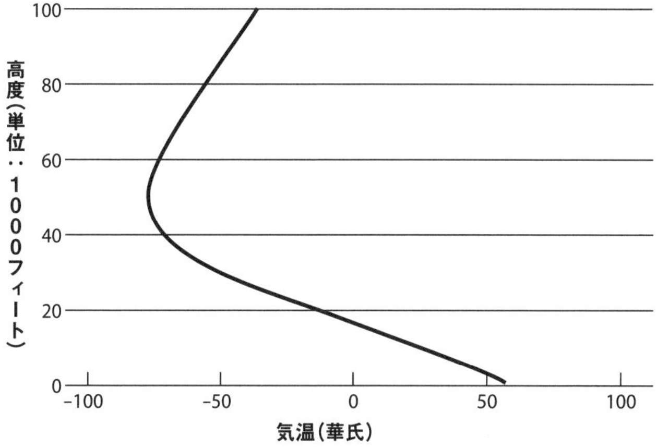

図7.8　高度による気温の変化

の進路が示されています。大気中を進む音についても、高度1万5000メートルあたりを中心にして（正確な高度は緯度や季節によって変わる）、この図とそっくり同じことが当てはまります。これに気づいたユーイングは、この知識をアメリカの国家安全保障に役立てる計画を思いついたのです。

さてここで、わたしたちは、物理学について知っておかなければならないことがあります。どうして気温は、高度1万5000メートルを超えると上昇するのでしょうか。

オゾン――高高度の温度上昇の原因

なぜ、高い高度になると空気が熱くなるのでしょうか。その原因は、あの有名なオゾン層です。高度1万2000～1万5000

メートルには、あり余る量のオゾンがあり、このオゾンが太陽からの紫外線放射のかなりの量を吸収します。紫外線（UV）は太陽光の一部ですが、人の目には見えません。オゾン層によって、わたしたちは守られています。というのは、紫外線は皮膚に吸収されると、ガンを引き起こす可能性があるからです。紫外線放射については、第9講でもっとくわしく説明しましょう。

20世紀末、科学者たちは、人間の活動によってオゾン層が破壊され、発ガン性のある紫外線が地表に達する量が増大するのではないかと、不安を抱くようになりました。科学者たちがとくに心配したのは、CFC（クロロフルオロカーボン：冷蔵庫やエアコンに使われている）と呼ばれる化学物質が大気中に放出されていることでした。CFCから放出される塩素とフッ素が触媒（しょくばい）のはたらきをして、オゾンO_3を普通の酸素分子O_2に変えるのです。

CFCの使用は国際的に法律で禁じられましたから、これで問題は解決するだろうと思われます。このため、人為的なオゾン層破壊はもはや緊急の問題ではなくなりました。

UFO騒動の真相——ユーイングのモーグル計画とフライング・ディスク

モーリス・ユーイングは、自分が予想した大気中の音響チャンネルを利用する方法を考えました。それは、ソ連の核実験を探知することでした。冷戦が始まった1940年代末ごろ、ソ連には優秀な科学者が数多くいましたから、彼らの手で原子爆弾がつくられるのは時間の問題だろうと思われました。当時のソ

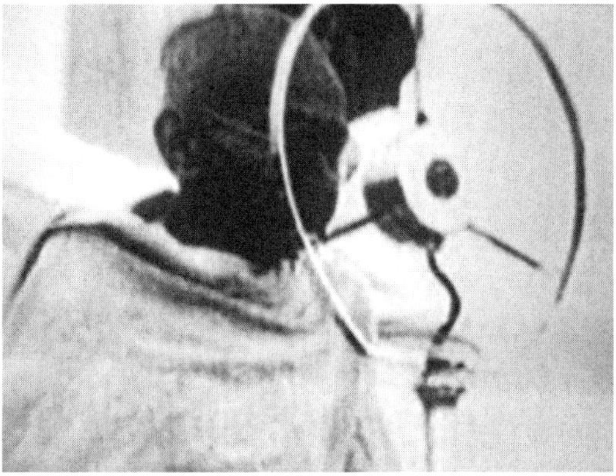

図 7.9　ディスク・マイクで演説するマハトマ・ガンジー

連は、秘密主義の強い閉鎖的な社会でした。事実、スターリンは、3000万人ものクラーク（自営農民）を餓死させましたが、情報統制を敷いていたので、そうした悪事が広く知られることはありませんでした。1948年にジョージ・オーウェルが書いた『1984年』には、こうした政府がもたらす恐怖が描かれています。

ユーイングの予測では、核爆発の火球（かきゅう）が大気中の音響チャンネルまで上昇し、チャンネルを通して世界中に届く轟音（ごうおん）を上げるはずでした。ユーイングは、そうした音を残らず検知し、測定するために、音響チャンネルにマイクを飛ばすように主張しました。そうすれば、アメリカ国内にいながらにして、ソビエトの核実験について知ることができるのです。

ユーイングが使ったマイクは、「ディスク・マイクロフォン」と呼ばれるものでした。このマイクは、ディスクの中心にマイク本体をコードで吊ったものでした。このように手の込んだ構造になっていたのは、検知した音を振動として高感度のマイクに正確に伝えるために必要だったからです。図7.9は、マハトマ・ガンジーがディスク・マイクを使って演説をしている1940年代の写真です（モーグル計画でフライング・ディスク・マイクが使われたのと同じ時代です）。

ユーイングのアイデアは、長いコードでマイクを一列につないで、高高度気球から吊り下げ、そのマイクで音響チャンネルの音を拾って、電波で地上に送信する、というものでした。このフライング・ディスク・マイクロフォンは、略して「フライング・ディスク」と呼ばれました。（「フライング（空飛ぶ）」という言葉は、飛行機だけに使われるわけではありません。気球の場合にも、同じように「飛ぶ」「飛ばす」という言い方をします）。このモーグル計画の気球は巨大で、一列につないだマイクの長さは200メートル近くにもなりました。

モーグル計画は成功しました。このシステムは、アメリカが行った核実験の探知に成功し、1949年8月29日には、ソ連の最初の核実験も探知しました。

1947年のロズウェルの墜落事故

何度か飛行をくり返していたモーグル気球は、1947年7月7日にロズウェル陸軍航空隊の基地の近くに墜落しました。気球を回収したアメリカ陸軍は、「フライング・ディスクは回収した」とのプレスリリースを発表しました。これが翌日、今回の講義の冒頭でも見た『ロズウェル・デイリー・レコード』の

「RAAF Captures Flying Saucer（ロズウェル陸軍航空隊、空飛ぶ円盤を捕獲）」という見出しになったのです。

墜落した物体は、空飛ぶ円盤ではなく、ソビエトの核実験の音を拾うためのフライング・ディスク・マイクロフォンを搭載した気球だったのです。この計画は極秘扱いだったので、このプレスリリースの内容はセキュリティ部門の関係者から不適切と判断され、翌日「撤回」されました。訂正されたプレスリリースでは、墜落したのは「気象観測用気球」だったことになりました。本当は、気象観測用気球ではありませんでした。アメリカ政府は嘘をついていたのです。

アメリカ政府、ついに真実を語る

1994年、ある下院議員の要請に応じて、アメリカ政府はロズウェル事件に関する情報の機密扱いを解除し、報告書を作成しました。一般向けの記事は、『ニューヨークタイムス』と『ポピュラーサイエンス』（1997年7月）に載りました。

さて、あなたはまだアメリカ政府が嘘をついていると思いますか。

政府がいまは嘘をついていないとどうしてわかるのか

モーグル計画に関する公式な政府報告書は巧妙に仕組まれた隠蔽（いんぺい）工作にすぎない、と信じている人が大勢います。そういう人たちは、空飛ぶ円盤は本当に墜落して、政府はそれを一般の人々に知られたくないのだ、と信じています。彼らからすれば、わたしもその陰謀に加担（かたん）していて、人々をたぶらかせて空飛ぶ円盤は存在しないと思い込ませようとしている、ということになるのでしょう（1997年の映画『メン・イン・ブラック』によると、黒服の男たちの仕事は、一般の人々から事実をひた隠しにすることでした）。

それに対して、わたしはこうお答えしましょう。モーグル計画など実際にはなかったのだ、とあくまで信じている人たちは、海洋や大気中の音響チャンネルという目覚しい科学的知識が、おそらく理解できないのでしょう。わたしには、こんなすばらしい物語をでっち上げることなどできません。何から何まで緻密にできすぎています。それに比べて、空飛ぶ円盤の話をでっち上げるのは、比較的簡単です。それには、大した想像力はいりません。わたしなりに考えたのですが、こういう判定法はどうでしょうか。食い違う話がある場合には、どちらがより想像力に富み、より魅力的か、ということを基準にすれば、どちらが真実かおのずとわかってくるのではないでしょうか。

地震

地球の断層が突然エネルギーを放出すると、地中に波が生じます。地震が最初に発生した場所を、「震源」といいます。わたしたちが経験するほとんどの地震は、遠い震源で発生して、長い距離を伝わってきた震動です。

地震の震源は、いくつかの異なる場所に地震波（じしんは）が届いた時間の差によって、場所を特定することができます。これは、第二次世界大戦中に、撃墜されたパイロットの居場所を特定するために使われたSOFARシステムと同じ仕組みです。また、震源は、しばしば地中深い場所にあるので、震源と緯度と経度が同じ場所にいる人でも、震源から20～30キロメートル離れている（つまり震源の真上にいる）場合もあります(5)。

地震で放出されるエネルギーは膨大で、人類が持つ最大の核兵器よりも大きなものもしばしばあります。しかし、驚いてはいけません。何十キロ、何百キロという範囲の山々を揺らせるのですから、膨大なエネルギーが必要なのです。1935年、チャールズ・リヒターは、振動を計測して地震のエネルギーを推定する方法を見つけました。この指標は、「リヒター・スケール」〔日本では「マグニチュード」〕と呼ばれています。マグニチュード6の地震は、TNT火薬100万トンに相当するエネルギーを放出すると考えられています。これは、大型核兵器並みのエネルギーです。マグニチュード7（1989年にサンフランシスコの南で起きたロマプリータ地震くらいの大きさ）になると、放出されるエネルギーはさらにその10～30倍になります〔1995年の阪神淡路大震災がマグニチュード7.3、2011年3月の東日本大震災がマグニチュード9.0〕。

いま、10～30倍といったのはなぜでしょう。どちらが正しいのでしょうか。結論から言うと、どちらかよくわからないのです。マグニチュードは、エネルギーと正確に対応しているわけではないのです。地震によって、マグニチュードが1違うとエネルギーが10倍になる地震もあれば、30倍になる地震もあるのです。エネルギーを計測するよりも、マグニチュードを計

(5) 震源の深さが70キロメートル以下の地震は「浅い」地震に分類される。

測するほうが簡単なのです。だから、マグニチュードがこれほど広く一般的に使われているのです。

表7.2は、アメリカの歴史地震のいくつかのマグニチュードを示したものです。マグニチュードの数値は、四捨五入して整数に丸めてあります。

波はある場所から別の場所にエネルギーを運びます。地震波の速度は、伝わる岩石や土の性質（たとえば花崗岩か石灰石か）や、その温度（とくに深い地震の場合）など多くの要素によって異なります。

地震波を伝える速度が速い物質から遅い物質、たとえば岩石から土に変わるとき、とくに破壊的な効果が生じます。波の速度が落ちると、波長（波頭と波頭の間隔）が小さくなります。エネルギーはそのままですが、より短い間隔に圧縮されます。その結果、揺れが大きくなります。地震波が運ぶエネルギーは変わりませんが、建物へ及ぼす影響ははるかに大きくなります。これと同じことが、1989年のロマプリータ地震のときにオークランド〔カリフォルニア州〕で起きました。地震の揺れは、大きな被害をもたらすことなく、オークランドの大部分を通り過ぎ、高速道路の近くまできました。この地域は、湾の一部を埋め立てたところで、波を伝える速度が遅いやわらかい土でできていました。そのため、地震波がここに達すると、揺れが大きくなりました。地震でもっとも危険な場所が、埋立地です。サンフランシスコのマリーナ地区も埋立地ですから、大きな被害を受けました。

表 7.2　**地震のエネルギー放出量**

地震	マグニチュード	TNT（メガトン単位）
	6	1
サンフランシスコ地域 1989	7	10～30
サンフランシスコ 1906	8	100～1000
アラスカ 1999	8	100～1000
アラスカ 1964	9	1000～30000
ニューマドリッド、ミズーリ　1811	9	1000～30000

地震の震源を特定するには

前述したように、雷が光ってから雷鳴が聞こえるまでの秒数を測って、それに330メートルをかければ、雷が落ちた場所までの距離がわかります。これと同じ方法で、震源までの距離がわかります。地面の揺れを感じたら、すぐにテーブルの下などにもぐり込み、同時に秒数を数えてください。そのあともっと大きな揺れがきたら、それまでの秒数に8をかけてください。そうすれば、震源までの距離（キロメートル）がわかります。

どうしてこんな方法で距離がわかるのでしょうか。それを理解するには、P波、S波、L波という3つの主要な地震波について知る必要があります。

P波

このPは、“primary（第1の）”の頭文字で、最初にくる地震波のことです。P波は、普通の音と同じ縦波（疎密波）です。つまり、波の伝播方向と同じ方向に前後に振動します。だから、たとえば、街灯の柱が東西の方向に揺れているとすれば、P波は東と西のどちらかからきていることになります。P波の速度は、およそ6km/s（キロメートル/秒）です。これは、空気中の音速（0.3km/s）よりもかなり速い速度です。

S波

このSは、“secondary（第2の）”の頭文字で、2番目にくる地震波のことです。S波は横波です。つまり、伝播方向に対して直角に振動します。もしこの波が東からやってくるとすると、振動の方向は、南北か、上下か、あるいはその中間のいずれかの角度になります。S波は、横方向の運動が容易な固い物質の中しか伝播できません。液体は、S波を通しません。地球の中心近くに液体核が存在することがわかっていますが、それはS波がここを通過できないからです。S波の速度はおよそ3.5km/sです。

L波

Lは“long（長い）”の頭文字です。L波は、地表だけを伝わる地震波で、縦波と横波が合成されたものです。L波は、P波とS波が地表に達したときに、震源の近くでつくられます。L波は、3つの地震波のなかでもっとも波長の長い波です。通常、もっとも大きな被害をもたらすのが、このＬ波です。地表を伝播するこの波は、３次元的には広がらないので、しばしば振動がもっとも大きくなります。Ｌ波の速度は、およそ3.1km/sです。

震源までの距離の計算・その2

ではここで、地震の震源までの距離を推定する方法に戻りましょう。テーブルの下にもぐると同時に、最初の揺れ――Ｐ波――を感じてからの秒数を計ってください。Ｓ波が届いたら、次の基準に基づいて距離を求められます。

震源までの距離は１秒につき約8.4km

仮に、Ｐ波とＳ波の間隔が５秒あったとすると、震源までの距離は8×5=40kmになります。Ｐ波の揺れ方から、震源の方向も推定できるかもしれません。前後の揺れの方向は、震源のある方向と同じです（地中深くを進む地震波はもっと速くなりますから、この方程式は当てはまりません）。

数学が好きな人に聞きますが、わたしが8.4という数値を出した計算法がどういうものかわかりますか。これは、Ｐ波とＳ波の速度が基本になります。ヒント：波が伝播した距離は、速度かける時間に等しい。これは必須ではなく、自由選択学習なので、脚注(6)で説明します。

地球内部の液体核

地球の表面から中心までの中間のあたり、地下2900キロメートルくらいにまで行くと、ひじょうに分厚い液体の層にぶつかります（地球の中心までの距離は6378キロメートル）。地球全体が、この液体層の上に「浮いている」と言ってもいいでしょう。この層のほとんどは液体鉄であり、その流れが地球の磁場をつくり出しています（第6講参照）。この液体は、摂氏1000度の高温ですから、もし地殻（ちかく）という覆（おお）いがなければ、核からの熱放射でわたしたちはたちまち黒焦（こ）げなってしまうでしょう。

ではここで、重要な問題を出します。いま話したようなことは、いったいどうしてわかったのでしょうか。わたしたちが地中を掘り進んだとしても、数キロメートル程度までが限度です。地球の核まで到達した人は、いままでひとりもいません。火山も、そんな深いところから噴き出しているわけではありません。では、どうすればわかるのでしょうか。

興味深いことに、地震からの信号を観察することによって、それがわかるのです。年間、何千回という地震が起きます。こうした地震は、世界中に設置された地震検出器によって調査さ

---

(6) あなたがいる場所から震源までの距離を d としよう。P 波の速度を v_p とする。P 波があなたのいるところまで達するのにかかる時間を、$T_p=d/v_p$ とする。S 波の速度を v_s とし、S 波があなたのところに達するまでにかかる時間を、$T_s=d/v_s$ とする。まず、P 波を感じたら、すぐに秒数を計る。そのあと S 波がくる。あなたが計った時間差は $T=T_s-T_p$ である。すると、$T=T_s-T_p= d/v_s-d/v_p=d(1/v_s-1/v_p)=d(1/3.5-1/6)=d(0.119)$ になる。d を求めるには、$d=T/0.199=8.4\times T$ になる。

れています。最大級の地震になると、地球の内部を縦断して、地球の反対側で検出されるほどの強い波を発生させます。

地震について興味深いのは、「P 波しか地球の核を通過しない」ことです。S 波はすべて反射されてしまいます！　これがすばらしい手がかりになるのです。P 波は縦波の疎密波ですから、岩石でも、液体でも、気体でも、伝播していきます。しかし、S 波は横波です。横波は、固体の中は伝わりますが、液体や気体の中は進めません。というのは、液体や気体は横方向に動いても、ほかの液体や気体の脇をすり抜けてしまうからです。これでは、横の振動はあまりうまく伝わりません。だから、P 波は通過するが S 波は通過しないという事実は、液体核が存在することを示すひとつの手がかりになります。また、科学者たちは、波の伝播する速度を測定し、その結果から気体と多くの種類の液体を除外しました。地球の質量に占める割合から、核の密度を測定し、核が生み出す磁場も調べました。こうしたことを総合して、候補の液体を除外していき、最後に残ったのが鉄だったのです（液体ニッケルも多少含まれている可能性があります）。

最初、地球ができたとき、溶けた鉄は地球の表面にあったと考えられています。鉄は、ほかの岩石よりも密度が高いので、ほとんどの鉄は核に沈み込みました。その液体鉄はいまも核にあり、まだ完全に冷え切ってはいません。「内核（ないかく）」と呼ばれる核のさらに中心部には、ひじょうに大きな圧力がかかっています。内核も高温ですが、この強い圧力のために固体になっています。もし仮に、この圧力の元になっている地球のほかの部分をすべて取り去ったとすると、この内核も、液体か、あるいはひょっとすると、気体に変わるでしょう。

では、液体核の中に固体の核があることは、なぜわかったのでしょう（言い換えれば、どうやって科学者たちはこのことを突き止めたのでしょうか）。

答えは次の通りです。疎密波が固体の内核がある深さに達すると、2種類の波に分かれます。そうした波の作用から、その一方が横波であることがわかります。だから、横波は外核を通過することはできませんが、内核では横波がつくられています。ですから、内核は固体にちがいありません。

波は相殺（そうさい）／増幅する

あなたが運悪く、2箇所で起きた地震の中間点にいたとしましょう。一方の地震波は、北からやってきて、あなたの体を上、下、上、下、上、下……という具合に揺らせたとします。もう一方の地震波は、南からやってきて、あなたの体を下、上、下、上、下、上……という具合に――つまり北からの地震波と反対に――揺らせたとします。何が起こるでしょうか。一方の地震の上向きの揺れは、もう一方の下向きの揺れと相殺（そうさい）されるのでしょうか。

答えはイエスです！　もし運悪く、そうした2つの地震波にはさまれることがあったら、2つの波が相殺する場所にいるようにして、不運を幸運に変えてください。あなたの命運は、2つの波の揺れが正反対になるかどうかにかかっています。

もちろん、違う場所にいれば、地震波がやってくるタイミングも違うため、相殺し合わないかもしれません。一方の波があなたの体を上、下、上、下……という具合に揺らし、もう一方の波も同じように揺らしたとしましょう。上向きの揺れと、下向きの揺れがそれぞれ同時に届いたとしたら、揺れは2倍の大きさになります。

こうした状況が起きるのも、意外と珍しいことではありません。地震は1箇所で1度だけ起きたとしても、波の一部が曲がって、ひとつの地震の地震波が別々の方向からやってくることもありえます。もし運がよければ、2つの波が互いに相殺するかもしれませんが、ほんのちょっと離れた場所では増幅するということもありえるのです。これと同じ現象が、1989年のロマプリータ地震のときに起きました。いくつものビルが、一方の側が大きく揺れて倒壊していながら、反対側は無傷だったのです。これは、おそらく2つの方向から同時に地震波が到達し、同じビルの無傷の側で波が相殺し合ったのでしょう。

2つの波が同じ方向に進んだ場合にも、波長（あるいは周波数）が違えば、同じような相殺が起きる可能性があります。図7.10の2つの波を見てください。曲線は、時間の経過に応じた地震の上下の揺れの大きさ（センチ）を示しています。グラフの0（ゼロ）は、本来の地面の高さです。破線は、上下に（1cm ～－1cm の幅で）揺れています。実線も同じように揺れています。いまはまだ、2つの波が重なった場合の効果については考えません。

まず破線の波を見てください。0秒の時点では、最大値の1から始まります。それから上下して、1秒後までに5サイクル

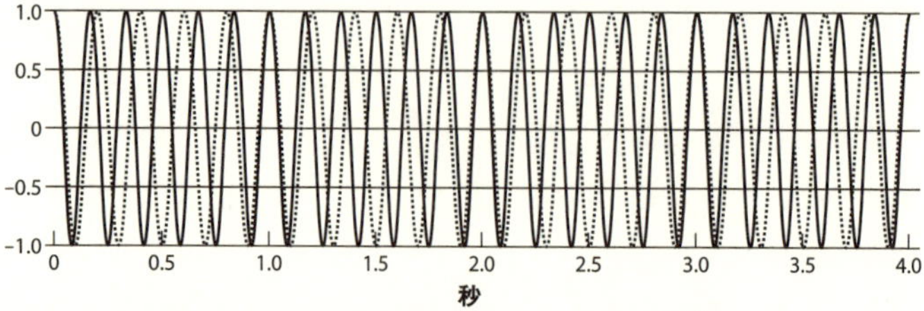

図7.10　周波数の異なる2つの波。2つの波は、最初は位相（いそう）が一致しているが、そのあと位相が逆になり（波が相殺し合い）、その後また一致する。位相が一致する部分と逆になる部分が交互に続いている。

くり返します。破線の波の周波数は1秒間に5サイクル＝5Hzになります。

次は、実線の波を見てください。1秒間に上下動を6回くり返します。実線の波の周波数は、6Hzです。

2つの波に同時に揺られたとしましょう。0秒の時点では、実線と破線の波は両方とも上向きに揺れています。2つの効果を合わせると、あなたの体は1+1=2cm上に押し上げられることになります。0.5秒後を見てください。実線の波は1cmあなたを押し上げようとしますが、破線の波は1cm下に沈ませようとします。そのため、2つの効果は相殺して、この瞬間あなたの体は本来の地面の高さにあります。

2つの波が同時にあなたを下に沈ませようとするときもあります。2つの波がまったく同時に最小値の－1になるところはありませんが、0.1秒のあたりでほぼ同時に－1になります。この瞬間、2つの波は同時にほぼ－1cm下向きに揺れ、合わせた効果によって地面は2cm沈むことになります。

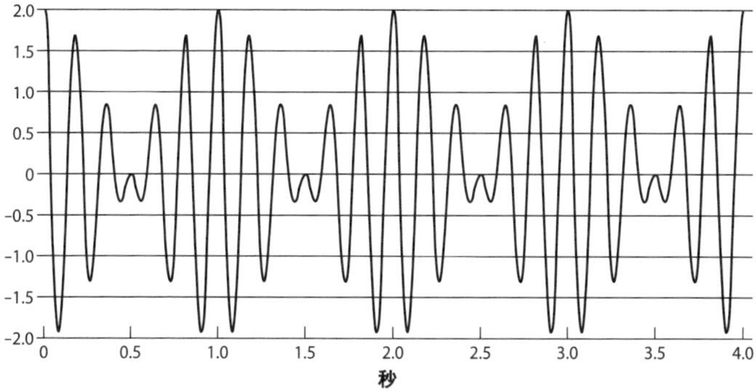

図7.11　２つの波を合成したうなり。増幅と相殺を交互にくり返している。

「うなり」とは

図7.10の２つの波を合わせると、図7.11のようになります。

この図では、曲線が２と－２の間を動くので、上下の動きは大きくなります。増幅と相殺をくり返すため、揺れには規則性がありません。サイクルを数えてみてください。いくつになりましたか。

おそらく、あなたが数えた周波数は6Hzでしょう（わたしも同じです）。それぞれのサイクルによって、揺れの大きさにかなりの差があります。数学的にこの振動を単一の周波数とみなすことはしません。これは、２つの周波数の合成です。

この合成された波は、１秒ごとに最大の揺れがくるように変調されています。これを「うなり」といいます。うなりの周波数は、次の洗練された方程式で求められます。

$$f_{beats}=f_1-f_2$$

- f_1：明るい領域の周波数
- f_2：暗い領域の周波数
- f_{beats}：うなり（beats）の周波数（frequency）

f_1とf_2は、信号を構成する2つの（つまり明るい領域と暗い領域の）周波数です。もし計算結果がマイナスになっても、マイナス記号は無視してください。うなりは上下をさかさまにすれば、同じです。

音楽——音と音程

音楽では、周波数を「ピッチ」といいます。高音は、周波数の高い音で、低音は低い周波数の音です。音楽の音は通常、1つの優位周波数を持つ音波からできています。こうした音の高さの違いは、ド、レ、ミ、ファ、ソ、ラ、シ、ド……という音名で表記します。ピアノの白鍵（はっけん）には、この8つの音名が割り当てられています。そして、この8つの音名は周期的にくり返し使われます。ピアノの中央にある白鍵を、中央ドといいます。これより上のラ音が（ピアノが純正音階に調律されていれば）440Hzになります。鍵盤（けんばん）に当てはめられた音名をくり返す（たとえばピアノには8つのラ音の鍵盤がある）のは、近いラの音同士が、ほとんどの人の耳に、似た音に聞こえるからです。2つのラ音は似ているのです。事実、1オクターブ（8音）高くなると、周波数は正確に2倍になります。中央ラの上のラ音は、周波数が880Hzです。さらにその上のラの音は、1760Hzです。正常な人の耳には、1万Hzまで聞こえます。なかには、1万5000～2万Hzまでの高音を聴き取ることができる人もいます。

もし2つの音を同時に出して、その周波数がほんの少し違っていたら、うなりが聞こえるはずです。たとえば、440Hzの音叉(おんさ)を持って、ギターの五弦(ごげん)（ラ音）を弾いたとしましょう。もし1秒ごとに1回のうなりが聞こえたら、弦の音は1Hzずれています。つまり、441Hzか439Hzのどちらかです。うなりの周波数が低くなるように弦の張りを調節していって、うなりがしなくなったら、その弦の「調律」は完了です。

ラとその上のミの音程は5度です。これは、ラ、シ、ド、レ、ミの5音の隔たりがあるからです。同じように、中央ドとその上のソの音の音程も、ド、レ、ミ、ファ、ソで5度です。

バイオリンを調律するときは、音程が5度の2つの周波数の比率がちょうど1.5になるようにします。だから、ラを440Hzに合わせたら、その上のミの音の周波数は660Hzにします。この音の組み合わせは、とくに心地よく聞こえると考えられています。だから、多くの和音(わおん)（同時に奏(かな)でる音の組み合わせ）には、5度や1オクターブの音程が含まれています。

3度の音程も心地よいと言われます。ラとドは3度です。完全3度の音の比率は、1.25=5/4です。音を心地よく感じるのは、周波数の比率が小さな整数になることと関連していると考えられています。

しかし、この法則は厳密ではありません。周波数の比率が7/5になる「全三音」は、とくに不快な音程です。全三音は、聴衆を一時的に不快にする目的で使われ、不協和音と言われます。不協和音は、容易に聞き逃したりしない音として、救急車のサイレンなどに使われています。

ノイズキャンセリング・イヤホンの仕組み

音は波ですから、地震の振動と同じように、相殺されることもあります。これをうまく利用して、外側にマイクロホンを内蔵したイヤホンがつくられました。このマイクは、騒音を拾い、その逆位相（ぎゃくいそう）の音を発生させて、イヤホンのスピーカー部分に送ります。それが正確に行われれば、この位相が反転した音によって騒音が完全に相殺され、人の耳には「静寂の音」が聞こえます。楽曲は、この静寂を背景にして、イヤホンへ送られます。楽曲の音は、外側のマイクには届きませんから、相殺はされません。

わたしは、ボーズのノイズキャンセリング・イヤホンを持っていて、主に、飛行機に乗るときに使っています。おかげで、わたしはクラシック音楽を高音質で聞くことができますし、機内で上映される映画を見るときも、騒音にわずらわされることなく、映画館と同じように鮮明な音声を聞くことができます。

ノイズキャンセリング・イヤホンには、プロのパイロットや、ひじょうに騒音の多い環境で働く人たちが使うかなり高価なタイプのものもあります。もっとずっと広い場所——たとえば部屋全体——で騒音を相殺できれば、さぞ快適でしょう。しかし、それは、少なくともただ１個の小さなスピーカーでは、無理でしょう。なぜなら、音の波長は1mくらいが標準だからです。スピーカーとは別の場所から出る騒音は、ある場所では相殺されても、おそらく、別の場所では増幅されるでしょう。イヤホンの場合、イヤホン自体がかなり小さいので、そういう問題はありません。部屋全体の騒音を相殺できるとしたら、部屋の壁そのものがスピーカーになっている場合でしょう。壁全体がスピーカーなら、部屋に入ってくるすべての音を相殺する振動を起こすことができるからです。

音の波長を算出する

波動方程式を音に当てはめてみましょう。方程式は次の通りです。

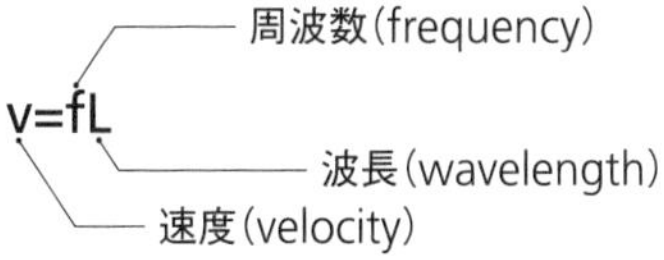

この方程式を使って、ピアノの中央ドの波長を求めましょう。f=256Hz です。空気中の音速は、秒速約330メートルです。したがって、波長は L=v/f=330/256=1.3メートルです。

波長が1.3メートルというのは、長いように思いますか。1.5メートルなら、普通の人の頭のサイズと比べて大きいので、音の波は左右の耳の鼓膜を同時に振動させます。

音を3オクターブ上げてみましょう。つまり、周波数が3回倍増する――つまり8倍になる――ことになります。波動方程式の音速 v は変わりませんから、波長が8分の1になります。つまり、1.3メートル /8=0.16メートル =16センチです。すると、波長は左右の耳の間隔よりも短くなります。だから、この周波数では、左右の耳の鼓膜の振動が、反対側の鼓膜の振動と位相が逆になるということもあるかもしれません。

ドップラー偏移（へんい）とは

物体があなたに向かって近づいてくるとき、その物体から発せられる音は、あなたの耳に届くときには周波数が高くなります。これは、音波の山（あるいは谷）が発せられるたびに、その物体が、前のサイクルのときよりもあなたに近づいてきているからです。そのため、あなたの耳に届く波の山と山（または谷と谷）は、間隔が縮まっているのです。同じように、物体が遠ざかっていくときには、あなたの耳に届く音の周波数は低くなります。この効果を「ドップラー偏移（へんい）」といいます。これは、ひじょうに遠くにある物体の速度を知るための手がかりになるので、レーダーや宇宙論ではきわめて重要な現象です。

自動車やトラックが通り過ぎるとき、その音を聞いてください。近づいてくるときは高い音が聞こえますが、通り過ぎたとたんに低い音に変わるでしょう。それがドップラー偏移です。

ドップラー偏移は、音だけでなく、すべての波において生じる現象です。光の場合もやはり、遠ざかっていく物体から放たれる光は、周波数が低くなります。天文学では、これを「赤方偏移（せきほうへんい）」といいます。この赤方偏移から、エドウィン・パウエル・ハッブル（1889-1953年）は、宇宙が膨張していることを発見したのです。

図7.12　飛行機に乗って海面を見下ろしているとすると、図のような波が見える。それぞれの線は波頭を表している。波頭と波頭の中間が水位のいちばん低い谷である。

なぜ波は遅い側に曲がるのか——ホイヘンスの原理

いま飛行機に乗って、空の上から海の波を見下ろしていると想像してください。海面の波頭——波の頂点——を線で描いてみましょう。波は右の方向に動いています。これを図解すると、図7.12のようになります。

この図をよく見てください。ひとつひとつの線が波頭です。波はすべて右方向へ進んでいます。つまり、もしこれが動画なら、波頭（それぞれの線）は右に向かって動いていきます。線と線との中間の部分は、水位のいちばん低い「谷」と呼ばれる部分です。谷も同じように動きます。

波頭と波頭の間隔が「波長」です。図7.12では、線と線の間隔が波長に当たります。

ではここで、図の上のほうが下のほうよりも波の進む速度が遅いと想像してください。これを図で表すには、線を曲げなけ

図7.13　波の速度が遅くなる領域（図の上の部分）があると、波は曲がる。波が遅くなるのは、水深がほかよりも浅い場合などである。図の上方の波の進行方向が、図の上のほうに向かっている。つまり、波は速度が遅い側に曲がる。

ればなりません。すると、図7.13のようになります。

図の上のほうの波も、右に向かって動いていますが、下のほうの波よりも速度が遅いので、図の右端に達するのが、下の波よりも遅れます。ここで注意してほしいのは、波は遅い側に曲がる、ということです。そして同時に、上のほうの波がしだいに斜めになっていることにも注意してください。ここではもう、波頭はまっすぐ上下に動いてはいません。波の進行方向は、波頭に対して直角です。だから、波は左から右へ動いているのではなく、やや上向きに進んでいることになります。波の進行方向は、速度が遅い側に変わります。

軍楽隊が行進している場合にも、同じことが起こります（隣同士のメンバーが手をつないでいると想像してください）。軍楽隊を真上から見ているとしましょう。地面の片側がぬかるんでいて、その側のメンバーは、反対側のメンバーよりも前進す

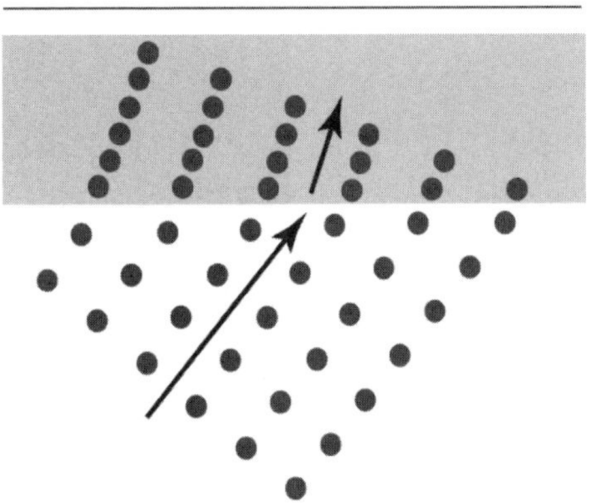

図7.14　軍楽隊が、地面のぬかるんでいる場所に進んでいくところ。進行方向は（波と同じように）速度が遅い側に曲がる。

る速度が遅くなります。これを表したのが、図7.14です。

注意してほしいのは、地面がぬかるんでいるところへ軍楽隊が進んでいくと、進行方向（図の矢印）が変わることです。ここでは、メンバー同士が手をつないだまま隊列を崩さないようにしていると仮定してください。波の場合、それぞれの波が次の波を発生させていますから、列は崩れません。このように波の方向が変化することを、「ホイヘンスの原理」といいます。

波の広がり――隙間を通ると波は広がる

どんな波でも、隙間を通り抜けると、広がります。もし波が広がらなければ、曲がり角の向こうで話している人の声は、どんな大声であっても聞こえないことになります。図7.15の左のイラストは、左からきた波が隙間を通過して、広がっていく

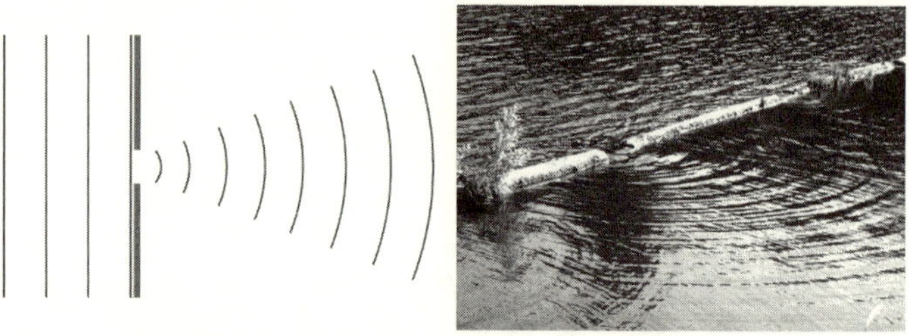

図7. 15　波は隙間を通過すると広がっていく。元の波は、全体が同じ方向に（左のイラストでは左から右へ）動いている。しかし、隙間を通過したあとは、波の方向が変わり、一部は上へ、一部は下へ進んでいく。（写真：マイケル・リーチ）

ところを示しています。イラストの右は、水面に浮いている丸太の隙間を通り抜ける波の写真です。

こうした波の広がりを表すための簡単な公式があります。この公式で必要なのは、波の波長＝Lと、隙間の直径＝Dだけです。距離＝Rを進んだ波の大きさ＝Sは、次の近似公式で求められます。

波の大きさ（size）
波長（wavelength）

$$S=L/D\times R$$

距離（range）
直径（diameter）

この公式は覚える必要はありませんが、波の広がりを計算する場合には役に立ちます。とくに、光について計算するときには、望遠鏡の解像度と関係してくるので、ひじょうに重要です。

この広がりの方程式は、音波や地震波を含むあらゆる種類の波に当てはめることができます。音波を例にとってみましょう。

前述したように、中央ドの音の波長はL=1.3メートルです。この音が、直径1.3メートルのドアロを通り抜けたとしましょう。もし波が広がらなければ、ドアを通り過ぎてから10メートル進んでも、音の波の直径は1.3メートルのままです。しかし、方程式に当てはめると、音は次のように広がります。

S=L/D×R
=1.3/1.3×10
=10メートル

このように広がりが大きいので、ドアをはさんだ反対側にいて、その人の姿が見えない場合でも、声は聞こえます。光の広がりは、これよりずっと小さくなりますが、それは波長Lがずっと小さいためです。次回の講義では、光の広がりについて話をしましょう。

[著者紹介]

リチャード・A・ムラー(Richard A. Muller)

カリフォルニア大学バークレー校の物理学教授。マッカーサー・フェロー賞(別名「天才賞」)の受賞者。政府の筆頭顧問を長年務める。米国国会が全米科学アカデミーに要請して行われた地球温暖化の証拠の見直し作業においては、見直しを第三者として審査する審査官を務めた。米国PBS(公共放送サービス)等のテレビ番組への専門家としての出演もしている。
本書は、著者が文科系学生を対象に行っている有名な講義(学生の投票によって決まる「バークレー校のベスト講義」に選ばれた)をベースにしたもの。この講義を基にした書籍は英語圏で2冊出版されており、そのうちの1冊は『今この世界を生きているあなたのためのサイエンス Ⅰ・Ⅱ』(弊社刊)として既に邦訳が刊行されている(既刊『今この世界～』は時事問題を軸として構成された簡略版であり、本書『サイエンス入門 Ⅰ・Ⅱ』はよりオーソドックスな教科書的スタイルで書かれた詳細版という違いがある)。なお、著者の講義はWEB上のYouTubeなどで公開されており、著者によれば、それを視聴した87ヵ国にも及ぶ国の人々から、感謝と称賛の声が著者のもとに寄せられているという。

[訳者紹介]

二階堂行彦(にかいどう・ゆきひこ)

翻訳家。主な訳書に『Webアプリケーション開発教本:PHP and MySQL編』、『最新ロボット工学概論』(以上、センゲージ・ラーニング)、キティ・ファーガソン『光の牢獄――ブラックホール』(ニュートンプレス)、『スーパーヒューマン――人体に潜む脅威のパワー』、ダイアン・アッカーマン『いのちの電話――絶望の淵で見た希望の光』(以上、清流出版)、リチャード・ムラー『今この世界を生きているあなたのためのサイエンス Ⅰ・Ⅱ』(楽工社)などがある。

※おことわり

◎小見出しは、原著のものを参考にしながら日本語版制作にあたって独自につけたものです。
◎以下の図表は日本語版独自のものであり、原著にはないものです。図1.2、3.2、4.2、4.4、4.5、5.3、5.4、5.5、5.6、5.7、5.8、5.9、5.13、5.14、6.2、6.4、6.7、6.8。表3.1、5.1(上巻についてのみ記載)。
◎紙幅の関係上、訳出に際して、以下にあてはまるいくつかの項目を割愛しました。①原著のうち重要性が低いと思われる項目、②同著者の既刊『今この世界を生きているあなたのためのサイエンス Ⅰ・Ⅱ』(楽工社)とほぼまったく重複し、なおかつ割愛しても全体の理解に支障を及ぼさないと思われる項目。

サイエンス入門 I

2011年10月20日 第1刷
2013年 4月22日 第3刷

[著　者] リチャード・ムラー
[訳　者] 二階堂行彦
[発行所] 株式会社 楽工社
〒160-0023
東京都新宿区西新宿 7-22-39-401
電話 03-5338-6331
WEB http://www.rakkousha.co.jp/
[印刷・製本] 大日本印刷株式会社
[装　幀] 水戸部 功
ISBN978-4-903063-51-5